TIRC-SOD

董氏国际海洋可持续发展研究中心报告精选

护海实策

（第四辑）

主编　赵进平

副主编　王汉林　庄光超　丁黎黎

中国海洋大学出版社

· 青岛 ·

董氏国际海洋可持续发展研究中心

TIRC-SOD

The Tung International Research Center for Sustainable Ocean Development

第十三届全国政协副主席董建华先生心系国家海洋强国建设和人类海洋可持续发展，在董建华先生的鼎力支持下，香港董氏慈善基金会资助中国海洋大学成立董氏国际海洋可持续发展研究中心（以下简称董氏中心）。2021 年 3 月 22 日，中国海洋大学和香港董氏慈善基金会举行线上捐赠签约仪式。董建华先生在致辞中表示，海洋保护对中国乃至世界的发展举足轻重，希望董氏中心能够建设好、发展好，为世界作出应有的贡献。

中国海洋大学全力支持董氏中心的建设发展，并以此为关键载体，聚焦人类面临的海洋可持续发展中的社会问题，通过开展国际合作和多学科交叉融合发展，研究提出保护和科学合理利用海洋的对策，服务海洋强国建设，打造具有重要国际影响力的研究机构和高端智库，彰显中国在全球海洋领域的责任担当，为国家富强和人类可持续发展贡献力量。

简介

董氏中心将自身的使命定位为对策研究，为海洋可持续发展提供有重要应用价值的对策。董氏中心的科研成果将以研究报告的形式刊发在《护海实策》系列书籍上，报告选题涵盖海洋生态、科技、经济、教育、文化、法律等与海洋可持续发展密切相关的多个领域。董氏中心致力于将《护海实策》打造成海洋可持续发展领域的精品平台，为国家解决海洋可持续发展相关的重大社会问题建言献策，推动社会各界共同关心海洋、认识海洋、经略海洋，实现人类与海洋的和谐共生。

董氏中心于2021年9月正式启动，由主任委员会负责运行管理。主任委员会由主任赵进平、执行主任王汉林、副主任庄光超、副主任丁黎黎组成。

总序言 PREFACE

海洋是生命的摇篮、人类的生存空间、资源的宝库，也是经济的命脉。在人类社会发展进程中，海洋承受着巨大的压力。目前，海洋环境恶化、生态系统退化、渔业资源枯竭、低氧区增大、海平面上升、海洋酸化等问题日渐严重。认识海洋，开发海洋，保护海洋，实现海洋的可持续发展，已成为事关人类福祉的大事。

海洋可持续发展存在的问题涉及范围广、涵盖领域多。有些问题早已存在但却长期找不到解决方案；有些问题“牵一发而动全身”，短期内难以解决；还有一些是随着社会进步而出现的新问题。相对而言，发现这些问题并不难，难在提出解决这些问题切实可行的对策。

习近平总书记于2022年1月指出战略和策略辩证统一、紧密联系的问题，正确的战略需要正确的策略来落实。而这里，就是要通过深入研究，提出解决问题的具体策略，也就是实用对策。我们的体会是，提出解决问题的对策并不是一件简单的事情，既要从国家战略高度看待社会问题，又要符合相关领域的实际需要。海洋可持续发展存在的问题涉及社会结构、管理体制、运行机制等方面，很多是系统性的问题。对策的提出涉及大量的社会问题，例如，社会体制和管理机制的缺欠，与现有政策法规冲突，不同社会圈层关注点的差异，来自既得利益方的阻力，对民生的消极影响，短期利益和长期利益的关系，等等。对策是否科学、合理、对症，要由社会各界来评判，需要让决策部门和业内人士普遍认同，达成广泛的社会共识，形成“上下同欲”的格局。解决可持续发展问题的过程是社会变革与进步的伟大实践，需要在科学、技术、管理、经济、社会各个层面上努力才能奏效，需要唤起科学家、技术专家、管理专家、政府领导、用户、企业等各方面的关注。

真正优化的对策才能推动社会的进步。对策研究对研究者提出了更高的要求，既要高屋建瓴，看到社会问题的本质，又要脚踏实地，了解社会基层的实情。对策研究需要社会科学、自然科学、管理层的智慧和基层的经验高度融合。对策研究通常跨越多个社会圈层，要求研究人员突破自身的术业专攻，广泛了解社会链条的各个环节，成为名副其实的专家，才能提出符合实际的“实策”。

在香港董氏慈善基金会的资助下，中国海洋大学牵头成立了董氏中心，其定位是：支持社会各界研究力量，面向国内外海洋可持续发展领域的社会难点问题，依托自然科学和社会科学领域的研究成果，提出解决切实可行的具体对策，实现社会问题、科学依据、应对策略的有机统一。董氏中心将努力做到慎重选题、精密部署、深入研究、渐次推进。董氏中心将邀请相关领域的学者和管理专家参与此类研究，为实现海洋可持续发展、助推海洋命运共同体建设做出应有的贡献（参见“董氏中心项目和研究报告征集要点”）。

董氏中心将以系列研究报告的形式不定期出版《护海实策》，面向全社会公开发行，并由衷地希望《护海实策》能够汲取涉海各领域人才的真知灼见，成为国家智库、社科团队、科技团队之间的交流载体，促进各级政府、高等院校、科研院所、企事业单位以及社会各界达成共识，满足海洋可持续发展事业的需要。

董氏国际海洋可持续发展研究中心

2022 年 3 月 10 日

目录 CONTENTS

1 开发浅海载人水下平台，提升人类水下空间活动能力

仲国强　王　凯　中国海洋大学信息科学与工程学部

编者按

面对辽阔的大海，人们主要在水面活动，且水面活动能力不断增强。而在水下一直到海底的三维空间中，人类的活动能力很有限，只能靠潜水员在水下作业。能够开展水下活动的平台主要有潜艇、无人潜器、载人深潜器。每项技术都有各自的特色和优势，但都无法支撑人类进入水下活动与作业的需求。随着社会的发展和国家安全的需要，在浅海（小于 100m）的水下活动越来越多，很多工作需要专业人员在水下才能解决；而由于没有专用载人平台，专业人员无法到达水下，严重影响对水下活动的保障能力，水下空间也成为国家安全的薄弱点。可以说，如果在水下发生紧急情况，目前没有实用的手段可采用。开发可以在浅海作业的轻便、安全、高效的载人水下平台已经成为当务之急。

第一作者简介

仲国强，中国科学院自动化研究所模式识别与智能系统专业博士，加拿大魁北克大学博士后，中国海洋大学信息科学与工程学部教授、博士生导师。主要从事人工智能、机器学习、模式识别、计算机视觉和自然语言处理等方面的研究，主持和参与国家重点研发计划、国家自然科学基金、装备预研教育部联合基金等国家级、省部级和企业合作项目多项，在有影响力的国际期刊和会议上发表论文 100 余篇；担任中国海洋学会人工智能海洋学专委会常务委员、中国自动化学会模式识别与机器智能专委会委员和山东省人工智能学会常务理事。

海洋约占地球表面积的71%，拥有丰厚的资源和庞大的生态系统，对于人类社会的发展具有不可替代的重要作用。随着海洋科考、海洋工程、海洋渔业等人类活动的开展与持续进行，人类与海洋的关系日益密切，对海洋空间的依存度也日益增强。特别地，人类还需要通过水下活动，更深入地探索、开发和利用海洋，推动海洋的可持续发展。深海探测、海洋资源开发利用等已成为新兴战略性领域，关注深海、聚焦深海资源的获取已上升为国家战略[1]。

为了区别，我们将海洋空间区分为海面空间和水下空间，其中水下空间是指海面以下一直到海底的三维空间。为了探索海洋和开发海洋资源，人类开发了各种工程装备，包括海上钻井平台、海底电缆和光缆、海底输油管道、海床基观测系统等，帮助人类实现海洋的多项应用目标。随着社会的进步，水下空间的开发和利用活动将越来越多，对水下巡视、水下装备维护、水下安全等各种需求不断增加，对人类水下活动的能力需求也将越来越迫切。

为此，人类开发了各种水中的无人探测平台，如自主水下航行器（AUV）、有缆遥控航行器（ROV）等，它们能够自主航行、探测并传输数据。这些无人装备部分满足了人类探索海洋、开发海洋的需要。通常，我们还可以依赖潜水员处理简单的水下问题，但随着社会的发展与进步，人们对水下空间的利用日益增多，需要解决的问题也变得日益复杂，需要专业人员在水下解决一些问题。然而，绝大多数专业人员并不具备潜水能力，这导致很多问题都无法在水下得到解决。

在本报告中，我们将“人类水下活动能力”定义为人类通过搭乘水下装备进入水下空间，实现特定目标的水下作业能力；将“载人水下平台”设定为专门设计和制造的技术设备，实现载人航行和作业，旨在大幅度提高人类在水下的活动能力。该平台结合了先进的工程技术和水下科学知识，为人类提供了在水下环境中较长时间工作、研究、探索和娱乐的条件。尽管目前已经有“蛟龙”号等载人深潜器，但是由于其高昂的成本以及水下活动能力不足的限制，人类在水下活动方面仍然面临严峻的挑战，急需开发适合的水下平台来搭载各类专业人员进行水下作业。

本报告旨在探讨提升人类水下活动能力的必要性、分析载人水下活动能力不足的原因，并提出相应的需求和对策。通过这些探讨，我们希望为提升人类水下活动能力提供新的思路和理论基础。特别地，在考察人类水下活动能力总体状况的基础上，本报告系统提出一系列切实可行的实施方案，以大幅提升人类在水下的活动能力，实现更加高效、安全和稳定的水下活动，同时保护海洋并促进海洋的可持续发展。

一 提升人类水下活动能力的必要性

鉴于水下活动对人类来说存在巨大的风险，我们自然会认为尽量避免人员冒险而采用无人装备是合理的。或许是受到这种思维的影响，我们更加热衷于开发各种无人装备，对于载人装备的研发投入相对较少。然而，我们忽视了一个重要的事实，那就是人类的智慧是机器无法媲美的。人类通过运用智慧来解决水下问题，进入水下空间是我们利用海洋三维空间的必然选择。因此，开发安全可靠的载人水下装备，极大地提升人类的水下活动能力，是我们必须迈出的关键一步。只有通过这种方式，我们才能更好地应对水下挑战，实现海洋三维空间的充分利用。

1.1 人类水下活动能力现状概述

人类进入水下空间的方式有三种：潜水员、潜水艇和深潜器。潜水员通过训练和供氧装置进入水下进行作业；潜水艇可载人在水下运行，多用于军事或观光，但不具备水下作业能力。深潜器具备载人水下运行和作业能力，但需要水面船舶支持，难以普及应用。

（1）潜水员

人类用肺部呼吸，因此自身无法在水下生存，但人类可以游泳和在水面上活动。经过专门训练的人可以在水下短暂地屏住呼吸并进行活动，或使用呼吸管延长在水下停留的时间。那些使用特殊装备进行潜水的人被称为潜水员或蛙人，他们可以在水下延长停留时间。潜水活动分为轻潜水和重潜水两种形式：轻潜水是指使用轻便设备（如氧气瓶）在较浅的水域进行活动，通常深度不超过 10 米；而重潜水则需要依靠潜水钟或水面供氧的特殊潜水服，潜入更深的水域，最大深度可达 100 米。无论是轻潜水还是重潜水，都依赖于人体的耐压能力，因此 100 米被视为人类的潜水极限。使用金属或复合材料制造的重装潜水服可以保持常压，潜水员的潜水深度可以达到 300 米以上。

如图 1 所示，潜水员可以较灵活地在水下活动，直接观察或记录水下景象，进行少量的样品采集，并使用工具进行特殊作业。接受过特殊训练的军人潜水员可以执行两栖作战任务，具备分散、独立和隐蔽活动的能力，精悍且行动隐秘[2]。

尽管潜水员在水下活动可以完成一系列任务，但受到人体耐压能力和氧气供应量的限制，通常潜水时间较短、潜水深度较浅、水下活动范围较小且存在较高的安全风险。

图 1 潜水员在水下活动

图片来源：维基百科

图 2 俄罗斯的 670 型“鳐鱼”巡航导弹核潜艇

图片来源：开源图片库 Pixabay

（2）潜水艇

潜水艇，也称为潜艇，是一种在海洋中活动的装备。军用常规动力的潜艇通常使用电力推动，并通过柴油机进行充电，使其能够在水下航行并达到 300 米以上的潜航深度。核潜艇则通过核反应堆提供持续动力，拥有更厚的艇身厚度，能够进入 600 米以上的深海区域，图 2 是俄罗斯设计的 670 型“鳐鱼”巡航导弹核潜艇。潜艇突破了潜水员体能的限制，将人类带入水下空间。但实际上，潜艇更像是维持人类在水下生存的平台，具备运动能力和一定的作战能力，但并不完全具备按照人类意愿执行水下作业的能力。

一般而言，潜艇转型为民用的可能性非常小。在世界各国，潜艇的设计和关键技术都被严格保密，不会向民用领域释放。此外，即使开发出适用于民用的水下活动平台，也需要严格保密，对潜艇技术的严格限制制约了载人水下平台的发展。因此，在提升人类水下活动能力和促进海洋三维空间利用的过程中，我们需要寻求其他先进的水下工具和技术，并加强对水下环境的科学研究。

（3）载人深潜器

载人深潜器是以探索深海海底为目标的载人装备，在深海具备生命保障能力，具有一定范围的活动能力，具有照明和观察条件，具有自动取样装置，配备机械手等体外设施，形成一定的探测能力。

近 20 年来，我国载人深潜技术取得了跨越式发展，以“蛟龙”号、“深海勇士”号和“奋斗者”号 3 台深海载人潜水器（图 3）的研发为契机，在设计计算方法、基础材料、建造工艺、测试技术方面取得了一系列突破，构建了覆盖全球海洋深度的载人深潜装备技术体系，显著提升了中国深海装备技术的自主创新水平[3]。

深潜器需要得到水面舰船支持，为水下潜器提供电力和信号传输，紧急时还能强制将深潜器提升上来，安全性较高。深潜器的缺点是运行费用高昂。

(a)“蛟龙”号　　(b)“深海勇士”号　　(c)“奋斗者”号

图 3　我国的代表性深海载人潜水器[3]

1.2　载人潜器和无人潜器的优先度问题

早期探索水下空间的努力一直以载人的方式进行，所用的技术包括潜水员、潜水艇和深潜器等，很多技术成果至今仍在使用。然而，随着电子技术和计算机技术的进步，人类对于无人水下探测技术的开发有了更大的兴趣。20 世纪 50 年代，美国华盛顿大学研制的第一套无人水下潜器(Underwater Vehicles) SPURV 问世，并逐步发展了 AUV 和 ROV，开启了无人水下活动平台的时代，包括我国在内的很多国家都将重心转移到无人水下探测技术领域。

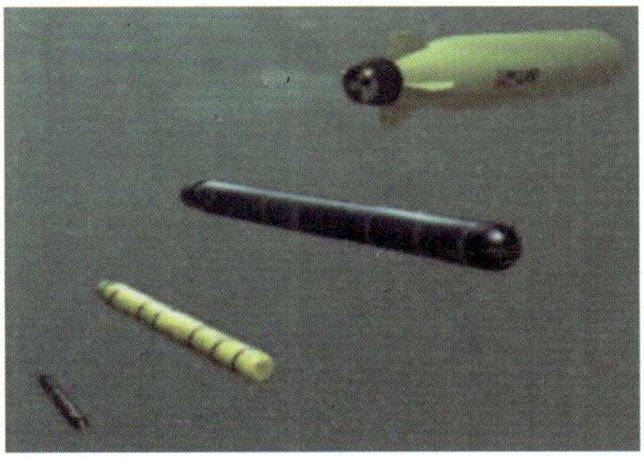

图 4　美国的系列无人水下潜器

图片来源：维基百科

然而，无人水下探测技术的发展并不顺利，主要受制于自动控制技术、信息获取技术、通信技术，技术水准一直得不到显著提升。尤其是水下环境恶劣，对无人潜器非常危险，导致很多研制中的无人潜器因不明原因丢失，形成研发成果多、实用成果少的局面。目前，无人平台主要向三个方向发展：第一，无人水下探测设备，主要用于深海垂直剖面探测；第二，无人深潜器，主要用于探索海底；第三，水下航行设备，主要用于近水面航行，并依托声光信号进行探测。

这三个方向都与民用的水下空间活动联系不强。由于早期无人探测技术的发展主要用于军事领域，几乎没有民用的装备。民用活动的主要需求都在近海海域，而近海水下情况非常复杂，几乎成了无人水下平台的禁区，无法满足近海应用的需要。当今人类在水下空间的活动越来越多，需要提供强有力的水下服务，而令人尴尬的是，水下海洋应用技术的发展几乎无法靠无人潜器提供服务，也没有载人潜器能够进入水下提供服务，有时候遇到问题，只能耗费大量成本将水下布放的设施提升到海面进行维护。

尽管现代技术迅猛发展，人类在无人水下探测方面已经取得了一定的进展，但与此同时，我们也应该清醒地看到，当前的无人水下活动能力仍然存在着很多问题和不足。现在，人们不得不思考，仅发展无人水下装备是否能满足人类日益增长的利用水下空间的需求？我们是否应该更加注重提高人类自身的水下活动能力，以满足人类对水下资源的需求和保护海洋环境的要求？

与无人水下装备相比，发展载人潜水器具有科技引领性的作用。载人装备具备更高的适应性、更好的操作性和更强的应急反应能力，能够将具有高度专业技能的专家带到水下空间，就是将人类的智慧带到水下空间，解决各类复杂的技术问题。同时，载人潜水器能够满足人们对科学探索、资源开发和利用、环境保护和海洋保护、文化传承和旅游体验等方面的需求，推动海洋和社会的可持续发展。

因此，我们需要加强对载人水下装备的研发和投入，以满足人类不断提高的水下活动需求，实现对海洋资源的有效利用与保护。发展载人潜水器不仅将带来巨大的经济效益，还能够推动科学技术的进步，并为人类未来的可持续发展奠定重要基础。无论是进行水下的探测、观察还是问题解决，专家的参与都是迫切需要的，这种需求在社会发展中将越来越明显。载人水下平台能够提供载人能力，可以将人类的智慧带入海底，实现一系列复杂的水下作业任务，以大幅提升人类的水下活动能力。

当载人水下装备真正落地并得到广泛应用时，将引领人类进入一个全新的水下探索时代。深海科技突破将揭示未知生物和环境，提升对地球和海洋的认识。水下建筑和基础设施的发展将促进科研和资源利用，便利化的水下交通和旅游将吸引广大游客，有效开发海洋资源减轻对陆地资源的压力。水下技术的进步将加强环境和海洋保护，为可持续发展提供保障。这一切将带来机遇和挑战，推动社会发展，也将促进相关政策和法规的颁布和实施。提升载人水下活动能力将带来许多新兴产业和发展机会，为人类的未来带来无限可能。

1.3 提升载人水下活动能力的大规模社会需求

提升载人水下活动能力可以满足社会发展的大规模急切需求。无论是进行科学探索、海洋资源开发、环境保护还是文化传承，人类参与水下活动的不可替代性日益凸显。虽然海面船舶和无人水下装备在某些情况下能够辅助水下活动的开展，但是在很多情况下，人类的参与是不可或缺的一个组成部分。

（1）水下基础设施建设与维护的需要

水下基础设施对于海洋科学的发展和海洋资源的利用具有重要作用。目前，水下基础设施如海底隧道、海底电缆、海底管道和海底油井等都是从海面进行建设和布放，并且只能从海面进行维护。然而，如果我们能够利用载人装备进行水下作业，许多水下基础设施就能够在水下进行维护，从而显著降低运行成本。此外，许多水下建筑也需要水下载人装置进行巡视、维护和检修，以推动水下建筑的进一步发展。采用水下载人装备建设和维护水下基础设施将为海洋工程领域带来更多的发展机遇。

（2）水下生产活动的需要

为了促进海洋三维空间的充分利用，我国作为全球领先的海水养殖大国，需要特别关注养殖设施的安全情况、网具的破损情况、生物附着情况以及养殖生物的生长状况。为了解决这些问题，引入载人装置进入水下并进行实地巡视是必要的。此外，我国还建设了 8 000 多处水下鱼礁，为了探寻海洋牧场的发展状况以及存在的问题，同样需要利用载人装置进行实地巡视。通过载人的实地巡视，我们可以全面了解水下设施的实际情况，及时发现问题并采取相应的措施，从而保障海水养殖业的可持续发展，并推动海洋资源的充分利用。

（3）水下打捞作业的需要

海底有许多沉船和沉入海底的残骸，这些沉船和残骸可以通过水面的声学探测而找到，并进行打捞。然而，由于缺乏适用于水下作业的载人装备，人类目前只能依靠船只进行水面打捞工作，这在很大程度上限制了打捞行动的效率和安全性，而且时常发生沉船破损和文物流失等问题。更为令人担忧的是，由于缺乏载人水下救生能力，对于沉船中的生命救援几乎可以说是无能为力。因此，迫切需要开发和构建一种能够在水下进行救援行动的载人装备，以提高水下打捞和救援的工作效率。

（4）对海洋环境污染治理的需要

近海水域的污染问题和底泥污染日益严重，给海洋生态系统带来了巨大的威胁。目前，人类只能依靠水面船只进行考察，但受限于低分辨率的观测能力，我们对水下污染情况的了解仍然相对有限。因此，迫切需要开发适用于水下作业的载人装备，使人类能够进入水下环境，实时了解污染的实际情况。这样一来，我们便能更准确地评估污染程度，并及时采取有效的对策来保护海洋环境的健康和可持续性发展。通过这种载人装备的使用，我们将能够更全面、更深入地研究水下污染，为制定科学的污染防治措施提供更可靠的依据。

（5）水下资源开发的需要

目前，大部分海洋资源开发活动都是在海面上进行的，涵盖了海上油气开采、天然气水合物开采以及海底多金属结核的开采等。然而，一旦拥有了载人水下活动的能力，我们就能够将一些与资源开发相关的勘探、开采和运输活动移至水下进行，从而大大提升效率、降低成本。实施载人水下活动对于海洋资源开发具有重要意义，将提供更加优化和可持续的资源开发方式，并顾及未来的发展。

（6）科学探索的需要

海洋是地球表面的重要组成部分，探索海洋、研究海洋，就是在认识和了解我们的生存环境，是人类永恒的努力目标。然而，由于海洋环境的复杂性和无法直接观测的特点，我们迄今对其真正了解的程度仍然有限。在这样的背景下，载人水下活动被视为一种突破性的方法，能够让人们身临其境地感受海洋环境，直接观察水下生物活动，深入了解浅海的水下地形特征，有针对性地进行取样，认识海洋的环境变化和演变规律。这种近距离的接触将大大提升人们对海洋的认知和理解，有助于推动利用海洋、开发海洋、保护海洋和治理海洋。

（7）水下旅游观光的需要

水下观光是一项极具吸引力的活动，人们渴望通过自己的视角去了解海洋深处的奇妙世界。随着人们对海洋的探索和旅游需求不断增长，水下活动已成为旅游和娱乐的重要组成部分。水下旅游观光主要涵盖潜水、海底观光以及深海探险等活动，这些活动不仅满足了人们的旅游需求，也为经济和社会的发展带来了积极推动作用。目前已有在特定海域活动的观光潜艇，但缺乏适应各种水下观光活动的通用平台。

载人水下活动具有广泛的应用范围，涉及许多不同领域，拥有重要的经济、社会和科技价值。随着科学技术的不断进步，我们相信水下活动将在未来发挥更为重要的作用，为人类社会的可持续发展提供更多的支持和帮助。通过推动水下活动的发展和应用，我们可以深入探索海洋的未知领域，开展科学研究、资源开发、环境保护等工作，为海洋生态系统的保护和可持续发展做出贡献。同时，水下活动也能够促进旅游业的成长，为地方经济带来新的增长点。因此，积极推动载人水下活动的发展，不仅能够满足人们对海洋探索的需求，还能够为人类社会的可持续发展注入新的活力。

1.4 提升载人水下活动能力的国家重大需求

提升载人水下活动能力是当前国家面临的重大需求之一。随着社会发展和科技进步，人类对海洋的利用和探索需求不断增加。而传统的水下活动方式存在一些局限性，如人类在水下活动时面临的危险、工作效率低下、对环境的干扰等问题。因此，提升载人水下活动能力是一个亟待解决的重要问题。

从资源开发和经济利益角度来看，海洋是一项巨大的经济资产，据估计，海洋经济每年对全球经济的直接贡献超过1.5万亿美元[4]。中国海洋经济统计公报[5]的数据显示，2022年全国海洋生产总值94 628亿元，比上年增长1.9%，占国内生产总值的比重为7.8%。提升载人水下活动能力可以给人类社会带来巨大的进步，并推动海洋经济的快速发展，为国家经济的繁荣做出贡献。

从高新科技创新角度来看，提升水下活动能力需要依赖先进的科技创新。水下探测、深海勘探和资源开发等领域的发展都需要高新科技的支持。例如，开发更高效、更智能的水下机器人和潜艇，可以提高水下活动的效率和安全性；研发先进的水下通信和导航技术，可以提升水下作业的精确度和可靠性；利用高新材料和能源技术，可以延长水下活动的持久性和自持能力。通过推动高新科技的研发和创新，我们能够更好地开展水下资源开发和科学研究，促进国家的经济发展和科技实力的提升。

从军事领域角度来看，提升水下活动能力对于国家的军事实力和安全至关重要。水下领域是一个具有战略意义的领域，掌握水下作战能力可以有效增强国家的军事实力。通过提高水下舰艇的隐蔽性和机动性，可以增强国家的海洋防御和战略威慑能力；发展先进的水下武器和防御装备，可以提高军队的水下作战能力和战场优势；加强水下情报收集和侦察能力，可以提升国家的情报战和反恐能力。通过提升水下活动能力，我们能够更好地保卫国家的海洋权益，维护国家的安全稳定。

综上所述，提升载人水下活动能力是国家面临的重大需求。通过技术创新和设备改进，可以提高水下活动的安全性、效率和可持续性，进一步推动海洋资源开发、科学研究和国家安全建设。这将为国家的经济发展、科技进步和国际地位提供重要支撑。

二 载人水下活动能力不足的原因分析

既然载人水下活动能力对社会发展如此重要，为什么现在的载人水下活动能力捉襟见肘，无法满足人类社会日益增长的需求呢？我们认为主要存在以下问题。

2.1　水下环境的特殊性

与陆地上的活动相比，人类在水下活动中面临着环境、物理特性和人类适应性等方面的特殊性和严峻挑战。这些特殊性和挑战不仅影响了载人水下活动的能力，还直接影响到社会和产业的发展。

水下环境的特殊性成为限制人类水下活动能力提升的重要瓶颈之一。每下潜10米，水下环境就会增加一个大气压，这对人类的影响尤为显著，同时也对载人装备的防水性能提出了更高的要求。此外，水下环境的温度通常较低，全球95%的海水温度都低于6℃，这使得人类在水下难以长时间活动。

水下活动的特殊性还体现在人类自身的属性上。人类在水下环境中的活动能力非常有限，例如人类无法在深海环境中长时间生存，需要依靠潜水器等设备。同时，长时间在水下环境中工作和生活也会对人体产生负面影响，如巨大水压、极低温度、光照不足等，因此需要依托特殊的设备和措施来确保水下工作和活动的可持续性。

此外，载人水下活动的特殊性还表现在其商业价值受到限制。水下活动需要专业的设备和技术，也需要专业的团队和机构来进行运营，甚至需要水面船舶提供支持，这导致了载人活动的研发、维护和运营成本较高。巨大的制造和运营成本直接导致了对载人水下活动的社会需求降低，也延缓了载人水下技术的进步。未来的市场需要相对简单轻便、使用安全方便、造价和运行费用低廉的载人水下平台。

2.2　水下环境的危险性

无论是在科学研究、军事侦察还是商业探险等领域，载人水下活动都面临着广泛的社会需求。然而，我们也不能忽视水下活动的危险性。了解水下活动的潜在危险并采取相应的安全措施，是确保水下活动人员安全的关键所在。

对载人水下平台威胁最大的是平台掉深（即不能控制地下潜），最后因压力过大而漏水或解体，即使设计精良的潜艇也难免灾难的发生。载人水下活动还面临着海洋中的风暴、海啸、台风等天气变化的危害，还要承受意外事故、设备故障、恐怖袭击等对水下活动人员安全的威胁。2023年美国海洋之门“泰坦尼克”号观光潜器发生解体事故，造成人员死亡。如果无人潜器失事，损失可以用金钱弥补；而一旦载人潜器失事，还会造成其背后家庭和亲友的悲痛，以及成员事业上无法弥补的损失。

此外，载人水下活动的危险性也将对社会和商业产生深远影响。从商业角度来看，载人水下探险和深海油气勘探等行业都需要巨额投资。一旦发生事故，不仅会给企业带来巨大的经济损失，还会对整个产业链产生无法估量的影响。载人水下事故不仅会导致人员伤亡，还可能破坏公众对相关活动的信任，从而降低人们对水下活动的认可度。

综上所述，水下活动的潜在危险性不容忽视，必须采取相应的安全措施来确保水下活动人员的安全。提高水下活动的安全性已经成为一项至关重要的任务。在科技的不断发展和创新下，如今已经出现许多新的水下活动安全技术。例如，深海潜水器[6]、水下机器人[7]、智能传感器[8]等先进装备的出现，大大提高了水下活动的安全性和效率。此外，对于水下活动人员的培训和教育也显得至关重要。只有确保每位水下活动人员都拥有充分的专业知识和技能，才能提高水下活动的安全性。随着科技的不断发展和创新，我们坚信水下活动的安全性将得到显著提升。

2.3 支持载人水下活动的技术严重不足

由于现有的载人水下平台技术是以军用为目标的，长期缺乏对民用载人水下技术的开发，现有的可用技术还不足以支撑载人浅海水下平台的开发和应用。

首先，现有的水密技术都是以潜艇为代表的顶部进入水密技术和以深潜器为代表的侧向进入，因为水密门都是向外开的，外界的压力会压紧密封圈实现水密。这些水密技术都是应对深水的密封技术，造价高昂。浅海的水下压力小，可以采用更加简单的水密技术，大大降低成本。

水下生命保障技术是载人水下平台的关键技术，与潜艇使用的技术相似。但潜艇的人员众多，生命保障系统庞大。浅海载人平台一般只承载 2～3 人，需要更为简单的生命保障系统。

水下外置装备（如机械臂、机械手等）是浅海载人水下作业的重要辅助设备，而现有设备的活动能力远远满足不了要求。

由于浅海环境复杂，绳索、渔网缠绕是造成无人潜器无法返回的主要原因。现有的潜器一般都不进入浅海，因其解脱能力很差。载人水下装置的防缠绕技术是非常必要的，需要能够摆脱渔网、绳索、养殖生物等的缠绕，还要能在水下洞穴、水下鱼礁等复杂海域进退自如。迄今，国内外都没有成熟的技术支持人类随意地进入水下空间。

三 开发浅海载人水下平台的需求与挑战

人类水下活动不仅需要克服高压、低温等自然条件，还要面对水下探测、海洋资源开发、海洋环境保护等多种任务，这些需求和挑战都需要通过技术手段来解决。因此，突破技术瓶颈，提升人类水下活动能力的必要性非常突出。

以提升人类在浅海水下活动能力为目标的载人技术不应归类于潜艇，因为其目标不同于军用，而更多的是民用。这种技术也不应归类于深潜器，深潜器追求的目标是潜到深海的海底，而浅海的水下活动深度浅、压差小、技术要求相对较低。此外，浅海载人潜器不依靠母船支持，具备自动摆脱缠绕、容易进出、造价低、运行费用少、补给简单等优势，是相对独立的技术体系。

3.1 载人水下平台的通用技术

目前，开发载人水下平台需要的关键技术主要包括以下几点。

（1）载人水下平台技术

开发耐压 100 米以内的载人水下平台，确保在规定深度内不漏水、不渗水、不漏气。开发水下电力推动技术，使载人水下平台达到 6 节以上的巡航速度和 12 小时以上的运动能力。开发进出容易、开启方便的密封门，确保载人水下平台的电力供应，保障航行管理计算机的安全运行。开发基准浮力系统，保证在任何情况下都不发生掉深现象。开发强力破拆技术，保证载人水下平台解除缠绕的能力。

（2）水下生命保障技术

开发适应浅海需要的水下生命保障系统技术，确保维持 3 人生活 96 小时的生存需求。生命保障系统需要有氧气供应、压力维持、空气净化与循环等系统。此外，为保证水下成员的安全性，需开发并配备自动逃生系统，为弃船逃生的人提供足够的保障条件。

水下生命保障技术是人类水下活动安全的重要保障。可以借鉴当前潜艇的相关技术，但规模可以小很多。人们在水下活动时有足够的氧气供应，保证他们的生命安全和作业能力。在未来的发展中，我们需要不断探索新的、更加安全和有效的水下生命保障技术，以确保人类能够在水下环境中安全、有效地开展各种活动。

（3）水下供电技术

水下作业平台一般需采用电池作为动力。电池技术是水下活动中的一个关键因素，因为水下活动中的电力需求通常比陆地更加严苛，而且电池的重量和体积也需要适应水下环境的限制。因此，电池技术的提升对于提高人类水下活动的能力至关重要。近年来，随着锂离子电池技术的不断发展，水下电力系统的可靠性和性能得到了显著提升。锂离子电池的高能量密度和轻量化特性，使其成为水下活动中最常用的电池类型之一。

提升水下装备的自带能源储量主要可通过以下 3 个方面展开：1）研制新体系锂电池，如中国科学院物理所等国内科研科院所提出的 500 kg/Wh 的全固态锂电池等新型锂电池技术；2）深海承压锂电池组，突破锂电池自身承压特性，释放水下装备储存空间；3）可赋形柔性锂电池，充分利用水下装备现有的异构空间，提升锂电池空间利用率。由于新体系锂电池开发验证周期较长，工业化成熟度提升较慢，所以深海承压型锂电池和柔性锂电池便成为水下装备提升自身能源储量的主要方式[9]。

（4）水下通信技术

水下通信是水下活动必不可少的技术之一。由于水下环境的特殊性，水下通信技术的要求也相对较高[10]。迄今，水下通信的主要方式仍然是声通信[11]，但由于浅海水的吸收、散射和海底反射损耗等问题，无法长距离通信，无法保证通信的可靠性和稳定性。为此，我们需要建立水面浮标通信系统，直接通过水面浮标与指挥系统建立联系，或通过水面浮标将声信号转换成无线电信号，以实现水下通信与陆地管理系统的无缝衔接，以确保水下人员与岸基值班人员的持续联系。

（5）水下定位与导航技术

水下定位与导航技术是水下活动中最为关键的技术之一，也是开展水下探测、海洋资源开发和环境保护等工作的基础[12]。目前，水下定位和导航技术主要有声呐、激光、磁力计、惯性导航等技术，但这些技术都存在着各种问题，如定位精度不高、探测深度不足、造价高昂等。需要开发适合浅海使用的定位技术，并随时将位置信号发回。

3.2 载人水下平台的辅助技术

水下活动是一项技术含量极高的项目，对技术设备、人员素质、作业环境等方面都有较高的要求。为了提升水下活动的效率和安全性，需要开发一系列应用技术。

（1）水下探测技术

水下探测技术是在不接触的条件下，采用声、光、电等技术手段进行探测的技术，使人员可以在视距或超视距的空间范围内感知水下目标，是在水下环境中获取目标信息的关键技术之一[13]。与陆地环境不同，水下探测需要克服水、障碍物和噪声的影响，以获取准确的水下目标信息。因此，水下探测技术需要具备高灵敏度、高分辨率和高精度等特点，以满足现代水下活动对探测的高要求。另外，水下探测技术还需要具备适应不同水下环境的能力，以应对不同水下环境的挑战。

现代探测技术中，激光雷达、多普勒测速仪等技术已经开始应用于水下作业中。激光雷达具有高精度、高分辨率等优点，可以在水下环境中实现对目标的三维成像和定位。多普勒测速仪则可以通过检测水下物体的运动状态，实现对目标的定位和跟踪。此外，还有水下声学图像技术、水下无线传感网络等技术也可以用于水下探测和定位，以提高水下作业的效率和安全性。

（2）水下操控作业技术

水下操控作业技术主要是指在水下成员的直接操控下，或者自动控制条件下，在水下进行接触式机械化作业的技术，如水下采矿、水下建筑、水下维修等[14]。水下操控作业需求的多样性，因而水下操控作业技术也会是多种多样的。由于水下环境的复杂性，水下作业技术一直以来都是一个难点。水下作业技术面临的主要问题包括机器的控制与操作。

（3）水下运输技术

水下运输技术是指在水下进行物资和人员运输的技术[15]。现在的海洋运输都是在水面进行的，而未来人类的水下活动中很多物资都需要在水下运输。水下运输包括水下载体、水下运送、水下装卸、水下固定等，目前几乎没有水下运输技术。由于浅海水下环境的复杂性，水下运输技术将是重点，同时也是难点。

3.3 开发专用浅海载人水下平台

随着水下活动的不断发展和拓展，越来越多的人类活动需要在水下空间进行。例如，水下的电缆、光缆、输油管道、输气管道等都需要进行维护和检修，而这些作业需要专业的人才和设备才能完成。此外，水下探险、水下考古、水下救援等任务也需要有专业的人员进入水下空间，才能更好地完成任务。因此，迫切需要开发出一系列载人水下装备，以大幅提升人类水下活动能力，促进水下环境中复杂、多样作业的高效执行。虽然目前已有的技术和设备尚存在诸多不足，但是随着科技的不断进步和发展，载人水下装备的研发和应用将会越来越成熟和普及，为人类的水下活动带来更加安全、高效和准确的保障。

本报告提出开发生命维持和机械操作系统相结合的浅海载人水下平台，如图5所示，浅海载人水下平台可以在一定范围内航行，类似于汽车在陆地上移动，这使得它可以更灵活地进行水下活动，从根本上提升人类水下活动的能力。同时，实现融入人工智能技术的浅海载人水下平台，具有智能感知、智能控制和智能决策的能力，以提高水下作业的效率与安全性。与无人潜器相比，浅海载人水下平台可以将人类的感知、认知和经验性知识带入水下，满足人类水下活动的多种需求。与载人深潜器相比，浅海载人水下平台不仅可以提供照明和观察条件，还可以配备自动取样装置、机械手等辅助设施，从而形成更为全面的探测能力，这使得它可以在水下环境中进行更多样化、多功能的任务和活动。在成本效益方面，浅海载人水下平台的设计和制造成本相比于载人深潜器较低，这使得它更具可行性和经济性，可以更广泛地应用于人类水下活动。这一方案将为探索和利用水下空间带来全新思路与方法，同时促进涉海人工智能技术的快速发展与应用。

图 5　浅海载人水下平台的概念图

浅海载人水下平台为了保证人类在水下的活动能力，需要采用先进的技术手段。其中关键技术包括耐压的密封水下平台，以确保载人水下装备在高压、低温等极端环境条件下的安全性和稳定性。此外，生命维持系统也是必不可少的，包括氧气循环系统和二氧化碳过滤系统，以确保水下工作者的生命安全。水下通信系统是不可或缺的技术手段，通过声波、电磁波等方式进行信息传输，保证水下工作者与地面指挥中心的通信畅通无阻。为了满足水下作业的需求，还需要充足的电源来支持长时间的水下作业能力。另外，强大的水下感知能力也是关键，通过水下声呐、相机和定位系统等设备，结合人工智能算法，可以实时获取准确的水下环境信息，并为水下工作者提供全方位的感知与决策支持。高功能的仿人机械臂则适应多样化的任务需求，如物体抓取和器材维修。同时，可靠的自我解脱系统和应急逃生系统也是保障水下工作者安全的重要手段。

综合上述技术手段，针对可能的海洋使用情况，可以开发各类功能的浅海载人水下平台，其可应对各种需求，更好地探索和利用水下空间。这里提出的几类浅海载人水下平台，各类型浅海载人水下平台及其应用如表 1 所示。

表 1　不同类型浅海载人水下平台及其应用

浅海载人水下平台类型	应用领域
巡视类浅海载人水下平台	海洋牧场巡察、水下养殖区探测、水下环保监测
科考类浅海载人水下平台	海底采样、海底勘探科考、水下勘探
工程类浅海载人水下平台	水下线管维修、水下垃圾清运、海洋工程
公务类浅海载人水下平台	水下警用、水下救护、水下巡逻、安保执勤
军用类浅海载人水下平台	水下清雷、水下清障、水下运输

（1）巡视类浅海载人水下平台

如图 6 所示，巡视类浅海载人水下平台可以实现海洋牧场巡察、养殖区探测、环保监测、关键设施守护等多种任务。这些载人平台具有多种功能，能够对海洋生态环境、水下设施、特殊物品和海域安全等进行全面监测和管理。例如，用于了解海洋牧场的规模、效益和问题的海洋牧场巡察浅海载人水下平台，可以帮助人们更好地了解海洋牧场的生态环境和养殖情况，为未来的海洋养殖提供更好的基础。用于了解养殖网箱内的鱼类状态的水下养殖区探测载人平台，可以实时监测养殖区内的水质和鱼类状况，为水产养殖提供更好的管理和服务。此外，水下环保监测载人平台、安保执勤载人平台等，也都具有重要的环保、安保作用，可以保护海洋生态环境和海域安全。

（2）科考类浅海载人水下平台

如图 7 所示，海洋科考类浅海载人水下平台主要用于近海浅海海域的海洋科考、探测海底生态系统、探测海底地貌以及探测水下油田或天然气田等任务。这些浅海载人水下平台可以携带各种科技设备，如激光雷达、摄像头、声呐等，以获取海底的详细信息。其中，海底采样载人平台能够采集海底样本，为海洋科学家提供更加详细的研究数据。海底勘探科考载人平台可以通过高精度激光扫描技术获取海底地貌数据，有助于发现新的地质构造或寻找潜在油气资源。水下勘探载人平台可以对水下油田或天然气田进行详细勘探，从而确定资源储量和开采方案。

图 6　巡视类浅海载人水下平台概念图

图 7　科考类浅海载人水下平台概念图

（3）工程类浅海载人水下平台

如图 8 所示，工程类浅海载人水下平台可以用于水下管线维护、修理和更换，清理和运输海底垃圾，辅助水下建筑施工和维护等多种任务。如图 9 所示，水下线管维修载人平台配备了高效的维修机械臂，能够实现对水下管线的全方位检测和维护，从而确保管线的正常运行。水下垃圾清运载人平台可以清理海底垃圾，保护海洋生态环境。海洋工程载人平台可以辅助水下建筑施工和维护，提高工作效率和安全性。

图 8 工程类浅海载人水下平台概念图

图 9 水下线管维修载人平台搭载的机械臂

（4）公务类浅海载人水下平台

如图 10 所示，公务类浅海载人水下平台则是专门应用于水下安全、执法和救援领域的载人水下潜器。这些载人平台可以用于维护水下航行秩序、消除水下犯罪，如水下警用载人平台。在水下救援领域，水下救护载人平台可以携带医疗设备和急救人员，为遇险人员提供紧急救援。水下巡逻载人平台可以用于水下安保和执法，为海洋环境和资源保护提供保障。另外，水下安防载人平台则可以用于管理水下酷鱼滥捕、违规捕捞等违法行为，为海洋资源保护和可持续发展做出贡献。

（5）军用类浅海载人水下平台

如图 11 所示，军用类浅海载人水下平台是一种用于军事目的的载人水下潜器。其中，水下巡视载人平台是一种用于巡视水下空间、发现不明物体的浅海载人水下平台，可用于军事侦察和情报收集。水下清雷载人平台则是一种用于清理坐底式水下爆炸装置的载人水下潜器，可用于水下雷区的清理工作。水下清障载人平台则是用于清理危害舰艇航行的物体的载人水下潜器，可用于水下障碍物的清理。水下运输载人平台则可用于特殊物资的运输，如军队部署和战略物资运输等。

图 10 公务类浅海载人水下平台概念图

图 11 军用类浅海载人水下平台概念图

3.4 载人水下活动对社会的重大意义

前述所提及的几种浅海载人水下平台的研发和应用，将极大提升人类水下活动的效率和安全性，同时还将为我们更好地探索和利用海洋资源带来积极作用。这些浅海载人水下平台能够在水下环境中承担起那些无人潜器难以胜任的任务，为人类的水下活动开辟崭新的领域。展望未来，随着技术的持续进步，这些浅海载人水下平台将逐渐趋于完善，为人类在水下空间的探索与利用提供更加便捷的条件。

随着人类对水下活动的需求不断增加，未来必将涌现出更多的载人水下平台。这些高端装备将为我们在探索水下空间时提供更为便捷和先进的手段，使我们能够身临其境地深入水底，将人类的智慧和科技延伸至未知的黑暗水域。通过满足人们不断增长的对水下空间的需求，我们将开启更为广阔的未来海洋发展前景。

四 提升人类浅海水下活动能力的对策

4.1 将浅海载人水下平台的开发纳入国家战略

在国家“十四五”发展战略中，对无人潜器和深潜器的发展战略已经被纳入考量，建议国家有关部门未来将载人水下技术和装备的开发纳入国家发展战略。

浅海载人水下平台与传统的深潜器有着显著的差异。首先，浅海载人水下平台无需依赖水面支持船舶，从而大大降低了水下活动的门槛。其次，与仅限于海底探索的深潜器不同，浅海载人水下平台专注于在水下三维空间中进行多样化的活动。第三，载人水下平台无法像深潜器一样从水面获取动力和信号，因此需要具备强大的自持能力。第四，载人水下平台的安全性需要自身的保障，难以依靠外界的支持。

目前，除了军用和民用潜水艇之外，全球尚未实现真正意义上的自主载人水下平台。鉴于人类的水下活动迅速增加，水下作业、水下资源利用以及水下安全已经成为重要议题。因此，及早开发载人水下平台将成为具有前瞻性、创新性和引领性的技术。我们希望国家能将这些载人水下平台纳入国家发展战略，并及早提供支持，以形成先发优势。

4.2 严格保障水下平台安全

近海水下环境中充斥着绳索、渔网、沉船、礁石等障碍物，对载人水下活动构成严重威胁。因此，为确保乘员的安全，我们需要开发具备破拆能力的浅海载人水下平台，并配备各种先进技术以确保水下活动的安全性。此外，为了提供更全面的保护，浅海载人水下平台还应配备逃生系统，以协助乘员在紧急情况下安全逃生。同时，为了能够及时获救，浅海载人水下平台还应具备发出求救信号并等待救援的能力。

为保障水下平台的安全，我们需要建设一个完整的浅海载人水下平台运行指挥系统。该系统将全天候运行，引导浅海载人水下平台准确抵达指定位置，并监督其动态位置，实现无需依赖潜器发射信号的位置识别，从而为救援提供准确的引导依据。此外，浅海载人水下平台运行指挥系统还应配备带有救援潜器的较大型救援船只，以提供及时的救险服务。

4.3 重视开发系列应用技术

如本报告第三部分所述，单一类型的浅海载人水下平台无法满足不同领域的需求。因此，为了迅速满足多样化的需求，我们应该根据实际需求开发各种类型的载人水下平台，并发展相应的应用技术。鉴于浅海载人水下平台的需求种类多，建议国家集中力量开发几种通用水下平台，并依靠企业的投入来开发各种专用平台技术，以快速形成多样化应用的载人水下平台系列。这样的发展模式将能够满足不同领域的需求，并促进浅海载人水下平台的全面发展。

4.4 促进水下载人装备的产业化

由于轻便的浅海载人水下平台有旺盛的社会需求，未来会形成庞大的市场。目前，世界上尚没有相应的产业，促进浅海载人水下平台的产业化就提上了日程。开发安全可靠的载人水下平台技术，制造经济实用的浅海载人水下平台产品，将能够为全球提供解决水下活动难题的优质服务，同时开辟出充满前景的产业领域。载人水下平台具备高度技术密集性，配套需求强，产业链长，将对众多上下游产业产生带动效应，可媲美汽车产业。作为技术密集型的工作，浅海载人水下平台的成功发展需要持续推进技术开发和研究创新，以构建一个高度依赖创新的高技术产业体系，有巨大的社会效益与经济效益。

4.5 加强水下活动的人才培养和技能培训

水下活动是一项高风险、高技术门槛的工作，需要具备专业的技能和知识才能进行。水下活动领域需要各种专业技能，包括水下作业、航海、机械、电子、通信等方面的知识[16]。为了增强水下活动的能力，加强对水下活动人才的培训与教育是至关重要的。通过系统的培训计划和教育机会，可以提高参与者的专业素养和技能水平，从而有效地应对水下活动所面临的挑战和需求。在高校中，应设立人类水下活动相关课程，培养水下研究和应用的高级人才。同时，社会上也应设立水下潜器操作和水下作业的培训机构，以培养具备安全开展水下活动所需技能的人才。

为了提升人的水下活动能力，需要建立一个全面的水下活动人才评价体系，以培养和教育更多专业人才。这些措施将有助于提高水下活动的效率和安全性，为水下活动的发展注入新的活力。通过评价体系，能够准确评估水下活动人才的技能和能力，从而为他们提供针对性的培训和发展机会。同时，这也将激励更多的人加入水下活动领域，推动行业的发展和创新。通过这些努力，我们的目标是建立一个强大的水下活动人才团队，提高水下活动的质量和效益，为海洋三维空间的利用做出更大贡献。

4.6 推动载人水下活动的国际合作

水下活动是一项具有全球影响力的事业，需要各国之间加强合作，共同推动水下活动的发展。一旦我们成功建立起载人水下活动的平台，将推动国际合作，使我们的技术走向全球舞台，进一步促进人类在水下活动领域的发展。

（1）加强国际组织的合作

国际组织在推动水下活动的发展方面发挥着重要的作用。目前，国际海事组织、联合国国际海底管理局等组织已经成了海洋领域的权威机构。这些组织可以通过制定统一的规范和标准，推动各国之间的合作和交流。同时，这些组织也可以为水下活动领域的专业人才提供培训和教育，提高他们的专业素质和技能水平。

（2）加强科研机构之间的合作

科研机构在推动水下活动技术的发展方面发挥着重要的作用。各国之间需要加强科研机构之间的合作，共同推进水下活动技术的创新和发展。科研机构可以在水下探测、定位、通信、作业等方面开展合作研究，共同研究解决水下活动领域面临的技术难题。

（3）推动国际合作项目的开展

国际合作项目是各国之间加强合作、推动水下活动发展的重要方式。各国之间可以在水下探测、开发、作业等方面开展合作，共同推动水下活动的发展。这些合作项目可以涵盖海洋科学、海洋经济、水下文化遗产保护等多个领域，为各国之间的合作提供广阔的空间。例如，中国与菲律宾、泰国等国家就开展了多项水下文化遗产保护合作项目。这些项目不仅可以促进各国之间的文化交流，还可以为水下文化遗产的保护和传承提供重要的支持。此外，各国之间还可以开展共同开发水下资源、共同保护海洋环境等项目，以实现共赢发展。

引文索引

[1] 李靖宇. 以海洋强国为取向推进国家重大战略工程[J]. 区域经济评论，2014，10（4）：104-108.

[2] 周超，钟宏伟，陈迎亮，刘东林，丁盛，张筱芃，李楚涵. 国外蛙人水下输送平台技术发展综述[J]. 水下无人系统学报，2022，30（6）：680-695.

[3] 徐芑南，胡震，叶聪，王帅，刘帅，曹俊. 载人深潜技术与应用的现状和展望[J]. 前瞻科技，2022，1（2）：36-48.

[4] Teh L C L，Sumaila U R. Contribution of marine fisheries to worldwide employment[J]. Fish and Fisheries，2013，14（1）：77-88.

[5] 自然资源部. 2022 年中国海洋经济统计公报[R]. 2022.

[6] 曲文新，曹俊，胡中惠，胡震，王帅，王璇. 潜水器发展态势及谱系化研究[J]. 船舶工程，2022，44（11）：19-30.

[7] 李硕，刘健，徐会希，赵宏宇，王轶群. 我国深海自主水下机器人的研究现状[J]. 中国科学：信息科学，2018，48（9）：1152-1164.

[8] 侯睿，程宇婷，李晖，赵曼，应文. 海洋多平台多传感器协同监测任务智能规划技术[J]. 海洋信息，2020，35（3）：11-19.

[9] 宋强，毛昭勇，赵满. 深海锂电池关键技术研究与发展[J]. 船电技术，2023，43（3）：5-7.

[10] 吴凡. 水下无线通信让万米深海"耳聪目明"[N]. 深圳特区报，

2023-05-08（A01）.

[11] 姜艳，邹雨泽，朱平杰，叶发新. 水下无人潜航器无线通信技术研究[J]. 舰船电子工程，2022，42（11）：69-73.

[12] 姚西. 水下无线传感器网络定位技术综述[J]. 现代电子技术，2013，36（7）：11-15+18.

[13] 高怡心，谢心怡，许世杰，李光明，黄豪彩. 基于沿海声层析技术的水下目标探测技术[J]. 兵工自动化，2022，41（12）：30-34.

[14] 雷歌. 水下作业型机械手的关键技术及发展趋势研究[J]. 科技创新与应用，2018（14）：129-130+132.

[15] 王书玉，张玮，李磊. 水下无人运输平台关键技术及发展趋势[J]. 舰船科学技术，2021，43（21）：1-5.

[16] 万剑锋，陈名松，张斯琦. 新形势下海洋信息类人才培养路径探析[J]. 教育教学论坛，2022（6）：109-112.

2 建设北极海洋保护区，需要维护各国北极科学考察权利

郭培清　李小宁　中国海洋大学国际事务与公共管理学院

编者按

北极正在经历快速变化，对于全球气候变化、海洋循环、生物多样性等产生深远而持久的影响，进而影响到人类生活和生产。因此，全面深入开展北极研究已经成为全人类的共同使命。开展北冰洋科学考察，既是各国的义务，也是各国的权利。近年来，北极周边国家积极推动在其领海和专属经济区建设各式海洋保护区，在北冰洋的公海设立海洋保护区的动议也在推动之中。由于在各种保护区建设中都采取了限制人类活动的措施，一旦将现有的保护区管理模式推广到公海，将形成对各国北极科学考察活动的限制。如何维护各国的科考权成为必须考虑的问题。该报告通过分析北极海洋保护区建设的背景，剖析北极科学考察的必要性和国际法依据，探讨既要建设好北极海洋保护区、又要维护各国北极科考权的对策，并为我国维护北极科考权的方案提出建议。

第一作者简介

郭培清，中国海洋大学国际事务与公共管理学院教授，教育部国别与区域研究基地——中国海洋大学极地研究中心执行主任，中国海洋发展研究会极地发展分会副理事长，长期从事极地政治与法律研究，系国际民间智库“极地与海洋门户”创始人（2015 年），智库网址 www.polaroceanportal.com。2012 年与俄罗斯学者联合创办中俄北极论坛。担任俄罗斯萨哈（雅库特）共和国民众福祉与可持续发展首脑委员会委员以及北方论坛“亲善大使”。担任央视大型纪录片《北极，北极！》学术顾问和湖南卫视纪录片《致敬，北极！》学术顾问。

人类社会很早就开始了保护海洋环境的实践，但直到1879年才出现第一个为养护目的建立的海洋保护区——澳大利亚新南威尔士州皇家公园，这一时期的海洋保护区关注范围较为狭窄，主要集中于对受威胁物种或风景名胜进行的隔离式保护[1]。1962年，世界国家公园大会首次正式提出了海洋自然保护区的概念，此次会议还推动了国际社会对海洋保护区的关注，1992年《生物多样性公约》在联合国环境与发展会议开放签署后，海洋保护区的发展速度进一步加快。2016年，世界自然保护联盟（The International Union for Conservation of Nature，IUCN）通过了一项“到2030年全球海洋保护区覆盖率至少需要达到30%”（30×30目标）的动议[2]，该建议在2022年联合国《生物多样性公约》第十五次缔约方大会通过的《昆明-蒙特利尔全球生物多样性框架》中被再次确认。目前，世界上绝大多数海洋保护区都集中在近岸和浅水地区，但随着全球海洋环境的迅速变化，已经出现在公海地区建立海洋保护区的趋势。2023年3月，联合国历经长期艰苦谈判通过的《公海生物多样性条约》（又称BBNJ协定、“公海条约”）同样包含“到2030年至少保护地球30%的陆地、淡水和海洋”的规定，该条约将通过在公海建立海洋保护区恢复海洋生物多样性[3]。在此背景下，全球范围内海洋保护区的数量和范围迅速增长。

一 北极海洋保护区建设的背景和积极作用

1.1 北极海洋保护区建设的积极作用

在海洋保护实践中，建立海洋保护区是一种技术含量相对较低、成本效益相对较高的战略，可以在地方、区域和全球范围内产生多层次的惠益[4]。受到高度保护的海洋保护区不仅有助于应对海洋酸化、海平面上升、生物多样性减少以及海洋生产力下降等方面的气候变化后果，而且可以帮助原住民和海洋生物抵御气候变化带来的挑战，提高其社会适应能力和经济福祉[5]。例如，在加拿大曼尼托巴省（Manitoba）的北极海岸，包括因纽特人、商界人士和行业专家在内的利益攸关方群体长期推动加拿大联邦政府在西哈德逊湾建立海洋保护区，以减轻人类活动对海豹、北极熊、白鲸和独角鲸等野生动物的威胁。这场保护运动的核心是“在工业、经济发展和环境保护之间找到微妙的平衡”，从而确保因纽特人的海洋捕捞收益，带动旅游业发展，带来研究设施和基础设施投资，并为当地企业创造就业机会。美国在北大西洋水域设立Stellwagen Bank国家海洋保护区，以降低航运对海洋保护区内座头鲸、长须鲸的干扰，要求国际海事组织将国际航线向北移动，从而绕开受保护水域。此外，美国国家海洋和大气管理局还在某些季节性海洋保护区内设定船舶航行速度的上限和船舶的吨位，以保护该海洋保护区内的北大西洋露脊鲸[6]。北极海洋保护区的设立在生态保护和经济社会等方面都具有较高的效益。

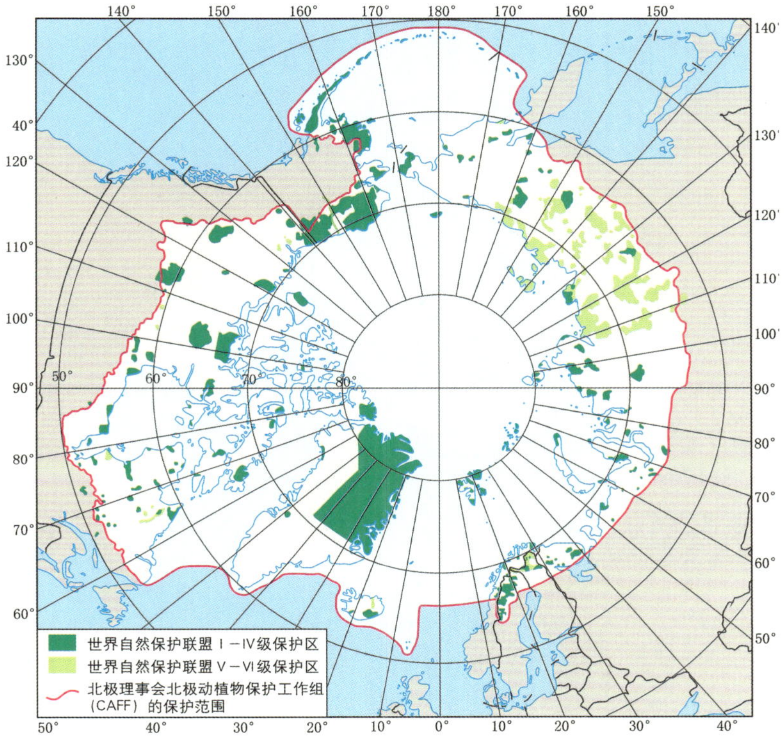

图 1　北极地区海洋保护区示意图①

1.2　各国主导设立北极海洋保护区的现状

目前，北极地区的海洋保护区多为北极八国主导设立的国家管辖范围内海洋保护区，由北极国家依据其国内法进行管理，同时北极理事会下设的保护北极海洋环境工作组（Protection of the Arctic Marine Environment，PAME）、北极动植物养护工作小组（Conservation of Arctic Flora and Fauna，CAFF）等相关工作计划也对北极海洋保护区提出管理建议[7]。欧洲海洋观测与数据网（The European Marine Observation and Data Network，EMODnet）的统计数据显示，目前北极地区共有 492 个海洋保护区（表 1），

① 在图 1 中，红线内的区域为北极理事会的北极动植物保护工作组（CAFF）的保护范围，其中深绿色区域是根据世界自然保护联盟（IUCN）海洋保护区标准设立的Ⅰ－Ⅳ级保护区，浅绿色区域是据此设立的Ⅴ－Ⅵ级保护区。图片来源：https://nordpil.com/portfolio/mapsgraphics/protected-areas-of-the-arctic/。

并且正在呈现出逐渐增加的趋势，其中挪威占据划定的海洋保护区数量最多，而美国北极海洋保护区的总面积最大[8]。

表 1　各国主导设立的北极海洋保护区①

国家	严格意义的保护区	荒野地区	国家公园	自然纪念地	生境/物种管理区	陆地/海洋景观保护区	资源管理保护区	未报告	不适用	合计/数量	合计/面积 km^2
加拿大	6	15	12	4			10			47	363 293
丹麦(格陵兰)		7	1	3	1		9			21	1 957 143
冰岛	3			7	12	12	9			43	12 178
挪威	166		9	4	29	5	13	15		241	485 850（含斯岛）
俄罗斯	12	1			17		11	9	10	60	1 955 995
美国		5	1		21	7	44			78	4 150 254
公海									2	2	3 447 321
合计	187	28	23	18	80	24	96	26	10	492	不统计

（1）俄罗斯

俄罗斯于 1995 年 2 月通过的“关于特别自然保护区”的联邦法(Federal Law on Specially Protected Natural Territories)是北极海洋保护区的指导文件，该方案将“特别保护自然区”定义为分布着具有特殊环保、科学、文化、美学、娱乐和健康意义的资源和设施的土地、水域和天空[9]。该法案明确指出保护这类领土的基本原则是限制或绝对禁止在这些领土上进行经济活动，为俄罗斯北极海洋保护区的建立和管理提供了规范性的法律依据。目前俄罗斯在北极地区共设有大北极国家自然保护区(Great Arctic State Nature Reserve)、泰米尔自然保护区(Taimyrsky Nature Reserve)、乌斯季连斯基自然保护区(Ust-Lensky Nature Reserve)和弗兰格尔岛国家自然保护区(Wrangel Island State Nature Reserve)等 60 个海洋保护区，这些海洋保护区主要由自然资源与环境部进行管理。2018 年 3 月，俄罗斯萨哈(雅库特)共和国宣布了建立该国最大的陆地和海洋保护区——新西伯利亚群岛(New Siberian Islands)自然保护区，该保护区位于新西伯利亚群岛以及拉普捷夫海和东西伯利亚海的邻近水域，占地超过 6 万平方千米，其中包括近 5 万平方千米的海洋区域，将保护俄罗斯北极地区独特的岛屿和

① 数据来源：欧洲海洋观测与数据网(EMODnet)，https://emodnet.ec.europa.eu/en/checkpoint/arctic/challenges/marine-protected-areas。

海洋生态系统 [10]。

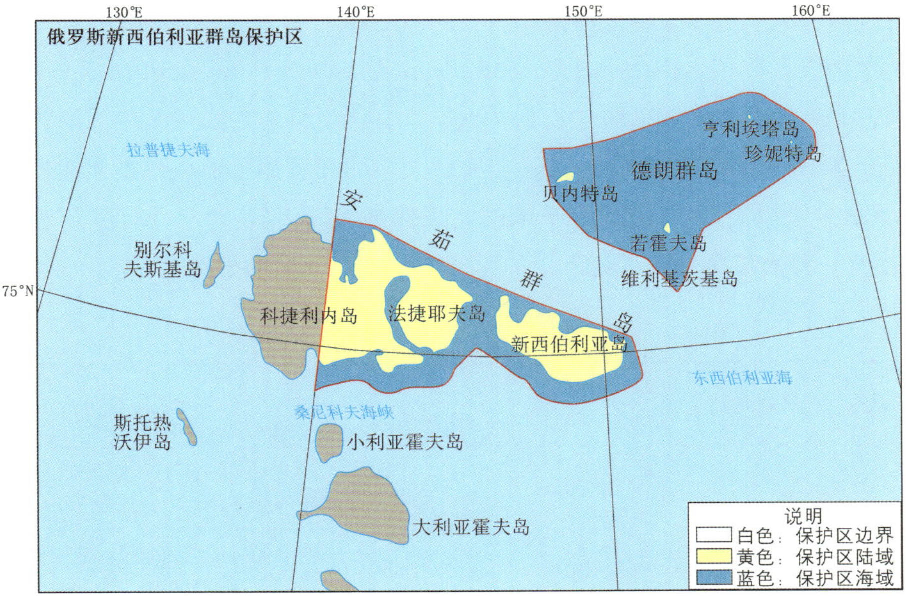

图 2　俄罗斯新西伯利亚群岛陆地和海洋保护区示意图 ①

（2）美国

美国设立北极海洋保护区的指导性法案是《国家海洋保护区法》（The National Marine Sanctuaries Act），该法案授权商务部长“将海洋、沿海和直至大陆架外缘的其他水域划定为保护区”，以保护这些地区的养护、娱乐、生态、历史、科学、文化或美学价值 [11]。目前，美国已经建立了 78 个北极海洋保护区，总体面积位居北极八国中的首位。以位于阿拉斯加东北角的北极国家野生动物保护区（The Arctic National Wildlife Refuge，ANWR）为例，该北极保护区成立于 1960 年，属于世界自然保护联盟对海洋保护区分类中的生境 / 物种管理区，保护重点是该地区的北极自然遗产、文化遗产和可持续生产。美国政府曾长期禁止北极国家野生动物保护区北坡地区沿海平原上的石油和天然气开发活动，但随着美国对该地区石油天然气资源的关注，美国两党、原住民团体、科学研究者和环保组织等行为体在内的利益攸关方围绕该地区的开发与保护产生了一系列复杂竞争 [12]。

（3）加拿大

加拿大北极地区占加拿大领土的 40%，其北极水域达 400 万平方千米，约 70%

① 图片来源：https://wwf.panda.org/wwf_news/?324934/Russia-protects-vast-tract-of-Arctic-land-and-sea。

的海岸线在北极地区，加拿大北极群岛由 94 个大岛和约 36 470 个小岛组成，是许多北极海洋哺乳动物和鸟类的栖息地[13]。2011 年加拿大联邦发布的《加拿大海洋保护区网络国家框架》（National Framework for Canada's Network of Marine Protected Areas）呼吁建立五个北极海洋生物保护区。2019 年，加拿大联邦渔业与海洋部在北极海域设立 Tuvaijuittuq 保护区，其位于加拿大努纳武特地区的埃尔斯米尔岛西北海岸，为加拿大增加了近 32 万平方千米的北极保护海域，相当于三个江苏省或两个辽宁省的面积，要求该区域在长达五年的时间内禁止任何新的人类活动。

表 2　加拿大北冰洋海洋保护区 ①

海洋保护区名称	设立年份	保护区面积（平方千米）	禁止条例
Tarium Niryutait	2010	1 750	禁止可能对白鲸及其栖息地产生潜在影响的人类活动
Anguniaqvia niqiqyuam	2016	2 358	禁止破坏、干扰海洋生物及其栖息地的人类活动
Tuvaijuittuq	2019	319 411	在保护区设立后的五年内禁止任何新的人类活动

（4）北欧国家

北欧国家普遍重视北极地区的海洋环境保护，在建立海洋保护区方面开展了一系列措施和合作。1992 年 9 月，包括丹麦、挪芬兰、瑞典和冰岛在内的 16 个缔约方曾共同签订《保护东北大西洋海洋环境公约》（The Convention for the Protection of the Marine Environment of the North-East Atlantic，OSPAR），以协商一致和强有力的方式共同养护东北大西洋的海洋生态系统（图 3）。在北极地区，北欧五国也各自提升了建立海洋保护区的数量和质量。目前，挪威拥有 241 个北极海洋保护区，是建立北极海洋保护区数目最多的国家；而瑞典的北极海洋保护区在保护生物多样性、提供生态系统服务和相关人类福祉方面的有效性较强，其管理效能具有较高的示范效应[14]。

（5）公海

虽然北极公海尚未建立正式的海洋保护区，但已有国际组织和机构对此进行筹划。其一是北极理事会北极海洋环境保护工作组（PAME）绘制的"北极大型海洋生态系统"（Arctic Large Marine Ecosystems，LME）工作地图。北极海洋环境保护工作

① 数据来源：Government of Canada，"Marine Protected Areas across Canada，" https://www.dfo-mpo.gc.ca/oceans/mpa-zpm/index-eng.html。

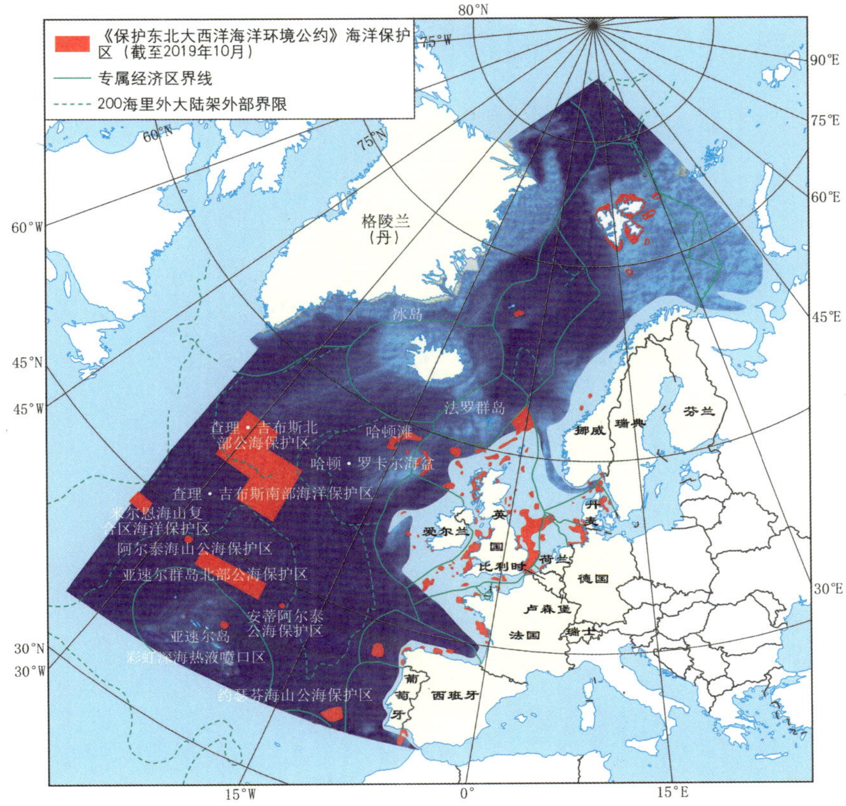

图 3　截至 2019 年 OSPAR 公约海洋保护区网络示意图①

组强调海洋保护区对于防治北极海域污染的重要性，推动了 2015 年 4 月在加拿大努纳武特地区举行的北极理事会第九次部长级会议上《泛北极海洋保护区网络建设的基本框架》（Framework for a Pan-Arctic Network of Marine Protected Areas）的通过，试图将各国海洋保护区纳入统一的网络中进行管理[15]。北极海洋环境保护工作组将北冰洋公海划为第 13 个海洋生态系统（图 4），这意味着该区域的人类活动也在北极理事会的管辖范围以内。其二是世界自然基金会（WWF）提出的 ArcNet 倡议，其旨在建立覆盖整个北冰洋的海洋保护优先区域网络，支持北极海洋环境的生物多样性和生态系统保护[16]。世界自然基金会同样在北冰洋公海划定“保护优先区域”（Priority area for conservation），可视为北极公海保护区的“雏形”（图 5）。

① 图片来源：https://oap.ospar.org/en/ospar-assessments/committee-assessments/biodiversity-committee/status-ospar-network-marine-protected-areas/assessment-sheets-mpa/2019/。

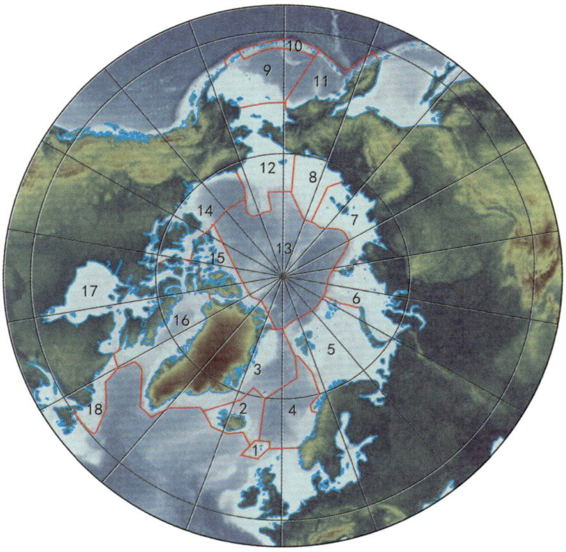

图 4　北极大型海洋生态系统地图 ①

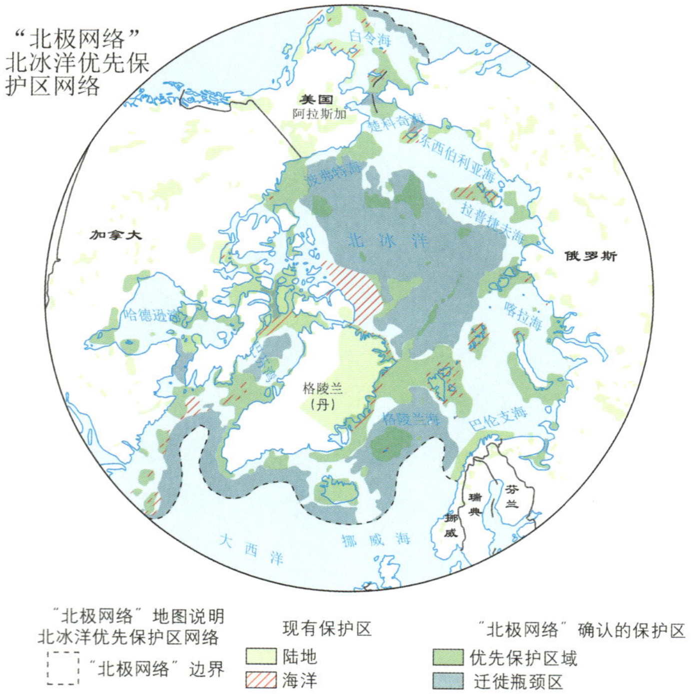

图 5　世界自然基金会发起的 ArcNet 倡议示意图

① 在图 4 中，各数字标号区域为北极理事会的保护北极海洋环境工作组划分的北极大型海洋生态系统，并以数字为代号。图片来源：https://pame.is/projects/ecosystem-approach/arctic-large-marine-ecosystems-lme-s。

二 北极海洋保护区建设给各国开展北极科考带来的潜在挑战

2.1 北极科学考察对认识北极的极端重要性

科学考察是人类认识世界的必然需要，是人类持续发展不可或缺的工作。北极科学考察对于人类认识北极自然环境，应对全球气候变化具有重要意义。一方面，北极是地球的寒极，是全球变化的响应器和驱动器，对全球气候的结构和稳定性产生决定性影响。然而，最近十年来，北极正在经历快速变化，海冰减退（图6）、气温升高（图7），对全球和我国气候产生重大影响。北极已经成为全球气候变化的关键区域，对北极的科学考察研究将有助于人类认识并把握气候变化的客观规律，从而更好地应对全球气候变暖带来的消极影响。另一方面，北极的气候变化在航运、资源开发、旅游等方面产生新的生长点，影响相关国家在北极地区的国家权益，对北极地区的科学考察将有助于各国把握气候变化带来的潜在发展机遇，为参与北极科学、政治、经济和外交活动提供依据和参考。可见，北极科学考察和研究对于人类社会发展意义重大。

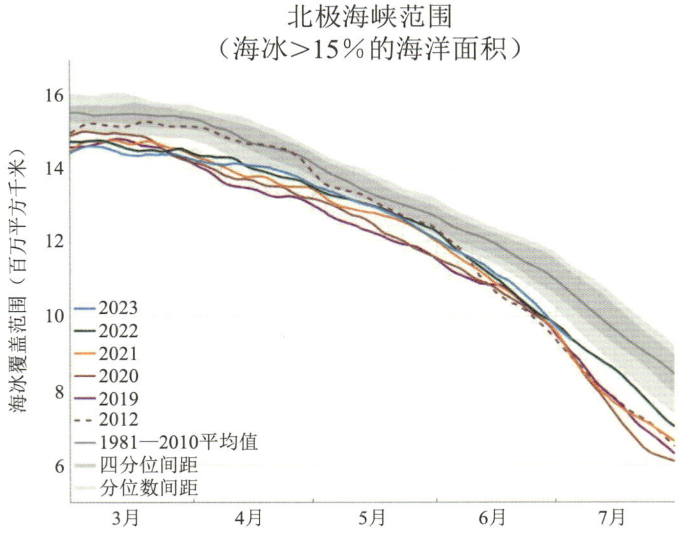

图6 北极海冰范围变化图（2023年7月5日）[①]

① 图片来源：https://nsidc.org/arcticseaicenews/。

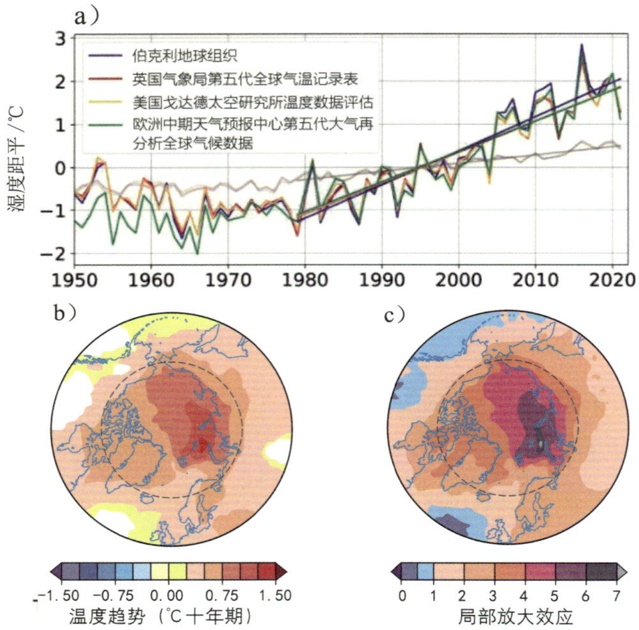

图 7　北极年平均气温变化示意图①

2.2 《联合国海洋法公约》等法律制度赋予各国在北极海域的科考权

国际社会以公约、条约等硬法形式对北极科考权予以规定，现行的《联合国海洋法公约》（1982 年）和《斯匹茨卑尔根群岛条约》（1920 年）直接赋予缔约国以在北极海域特定区域开展科学考察的权利。

2008 年 5 月 28 日，北冰洋沿岸五国在格陵兰伊卢利萨特会议上就北极海域治理问题发布的《伊卢利萨特宣言》提出，北冰洋及其附近水域适用 1982 年《联合国海洋法公约》的规定。《联合国海洋法公约》第十三部分确认了包括中国在内的各缔约国均有权在北极公海开展科学考察活动。《联合国海洋法公约》在关于“公海自由”的第 87 条中明文规定了“科学研究自由”[17]。第 143 条明确规定，“专为和平目的并为全人类的利益，各缔约国可在‘区域’内进行海洋学研究[18]”，第 238 条再次重申“所有国家，不论其地理位置如何，以及各主管国际组织，在本公约所规定的其他国家的权利和义务的限制下，均有权进行海洋科学研究[19]。”这是中国等北极域外国家从事北极公海海域科学考察的法律依据，意味着在北冰洋公海范围内，北极域外国家享有毋庸置疑的充分的科学考察自由。

除此之外，《斯匹茨卑尔根群岛条约》还赋予缔约国在斯匹茨卑尔根群岛及其领

① 图片来源：https://www.nature.com/articles/s43247-022-00498-3。

海自由从事科考活动的权利。依据《斯匹茨卑尔根群岛条约》第 5 条之规定，缔约国平等享有在斯匹茨卑尔根群岛陆地及其领海的科考权[20]。具体而言，缔约国可以开展科考活动的区域包括斯匹茨卑尔根群岛和熊岛及其附属岛礁[21]。缔约国拥有的科考权包括：通过科考测量船或飞行器上的各种仪器对斯匹茨卑尔根群岛及其领海的海道情况、海水流量、海洋水质、海域气候特征、海洋生物和海底矿产资源等开展探测和数据搜集活动[22]。依据《斯匹茨卑尔根群岛条约》第 3 条之规定，缔约国国民享有自由进出斯匹茨卑尔根群岛及其领海的权利[23]。这意味着缔约国科考人员在斯匹茨卑尔根群岛可以自由进入、停留，这也是各国科考人员开展北极科考活动的前提和基础。

北极的公海海域约占北极表面积的 50%，世界各国都有权在北极公海海域开展科学考察活动，科考权与人类的生存权和国家的发展权一样，是世界各国的正当权利。按照《联合国海洋法公约》的规定，在各国专属经济区的科学考察也是被允许的，但是需要经所属国家的协调和批准。

2.3 北极理事会“加强国际北极科学合作协定”

北极理事会在北极海洋保护区管理的实践上发挥重要作用。2017 年 5 月 11 日，在第 10 届北极理事会部长级会议上北极八国签署了《加强北极国际科学合作协定》（Agreement on Enhancing International Arctic Scientific Cooperation），目标是打破科学研究和考察的障碍，积极促进北极科学合作，《加强北极国际科学合作协定》的签署对于北极科学合作有着积极意义。虽然这是北极八国之间具有法律约束性质的协定，但《加强北极国际科学合作协定》同时承认广大非北极国家在此问题上的贡献，认识到吸纳非北极国家参与的必要性。《加强北极国际科学合作协定》在前言中指出，“认识到非缔约方，特别是北极理事会的永久参与方和观察员正在为科学活动提供重要的科学专业知识和宝贵的贡献，认识到北极国家和其他国家在国际极地年通过财政投入和其他投资所获得的实质利益及其成果，尤其是与观察和分析有关的新的科学知识、基础设施和技术”[24]。这些共识展示了缔约方对第三方国家参与协定的客观态度。《加强北极国际科学合作协定》第 17 条专门规定了与非缔约方的合作，对第三国参与北极国际科学持开放态度，赋予了协定缔约方开展与非缔约方合作的权利，并规定经双方同意开展该协定项下的科学合作，享有该协定下的权利并承担相应的义务[25]。在实践层面，大多数北极国家尤其是北欧国家对于北极科学合作也持积极态度。签署协议之后，芬兰、挪威、瑞典等国外长纷纷发声，表达与非北极国家合作的意愿[26]。

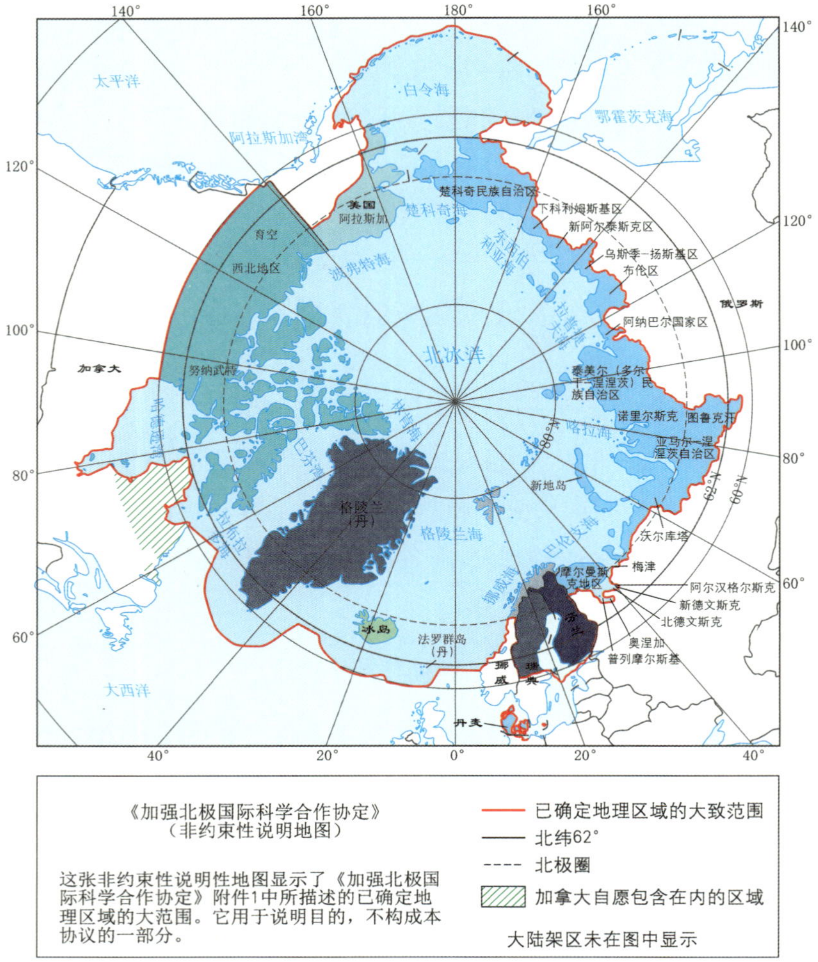

图 8 《加强北极国际科学合作协定》规定的适用地理区域示意图①

但协定的局限性也显而易见。其一，《加强北极国际科学合作协定》的目标是用来确保北极八国的科学家进入彼此管辖的北极地区，包括人员、设备和材料的进出，获得基础研究设施以及进入研究区域等，而非缔约方则不能享有《加强北极国际科学合作协定》中规定的缔约国提供的便利服务以及准入政策，实质上形成了“北极国家”对“域外国家”北极科学研究的制度性双标[27]，对非北极国家的北极科学研究造成不利影响[28]，这不符合北极问题的跨区域性质。其二，《加强北极国际科学合作协定》以“附件 1”的形式确定了享有科学合作权益的地理区域，不仅包括北极国家的陆地、内水以及邻近的领海、专属经济区和大陆架，更是将范围扩展至北纬 62° 以北的北极国家管辖区域以外的公海[29]。《加强北极国际科学合作协定》涉及的地理

① 图片来源：https://iasc.info/cooperations/arctic-science-agreement。

范围超过了北极国家管辖权的规定，恐将危及北冰洋公海的国际科学合作。

2.4 国际社会开展和参与北极科学考察对北极科学的贡献

随着全球气候变暖，北极冰雪融化加速，北极问题已超出北极的范畴，关涉国际社会的整体利益，攸关人类生存与发展的共同命运，具有全球意义和国际影响。世界多国利用其北极科学考察权利，在北极地区开展的科学考察活动为北极科学发展做出重要贡献。例如，自 1999 年以来，中国以“雪龙”号、“雪龙 2”号极地科考船为平台，已成功开展了 13 次北极科学考察工作，中国的历次北极科考均是开放性的，每次邀请外方科研人员参加，各方就感兴趣的问题开展合作，实现科考平台、科考数据的共享和利用。比如，在 2016 年，中国派遣科学家与俄方合作，参加俄方的北极科考[30]。中国还派遣科研人员参与美国、德国、加拿大等国的北极科学考察活动。中国作为积极参与者支持国际北极科考活动，如 2019 年中国 18 名科学家参与 MOSAiC 国际北极合作的科学考察[31]。此外，越来越多的国家参与北极考察，北极科考已经成为国际科学界的重要活动。世界各国在开展和参与北极科学考察的过程中为国际北极科学研究做出重要贡献，是北极科学研究中必不可少的行为体。至今尚没有出现对在北极公海进行科学考察活动的正式限制行为。

由于北冰洋环境具有特殊性，北极科学问题具有跨区域性质，域外国家也拥有参与北极科考的权利和义务。而且北极地区范围广阔，所涉科学门类众多，国际协调与合作就成为北极科学研究的重要方式，并且作为国际惯例延续至今。人类设立四次国际极地年①（International Polar Year）的历史就是明证，历次国际极地年均有域外国家参与其中并发挥重要作用。例如，第四次国际极地年（2007—2008）就有来自 60 多个国家的约 50 000 名研究人员、教育工作者、学生等参加了 228 个国际北极项目[31]。

2.5 北极海洋保护区建设与各国科考权的潜在冲突

设立北极海洋保护区是维护北极地区海洋环境和生态系统的重要方式，设计优良和管理有效的保护区能够在恢复生物多样性等方面产生较大的积极效应。北极国家拥有在其领海和专属经济区设立海洋保护区的权利，但一些保护区以保护生物栖息地和保护生态为由限制正常的科学考察活动，表明北极国家设立海洋保护区的政策实践与国际社会的北极科学考察正当权利之间存在潜在的冲突。

北极国家设立的北极海洋保护区在数量、类型、规模、标准和保护水平之间差异

① 注：第一次国际极地年（(1882—1883)、第二次国际极地年（1932—1933）、第三次国际极地年（1957—1958）、第四次国际极地年（2007—2008）。

较大。例如，挪威遵循严格的海洋保护区标准，在其北冰洋管辖海域设立166个严格意义上的海洋保护区。挪威雷特国家公园（Raet National Park）是挪威建立的第一个符合国际标准的海洋保护区，其管理制度包括在“静默区域”（Silent zone）内禁止船舶通行，增加禁渔区等一系列严格规定，这在一定程度上限制了科学考察的范围[32]。相比之下，美国更倾向于将北极海洋保护区定位为海洋生物资源管理保护区，其执行标准和严格程度虽然相对低于挪威设立的严格意义上的海洋保护区[33]，这也在客观上阻碍了国际北极科学研究的协调与合作。加拿大依据《加拿大联邦海洋保护区战略》在北极水域建立的三个海洋保护区，设立的保护区面积不断扩大，对于人类活动的限制也更为严苛（表2）。

现有北极海洋保护区的形态五花八门，但有一个共同的特点，就是限制人类在海洋保护区的活动。在专属经济区内各国有权设立这些政策，也有权力对其他国家的科考活动做出限制，我们可以不必过分担忧。但是，各国对海洋保护区的管理方式一旦推广到北冰洋的公海部分，势必对各国的科考活动产生重大影响。

北极公海虽尚未建立正式的海洋保护区，但北极理事会等国际组织已在规划海洋保护区的蓝图并提出具体倡议。按照“保护公海海洋生物多样性法律框架”，建设北极公海的海洋保护区已经提上日程，相信在不久的将来，在北极公海建设各种保护区方案将纷至沓来。对此，我们有两点值得高度关注。第一，如上所述，各国在建设海洋保护区的经验中，限制人类活动是基本措施之一；一旦建设公海的海洋保护区仍然要限制公海保护区的人类活动，将严重危害各国的科考权。第二，北极理事会是北极八国的国际组织，其他国家在北极理事会中并没有发言权。如果北极理事会来运作北极公海的海洋保护区，难以体现北极域外国家的权益，难以落实各国的科考权。

现在从外交、国际政治、国际法和国际组织方面都没有有效的机制在北极公海海洋保护区建设中落实各国的科考权。如何保障世界各国的科考权是现在必须认真思考与严肃对待的问题。世界各国有必要从“预期管理”或“风险管理”角度予以警惕。与此同时，国际社会应该认识到保障科考权的重要性，促进在北极保护区建设中保障各国的科考权。

三　世界各国维护北极科考权利需要落实的举措

在全球气候变化和海冰加速融化的背景下，进行北极科学考察既是各国的应有责任，又是各国的合法权利。为应对北极海洋保护区建设对各国北极科考权利带来的潜在挑战，各国应当加强主张和宣示，努力争取、维护和拓展北极科考权，推动北极地区的可持续发展[34]。

3.1 充分认识各国科学考察权利的属性

北极地区是一个特殊的地理区域，受“北极放大”机制的影响，北极气温以 2 倍于全球其他地区的速度上升，北冰洋欧亚部分的变暖速度甚至达到了全球的 4 倍，其海洋环境的变化尤其明显[35]。北极地区的气候变化给整个人类社会的安全和发展带来隐患，应对北极地区的气候挑战，需要所有国家的共同努力，开展北极科学考察正是应对北极环境变化的重要基础。只有充分掌握北极地区的海气关系、地质条件、资源潜力以及生物群落等方面的信息和知识，才能有效保护北极地区生态环境和可持续利用北极地区自然资源[36]。北极地区的科学发展需要依靠所有利益攸关方的科学贡献以及国际北极科学合作。

作为一种全球知识和公共产品，科学是人类社会认识世界、生存和发展的必然需要。“科学权”（The right to science）的概念最早出现在 1945 年 12 月 31 日通过的《美洲人的权利和义务宣言》初稿中，该文件将“科学权”阐释为每个人都拥有的“分享科学发现和发明所产生的利益的权利”，即思想自由、学术自由、知识产权等对科学家和发明家的工作至关重要的人权[37]。随着人权概念的发展，其他各种国际和区域文书也承认了“科学权”这一权利。1948 年《世界人权宣言》第 27 条规定每个人都有权“分享科学进步及其产生的福利”。1966 年《经济、社会及文化权利国际公约》的第 15 条同样确认了科学权是“享受科学进步及其应用带来的利益的权利”，该文件还鼓励缔约国尊重科学自由以及开展国际科学合作。“科考权”是“科学权”的重要内容。2018 年，美国科学促进会“科学责任、人权和法律”项目部主任 Jessica M. Wyndham 在《科学》（*Science*）上发表文章《定义科学的人权》（*Define the human right to science*），认为科学权包括考察权，即科考权[38]。根据联合国经济、社会及文化权利委员会 2020 年发布的关于科学与经济、社会和文化权利的第 25 号一般性意见，科学权包含参与科学活动的权利[39]。可见，科学考察权利已经成为现代人权观中的重要组成部分，是一项基本人权。科考权既体现为个人人权的组成部分，也体现为集体人权，本报告强调的科考权属于各国行使的集体人权。

在北极事务方面，北极科学考察活动由《联合国宪章》《联合国海洋法公约》《斯匹次卑尔根群岛条约》等国际条约和一般国际法予以规范[40]。如前所述，《联合国海洋法公约》《斯匹次卑尔根群岛条约》等国际硬法都涉及了海洋科学研究权利的相关规定，赋予缔约国在条约规定地理范围内行使科学考察的权利。因此，北极科学考察是各国享有的合法权利，不能以任何理由剥夺，任何限制科考权的行为都会损害北极科学的发展。

3.2 明确北极海洋保护区建设与各国北极科考权之间的关系

两极地区的环境变化以及科学技术发展水平与整个人类社会的安全和利益息息相关，对北极的科学研究权应当由全人类共同拥有[41]。在北极设立海洋保护区以实现生态保护目标固然重要，但同时也应该保护世界各国在北极地区开展科学考察活动的权利。《联合国海洋法公约》第十三部分已明确赋予各缔约国以海洋科考权，并且“各国和各主管国际组织应促进和便利海洋科学研究的发展和进行”。因此，保护区设立国应当履行条约义务，不得以任何理由限制或者变相限制以科学考察为目的的活动。

另一方面，海洋保护区建设是为了保护北极地区的海洋生态环境和可持续发展，而科学考察本身也是北极环境保护重要基础和必要环节，二者的根本目的并无冲突。事实上，海洋保护区建设与海洋科学考察可以形成相辅相成的良性关系，北极科学考察和科学研究可以为北极海洋保护区的设立和管理提供可靠的技术、数据支持和决策参考，而北极海洋保护区也可为科学研究的发展提供重要的研究场所。北极国家在建设海洋保护区的同时也应当鼓励各国的北极科学考察和研究活动。

3.3 提升科学家在北极海洋保护区设立问题上的话语权

科学家是北极治理不可或缺的行为体，一方面，科学家掌握北极地区自然和社会领域事务的科学知识，凭借专业技能方面的优势在北极治理中发挥着重要作用；另一方面，相对于主权国家在政治经济方面的官方行动，科学家拥有较低的政治敏感度和较高的行动自由度，有利于维持主权国家之间的第二轨道对话并促进国际合作的进程[42]。面对北极海洋保护区建设带来的限制域外国家北极科考权的风险，北极科学利益攸关方之间应建立广泛的沟通渠道，达成保障科考权利的共识，并确保科考权利的落实。例如，可以推动在北极海洋保护区的会议上成立“科学考察权利审核组”，由各国派科学家代表参加，以专业视角发出自己的声音和进行决策参考，从而更好地维护北极地区的地缘政治稳定，发展国际社会在北极科学方面的共同利益。此外，国际科学界应当提升自身的科学态度和国际责任感，在相关国际组织和国际条约谈判过程中，展开限制北极科考权利的行为非法性的国际讨论，推动将保护科考权利写入《联合国海洋法公约》，突出国际社会北极海洋正当科考权利。

四 我国维护北极科考权利需要采取的对策

我国曾明确阐述关于平衡“海洋保护区设立”与“科学研究自由”的立场。中国代表团在2015年南极海洋生物资源养护委员会(Commission for the Conservation of Antarctic Marine Living Resources)年会上表示，支持建立海洋保护区，但不应妨碍南极科学研究的自由。“国际社会需要在充分的科学数据的基础上平衡‘保护’与‘合理利用’的关系，在缺乏明确科学分析的情况下，在未来的任何海洋保护区协议中，‘合理利用’应该比‘保护’得到优先考虑[43]。”基于北极国家设立海洋保护区对中国正当科学考察权利带来的潜在挑战，为此中国应采取积极措施，从完善现有体制机制、发挥科学家作用等多个方面维护中国的正当北极科考权利。

4.1 完善我国维护北极科考权的体制和机制问题

(1)提升外交部的作用

在北极事务上，外交部代表国家维护国家主权、安全和利益，代表国家和政府办理涉北极外交事务。在应对北极国家设立北极海洋保护区给中国开展北极科学考察带来的挑战方面，外交部应发挥其部门优势，研究北极国家设立北极海洋保护区的政治与法律现状，为国家开展北极科学考察活动提供有效参考。此外，外交部还应发挥其外交谈判作用，提升并发挥北极事务特别代表的影响力。例如，中国北极事务特别代表高风曾建议中国极地科学界加强横向联系，设置北极科学重大课题，并积极在国际会议上发声，“可以借广泛的科技合作机会，务实地参与到北极事务全球治理中去”[44]。外交部应在北极多边领域以及与北极国家在双边领域阐明中国在北极开展科学考察活动的正当性和公益性，降低北极国家对中国开展科考活动的防范心理，并积极争取与北极国家在其北极海洋保护区内开展正当科考活动达成共识。

为更好地维护我国的北极科考权利，外交部应发挥其在制定对外战略领域的职能优势，牵头维护北极科考权的对外战略。例如，法国早在2016年就由其外交部牵头，联合多个政府部门和研究机构起草《北极国家路线图》。该文件将“北极科研与学术合作”列为法国北极战略的七大重点议题之一，其设定了未来几年法国应对北极问题和挑战应该协调和优先采取的行动[45]。因此，为维护中国的北极利益，外交部应牵头设计、起草并实施北极科研战略，指导中国北极科学考察活动的开展，坚定维护中国在北极地区开展科学研究的正当权利。

(2)增强国家海洋局极地考察办公室的作用

为应对北极国家建立北极海洋保护区带来的潜在挑战，维护我国正当的北极科考权利，国家海洋局极地考察办公室要发挥自身职能，协调国内研究机构，对北极国家设立海洋保护区的具体法律规定进行全面且深入的研究，依据《联合国海洋法公约》《斯匹茨卑尔根群岛条约》等具有法律约束力的国际法来维护我国科学活动的正当权益，并据此组织、协调中国的北极科考活动，维护中国在北极地区的正当科学考察权利。

（3）**强化科学技术部的作用**

科技部作为主管国家科技创新和发展工作的部门，通过项目的方式支持北极科技发展，但没有涉及北极科技的规划。我国的北极科技规划由国家海洋局极地考察办公室负责。诸多北极域外国家的科技部门都曾设计本国北极科研发展的长期规划，值得中国有关部门借鉴学习经验。例如，法国国家科学研究中心与法国极地研究所曾联合发起“北极工厂（Le Chantier Arctique）”倡议，这是一个旨在协调多种学科、多个渠道促进北极学术合作的长期研究规划，法国优先将北极与全球大气变化、水循环与海冰、海洋生态系统等十个学科纳入该规划[46]。未来科技部与极地考察办公室应联合行动，制定中国北极科学研究发展的长期规划，开拓中国在北极科研领域的发展空间，推动中国北极科学研究与考察活动的发展，维护中国在北极地区的科学考察权利。

4.2 成立维护北极科考权的部际协调机构，统一立场和行动

美国、加拿大等北极国家均设有专注于北极研究的公共政策服务机构。例如，美国根据《1984 年北极研究和政策法案》（Arctic Research and Policy Act of 1984）成立了“北极研究委员会（Arctic Research Commission）”。该委员会除了每两年向总统和国会提交一份报告，概述北极科学研究的建议目标和目的外，还制定并建议一项综合的国家北极研究政策，并在美国联邦政府内部、与阿拉斯加州以及与国际伙伴之间建立北极研究的合作联系[47]。不仅如此，美国于 2015 年成立了具体执行协调机构北极执行指导委员会（The Arctic Executive Steering Committee, AESC），负责协调联邦政府、州政府、阿拉斯加原住民、学术研究机构以及私营公司和非营利组织在北极的政策和行动[48]。加拿大也成立了“加拿大极地委员会（Polar Commission of Canada）”，作为推动加拿大北极政策制定、北极科学研究以及北极知识传播的国家机构，并于每年发布研究报告[49]。

相比之下，中国缺乏类似的北极事务部际协调机构，北极外交、科考等不同领域的事务分属于不同的国家部门和机构。随着中国参与北极事务、开展北极科研活动的频率和深度不断增加，如何在国内层面协调好不同部门之间的合作和立场成为维

护中国北极正当科考权的关键。为此，中国应借鉴北极事务上协调有序的北极国家，成立符合我国国情的部际协调机构。

未来的部际协调机构中，不但包含外交部和科技部等部门代表，也应吸收科学家代表参加。北极问题因其复杂性和全球性特点，与其他地域和领域的科学问题有很大不同，科学家的作用不可或缺。随着各国对北极权益的重视，北极正在经历科学政治化，即很多北极科学问题上升到了政治的高度和法律高度，与此同时，很多北极权益的要求和维护需要丰富扎实的科学知识和研究才能提供支撑。建议未来的部际协调机构中下设自然科学工作组和社会科学工作组，允许其利用北极领域的科考实践经验和科学专业知识为政府相关机构提供咨询建议，通过极地科学团体影响国际倡议、话语权，影响国际事务的设置和议题排序，从而提升中国在北极治理的知识和规制方面的双重影响。

4.3 支持我国科学家参与涉及北极海洋保护区的国际会议

中国有关涉北极部门和机构积极而广泛地参与了国际北极事务。中国代表曾担任了国际北极科学委员会的副主席，获得并提高了在北极科学事务中的发言权。中国还是新奥尔松科学管理者委员会（Ny-Ålesund Science Managers Committee）的成员，并积极倡导成立了泛太平洋北极工作组（The Pacific Arctic Group），成为我国在北极考察领域发挥影响的重要渠道。同时，中国也选派科学家参与北极理事会下属各个工作组，加大沟通和交流的力度。在国际大型合作计划方面，中国涉北极研究机构积极参与极地预测年（The Year of Polar Prediction）、北极观测网（Sustaining Arctic Observation Networks）、斯瓦尔巴综合北极观测系统（The Svalbard Integrated Arctic Earth Observing System）等。

虽然我国科学家参与了不少北极国际科学机构，但毋庸置疑的是，我国在这些机构和国际会议上的存在度较低，我们的议题设置能力和主导能力有很大的提升空间。在上述平台和合作机制的基础上，我国应继续鼓励并支持科学家参与北极科研交流与合作，并在涉及北极海洋保护区的国际会议阐明中国立场和观点，维护我国在北极科考领域特别是在公海水域的正当科考权利。

4.4 联合多国发起召开维护北极科考权的国际倡议

在北极公海的海洋科考权不仅对非北极国家至关重要，对北极八国同样非常重要，他们也需要维护自己的科考权，在北极公海开展考察和研究。捍卫北冰洋特别是公海的科考权正在成为国际科学界的共识。当此之际，我国可以联合其他国家，倡议举办国际会议，就北极科考权问题进行讨论；或者建议在国际北极科学委员会年度会议中召开北极科考权的边会，宣传我国立场，争取得到更多国家的支持，确保北极保护区建设和维护北极科考权同步发展。

引文索引

[1] Dan Laffoley，John M. Baxter，Jon C. Day，Lauren Wenzel，Paula Bueno，Katherine Zischka. Marine Protected Areas，in Charles Sheppard，World Seas：An Environmental Evaluation [M]. Massachusetts：Academic Press，2019.

[2] PEW. The Case for Marine Protected Areas [EB/OL].（2020-07-20）[2023-06-20].

[3] Robb Report. The UN Just Voted to Designate 30% of International Waters as Sanctuaries by 2030 [EB/OL].（2023-03-06）[2023-06-20].

[4] Pew. Marine Reserves Can Help Oceans，and People，Withstand Climate Change [EB/OL].（2020-07-07）[2023-06-20].

[5] Nowakowski A. J.，Canty S. W. J.，Bennett N. J.，et al. Co-benefits of marine protected areas for nature and people [J]. Nature Sustainability，2023 June：24.

[6] Sullivan-Stack Jenna，Aburto-Oropeza Octavio，et al. A Scientific Synthesis of Marine Protected Areas in the United States：Status and Recommendations [J]. Frontiers in Marine Science，2022，9：12-13.

[7] 刘惠荣. 北极地区发展报告（2015）[M]. 北京：社会科学文献出版社，2016.

[8] European Commission. Marine Protected Areas [EB/OL]. [2023-06-24].

[9] Boris Yeltsin Presidential Library. FEDERAL LAW ‘ON SPECIALLY PROTECTED NATURAL TERRITORIES’ [EB/OL].

[10] World Wildlife Fund. Russia protects vast tract of Arctic land and sea [EB/OL].（2018-03-20）[2023-06-24].

[11] National Marine Sanctuaries. The National Marine Sanctuaries Act [EB/OL]. [2023-06-24].

[12] Frac Tracker. THE FIGHT TO PROTECT ALASKA’S ARCTIC

NATIONAL WILDLIFE REFUGE [EB/OL].（2021-03-12）[2023-06-24].

[13] The Ministry of Fisheries and Oceans Canada. State of Canada's Arctic Seas，Canadian Technical Report of Fisheries and Aquatic Sciences 3344 [R]. 2019.

[14] Andrea Belgrano，et al. Mapping and Evaluating Marine Protected Areas and Ecosystem Services：A Transdisciplinary Delphi Forecasting Process Framework [J]. Frontiers in Ecology and Evolution，2021，9：24.

[15] Arctic Council. Framework for a Pan-Arctic Network of Marine Protected Areas [R]. 2015.

[16] WWF. THE ARCTIC NEEDS A NEW MARINE CONSERVATION APPROACH-HERE'S HOW [EB/OL].（2023-02-03）[2023-06-25].

[17] 联合国. 联合国海洋法公约[EB/OL]. 第 87 条.

[18] 联合国. 《联合国海洋法公约》[EB/OL]. 第 143 条.

[19] 联合国. 《联合国海洋法公约》[EB/OL]. 第 238 条.

[20] University of Oslo. The Svalbard Treaty [EB/OL]. Article 5.

[21] D. H. Anderson. The Status Under International Law of the Maritime Areas Around Svalbard[J]. Ocean Development & International Law, 2009, 40（4）：373-384.

[22] 卢芳华. 《斯匹次卑尔根群岛条约》中的平等权利：制度与争议[J]. 太平洋学报，2020，28（10）：17.

[23] University of Oslo. The Svalbard Treaty [EB/OL]. Article 3.

[24] Arctic Council Archive. Agreement on Enhancing International Arctic Scientific Cooperation [EB/OL].（2017-05-11）[2023-07-05].

[25] Arctic Council Archive. Agreement on Enhancing International Arctic Scientific Cooperation [EB/OL].（2017-05-11）[2023-07-05]. Article 17.

[26] 白佳玉，王琳祥. 北极理事会科学合作新规则的法律解析[J]. 中国海洋大学学报，2018，4：46.

[27] 刘惠荣. 北极蓝皮书：北极地区发展报告（2018）[M]，北京：社会

科学文献出版社，2019.

[28] 王泽林．北极科学研究合作的国际法律框架与中国路径问题[J]．中国国际法年刊，2019：110.

[29] U. S. Arctic Research Commission, Agreement on Enhancing International Arctic Scientific Cooperation [EB/OL]. [2023-07-05]. Annex 1-Identified Geographic Areas.

[30] 苏平，项仁波．中国科技外交的北极实践[J]．国家行政学院学报，2018，5：179.

[31] The Arctic Institute. Science Cooperation with the Snow Dragon：Can the U. S. and China work together on the Arctic Climate Crisis? [EB/OL].（2021-04-05）[2023-06-27].

[32] Linking Tourism & Conservation. Raet could become Norway's first marine national park meeting international standards [EB/OL]. [2023-06-27].

[33] European Commission. Marine Protected Areas [EB/OL].

[34] 赵进平．我国北极科考权的社会需求基础和国际维权对策[J]．中国海洋大学学报（社会科学版），2015，5：2.

[35] Rantanen M.，Karpechko A. Y.，Lipponen A.，et al. The Arctic has warmed nearly four times faster than the globe since 1979 [J]. Commun Earth Environ，3：168.

[36] National Academies of Sciences，Engineering，and Medicine. Arctic Ocean Research and Supporting Facilities：National Needs and Goals [M]. Washington DC：The National Academies Press，1995.

[37] The Right to Science [J]. In H. Porsdam & S. Porsdam Mann（Eds.），The Right to Science：Then and Now [M]. Cambridge：Cambridge University Press，2021.

[38] Jessica M. Wyndham，Margaret Weigers Vitullo. Define the human right to science [J]，Science，362（6418）：965.

[39] United Nations Economic and Social Council. General comment No. 25（2020）on science and economic，social and cultural rights（article 15（1）（b），（2），（3）and（4）of the International Covenant on Economic，Social and Cultural Rights）[EB/OL].（2020-04-

30)[2023-07-08].

[40] 董跃，宋欣．有关北极科学考察的国际海洋法制度研究[J]．中国海洋大学学报(社会科学版)2009，4：11-15.

[41] 赵进平．我国北极科考权的社会需求基础和国际维权对策[J]．中国海洋大学学报(社会科学版)，2015，5：3.

[42] Rasmus Gjedssø Bertelsen，Science diplomacy and the Arctic [J]. in Gunhild Hoogensen Gjørv，Marc Lanteigne，Horatio Sam-Aggrey. Routledge Handbook of Arctic Security [M]. London：Routledge，2020.

[43] Nong Hong. Why China is hesitant about endorsing marine protected area proposals in the Antarctic [EB/OL]. (2023-04-07)[2023-07-09].

[44] 潘敏，徐理灵．超越“门罗主义”：北极科学部长级会议与北极治理机制革新．太平洋学报，2021，29(1)：99.

[45] Ministère de l’Europe et des affaires étrangères. La Grande Défi de L’Arctique：Feuille de Route Nationale sur L’Arctique [R]. 2016.

[46] 周菲．法国北极战略：构建逻辑与行动路径[J]．边界与海洋研究，2020，5(3)：75.

[47] Arctic Research Consortium of the United States. President Biden Appoints New USARC Chair and Commissioners [EB/OL]. [2023-07-09].

[48] The White House. The Arctic Executive Steering Committee [EB/OL]. [2023-07-09].

[49] Public Service Alliance of Canada. Polar Commission of Canada [EB/OL]. [2023-07-09].

3 开展动态监测与评估，助推黄海大海洋生态系保护和治理

余　静　徐　策　马　琛　中国海洋大学海洋与大气学院

编者按

黄海大海洋生态系是全球 66 个大海洋生态系之一，对我国和周边国家社会、经济、环境都非常重要。随着社会的发展和进步，环境恶化和生态功能下降唤起全社会对黄海生态系的关注，也引起周边国家政府的高度重视。然而，各国对黄海大海洋生态系的了解大都是近岸的、局部的和粗放的，对整个黄海大海洋生态系的了解严重不足，缺乏基础的数据和清晰的认识，难以实现有效的管理和治理。因此，科学界和政界对黄海生态系态度积极，认为需要加大力度治理，但从何入手尚在讨论。该报告研究了黄海生态系存在的问题，提出立即着手建立跨国合作的生态环境动态监测系统，通过开展动态监测—进行动态评估—提出治理方案—实施联合治理的详细方案，为解决黄海生态系的问题给出切实可行的对策。

第一作者简介

余静，工学博士，中国海洋大学副教授，博士生导师。现任中国海洋大学中澳海岸带管理研究中心（中方）副主任，海洋空间规划与管理研究所副所长。主要研究方向为海洋区划与规划、海岸带综合管理、海洋环境影响评价与海域使用论证。主持和参与国家重点研发项目课题、国家自然科学基金联合基金、国家社科基金重大项目等课题 10 余项。在 SCI/SSCI/CSSCI 等国内外权威期刊发表论文 70 余篇，参编学术专著 4 部、国家标准 2 项、行业标准 2 项。兼任全国海洋标准化技术委员会海域使用及海洋能开发利用分技术委员会委员、自然资源学会海洋资源专业委员会委员、山东环境科学学会海洋环境专业委员会秘书长等职。

大海洋生态系（Large Marine Ecosystems，LMEs）是相对较大的、根据其自然地理条件及生物学特征确定的海洋空间区域，具有独特的洋流、海底地貌及在一个食物网中相互联系着的生物群体[1]。迄今，全球共划定66个大海洋生态系（图1）。

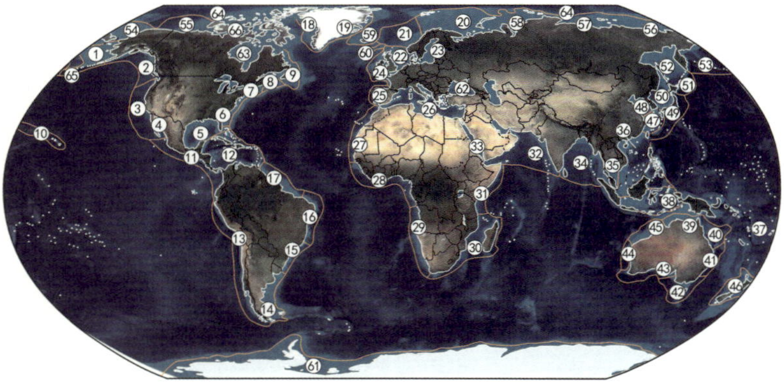

1 东白令海
2 阿拉斯加湾
3 加利福尼亚海流
4 加利福尼亚湾
5 墨西哥湾
6 美国东南部大陆架
7 美国东北部大陆架
8 苏格兰大陆架
9 纽芬兰-拉布拉多大陆架
10 太平洋-夏威夷岛屿
11 太平洋-中美洲海岸
12 加勒比海
13 洪堡海流
14 巴塔哥尼亚大陆架
15 南巴西大陆架
16 东巴西大陆架
17 北巴西大陆架
18 西格陵兰大陆架
19 东格陵兰大陆架
20 巴伦支海
21 挪威大陆架
22 北海
23 波罗的海
24 凯尔特-比斯开大陆架
25 伊比利亚海岸
26 地中海
27 加纳利海流
28 几内亚海流
29 本格拉海流
30 阿古拉斯海流
31 索马里沿岸海流
32 阿拉伯海
33 红海
34 孟加拉湾
35 泰国湾
36 南海
37 斐济群岛
38 印尼海
39 澳大利亚北部大陆架
40 澳大利亚东北大陆架-大堡礁
41 澳大利亚中东部大陆架
42 澳大利亚东南大陆架
43 澳大利亚西南大陆架
44 澳大利亚中西部大陆架
45 澳大利亚西北大陆架
46 新西兰大陆架
47 东海
48 黄海
49 黑潮
50 日本海/东海
51 亲潮
52 鄂霍次克海
53 西白令海
54 楚科奇海
55 波弗特海
56 东西伯利亚海
57 拉普捷夫海
58 喀拉海
59 冰岛大陆架
60 法罗群岛
61 南极区域
62 黑海
63 哈德孙湾
64 北冰洋
65 阿留申群岛
66 加拿大北极北部高地

图1 世界66个大海洋生态系分布（根据参考文献[1]翻译）

黄海大海洋生态系（简称黄海生态系）是全球66个大海洋生态系之一，其地理范围为东经119°～127°、北纬31°～40°，是位于中国北方大陆（包括辽宁、山东和江苏省）和朝鲜半岛之间的一个半封闭的跨界海域[2]。

黄海生态系结构丰富，具有丰富的海洋生物多样性，包括各种鱼类、贝类、甲壳类动物、海藻和其他海洋生物。这些物种在黄海中形成了错综复杂的食物网，相互依赖，共同维持着生态平衡。同时，黄海生态系还是一些濒临灭绝物种的栖息地，保护黄海生态系对维持海洋生物多样性具有重要意义。

既然黄海生态系这么重要，人们会自然地认为，国家和科学界一定对其有丰富的认识和了解；只要在管理上下功夫，就可以解决现存的问题，其实不然。人们对黄海生态系的认识还相当薄弱。目前，各国主要关注国内近海的区域性生态系统，缺乏对黄海生态系整体的认知和管控，更缺乏局部生态系统与黄海生态系整体变化关系的了解。加之黄海生态系涉及周边三个国家，很多数据并没有开放，直接妨碍了对黄海生态系的整体认知。“黄海大海洋生态系项目”已执行两期，中韩两国在政策及保护行动上作出努力，取得一系列促进黄海生态系研究和管理的成果；但中韩两国针对黄海生态系的外海调查不足，调查断面和站位较少。目前中韩合作主要在合作研究层面，对黄海生态系的认知不足以支撑未来对黄海生态系保护和管理的需要，需要向更深入方面发展。

一 黄海生态系及其管理现状

1.1 黄海生态系概况

黄海生态系是位于东亚的一个重要海洋生态系统，被认为是世界上生物多样性最为丰富的海域之一。它位于中国东部和朝鲜半岛之间，与东海相连，面积广阔，拥有独特而复杂的生态结构。黄海生态系地理位置如图2所示。

黄海生态系以丰富的海洋生物资源、生物多样性和初级生产力而闻名，每年可提供200多万吨捕捞渔业及1 400多万吨养殖渔业，在促进沿岸国家经济繁荣发展同时，增加了人口密度[3]；其次，黄海生态系拥有优质沙滩，景色优美，推动了该区域旅游业的蓬勃发展，每年都吸引众多游客；同时，黄海生态系沿岸分布着不少大城市，这些城市拥有顶尖的贸易港口（如青岛港等），形成了重要的航线网络，预计随着经济的增长，运输密度将会继续增加。

图 2　黄海生态系地理位置示意图

近年来，受中国、韩国和朝鲜三国海洋开发利用的影响，黄海生态系结构和功能发生了较大变化[4]。目前面临的问题主要来自人类活动的威胁，包括海水养殖、海洋工程建设、废水排放、过度捕捞等。其中，无机氮和磷酸盐、粪大肠菌群、重金属、持久性有机污染物、多环芳烃和海洋垃圾等为主要入海污染物，导致赤潮等海洋灾害事件频发，严重威胁生态系的生态健康。而过度捕捞活动导致黄海生态系统结构变化、栖息地退化甚至丧失，以及生物多样性下降等，对海洋生物及其赖以生存的生态系统造成严重的冲击和威胁[3]。为了保护黄海生态系的生态环境，维持生态系正常的结构和功能，使其可持续地为人类提供水产品和服务，需全面了解和掌握黄海生态系健康状况，及时进行管理与保护，保证黄海生态系的可持续发展。

1.2　黄海生态系环境现状及突出问题

综上所述，黄海生态系所承受的压力强度已超过世界平均水平，特别是在航运、渔业、海水养殖及旅游等方面表现突出，成为世界上受人类活动影响较大的海域之一。更糟糕的是，多种人为因素对黄海生态系造成的压力仍在继续增加，黄海生态系正面临诸多问题，主要体现在以下方面。

（1）气候变化对黄海生态系生态环境影响深远

随着全球变暖加剧，气候变化成为目前研究的前沿与热点。大量研究表明，气候变化主要通过改变海水温度、上层洋流、海洋密度层结等过程，影响海水 pH 值、营养盐分布等变化，从而对海洋生态环境造成影响 [5]。研究发现，由于气候变化的影响，黄渤海海水表层温度及底层温度均呈现上升趋势，且黄海中南部升温速率较大，温度变化对浮游生物群落生物量及结构等均存在显著影响 [6]。

（2）渔业活动强度居高不下

随着海洋捕捞技术不断提升与改进，黄海生态系捕捞活动逐年增强。据统计，20 世纪 60 年代至 80 年代，黄海生态系海洋捕捞力量增加了三倍，在此期间，小黄鱼、大黄鱼、带鱼、比目鱼及鳕鱼等物种的生物量比例下降了 40% 以上 [7]。高频的渔业活动会引发诸多问题，一方面快速发展的海洋捕捞业导致其与资源环境冲突问题愈来愈剧烈，造成渔业资源衰退严重，严重威胁了黄海生态系统结构及生物量；另一方面，机动渔船溢油渗油不仅造成海洋严重环境污染，海面浮油还会导致水中浮游植物及鱼类死亡，油类及其分解物会造成生物畸变 [8]。

（3）生态灾害频发

黄海生态系沿岸，分布着青岛、大连、首尔 / 仁川及平壤 / 南浦等拥有数千万居民的城市，污染物排放量增加成为了主要的跨界问题之一 [9]，导致了黄海生态系水母暴发及有害藻华的增加等生态灾害 [10]。据统计，自 2007 年以来，黄海海域每年夏天都会持续出现大规模的浒苔绿潮，这是世界上规模最大、危害最为严重的绿潮，现已成为一种每年周期性发生的灾害现象。图 3A 展示了青岛未发生绿潮时的景象，图 3B 为同样的海岸线发生绿潮时的情景，青岛成为了受绿潮影响最严重的城市之一 [11]。

（4）典型生态系统退化，生态系统健康堪忧

黄海生态系由多个典型生态系统组成，这些生态系统相互作用，对维持物种多样性、生态平衡和可持续发展至关重要。其中，海草床是黄海生态系中重要的生态系统之一，但是近年来由于人类活动引起的生态环境恶化和气候变化导致的水温上升等原因，海草床不断减少，对海洋生态系统带来了严重的影响 [2]。据调查，20 世纪 80 年代初期，鸭绿江口海草床面积约为 350 平方千米，但到了 2018 年，该区域海草床面积仅剩不到 20 平方千米。海草床的大规模减少引起渔业资源减少、海洋生态系统失衡等问题，对当地经济和社会发展带来了负面影响①。此外，作为黄海生态系的重要子系统之一，滨海湿地同样面临严重退化问题，在过去的 50 年间，由于管理上的短视和

① http://www.xinhuanet.com/politics/2021-06/30/c_1127627338.htm 来源：新华社（2021）

不合理的开发，中国和韩国损失的滨海湿地已超过 40%①，对生态功能及生物多样性产生负面影响。

图 3　黄海绿潮对青岛沿海地区的影响[11]

（A. 未发生绿潮时的海岸线；B. 同一海岸线在夏季广泛发生绿潮）

1.3　我国黄海生态系的管理机制

我国对黄海生态系的管理活动涵盖了多个方面，旨在保护生态环境、维护生物多样性和促进可持续发展。我国目前针对黄海生态系采取的主要管理活动总结如下。

（1）渔业管理和保护

通过建立渔业法律法规和管理制度，加强对黄海生态系渔业资源的保护和管理。实施渔业许可制度，限制渔业捕捞数量和季节，设立禁渔区和渔业休渔期等措施，以确保渔业资源的可持续利用。

（2）水质监测和污染治理

加强对黄海生态系水质的监测和评估，采取措施减少和防治水污染。推行严格的工业废水和农业面源污染治理，加强城市污水处理设施建设，以改善黄海的水质状况。

（3）自然保护区建设

我国设立了一系列自然保护区，这些保护区的建立旨在保护珍稀物种和重要栖息地，限制人类活动的干扰，促进自然生态的恢复和保护。2018 年机构改革，国家林业和草原局（国家公园管理局）成立，统筹自然保护地体系建设，黄海内的海洋自然保护区是该体系的重要组成部分。

（4）沿海生态修复和保护

我国致力于沿海湿地的修复和保护，通过恢复湿地生态系统，保护珍稀濒危物种

① http://jwc.ouc.edu.cn/hydxt/2011/0526/c6855a32804/page.htm 来源：中国海洋大学（2011）

和候鸟栖息地，维护黄海海域的生态平衡。此外，加强海岸线的管理和防护工作，减少沿海土地的开发和破坏。

（5）科学研究和监测

加强黄海生态系统的科学研究和监测工作，进行海洋生物多样性调查、海洋环境监测、渔业资源评估等工作。这些研究和监测数据为政策制定和管理决策提供科学依据。

（6）教育和宣传

开展黄海生态系统的教育和宣传工作，提高公众对生态环境保护的意识和重要性。开展环境教育活动，推广生态文明理念，倡导环保意识和可持续生活方式。

这些管理活动的目标是确保黄海生态系的健康和可持续发展，平衡经济发展和生态保护之间的关系。然而，尽管有这些努力，黄海生态系仍面临一些挑战，包括过度捕捞、水污染和沿海开发等问题。因此，持续加强管理和保护措施，并加强国际合作，是确保黄海生态系统长期可持续发展的关键。

1.4 黄海生态系的国际合作

20 世纪 90 年代中期，为了应对黄海生态系所受威胁，中国政府和韩国政府开始与全球环境基金和联合国开发计划署合作，为黄海生态系统项目制定计划。该项目的第一阶段最初侧重于对黄海进行跨界诊断分析，以查明最紧迫的环境危险及其直接和根本原因。这一合作为中国和韩国之间的双边会谈奠定了技术基础，最终制定并通过了初步的《黄海大海洋生态系战略行动计划》。该计划于 2009 年得到两国的批准，提出了合作伙伴承诺采取措施减轻环境压力，如捕鱼限制、改善海洋和沿海地区的管理以及减少污染的目标。

此外，近年来，中韩两国推动开展了气候变化和营养盐变化对浮游生物群落的影响以及赤潮、绿潮和水母暴发等生态灾害的跟踪监测，进行了黄海大型浮游植物藻华卫星遥感监测技术研究、基于卫星数据的绿潮海洋环境监测技术开发研究、中韩海洋核安全监测及预测系统研究[①]。2022 年，中国科学院海洋研究所和韩国海洋环境管理公团通过召开中韩生态灾害水母暴发专题研讨会，交流两国在水母灾害暴发机制、水母监测及防控技术等方面经验[②]。

---

① http://www.ckjorc.org/cn/cnindex_newshow.do?id=3223 来源：中韩海洋科学共同研究中心网站（2020）

② https://news.sciencenet.cn/htmlnews/2022/11/488565.shtm 来源：中国科学报（2022）

二 黄海生态系管理与保护面临的主要问题

2.1 对黄海生态系整体状况和变化的了解不足

（1）生物多样性

加强生物多样性保护，对促进人与自然和谐共生新格局具有重要意义。目前沿岸各国尽管已经采取了许多管理措施来保护和维护黄海的生态环境，但对黄海生态系的生物多样性认知仍存在明显的不足。

首先，对黄海生物物种的全面调查和监测尚不充分。尽管已进行了一些科学研究和监测工作，但由于黄海生态系的复杂性和广阔性，仍有许多物种未被充分调查和记录。特别是对浮游生物和底栖生物等微小生物群体的了解较少，这些微生物在黄海生态系中发挥着重要的生态功能。

其次，对黄海濒危物种的保护还需要进一步加强。黄海是一些濒危物种的重要栖息地，然而，对这些濒危物种的数量、分布和生态需求的准确了解仍有待加强。只有深入了解这些物种的生态特征和生境需求，才能制定更有效的保护措施并实施可持续管理。

（2）生态健康性评估

尽管目前一些关于黄海生态系健康评估工作正在进行，但整体上缺乏一套统一的、综合的评估指标和模型，以全面评估生态系统健康状态。由于黄海生态系健康评估工作不仅存在跨界问题，而且涉及生态学、海洋科学及环境科学等多学科领域，跨界及跨学科合作仍存在一定挑战。

（3）监测范围有限、监测手段灵活性欠佳

首先，在实践过程中，中韩两国的监测范围多集中在沿海和近岸地区，黄海中部海域的监测站位布置和监测频次设置明显不足，不能实现对黄海生态系全域持续有效的监测。

其次，海洋生态灾害发生往往具有突发性、爆发性等特点，如绿潮暴发，在短短几周内绿潮面积就呈现几何式增长，所以对绿潮的监测和预测必须在海上进行快速、密集、广泛和持续的观测，亟需针对可能出现的突发生态环境事件制定应急方案，结合跟踪监测结果提前采取相应措施。目前海洋遥感有很高的时空分辨率，但尚未成为黄海生态系的重要监测手段。

2.2 黄海生态系统健康评估工作缺乏数据支撑

由上述内容可知，因黄海生态系监测工作存在诸多不足，该区域缺乏长期、连续和全面的生态数据。由于该地区的复杂性和跨国性，也增加了获得充分和准确数据的难度。黄海生态系沿岸国诸多，在评估过程中虽已进行跨界协作和综合管理，但各国和地区的监测网络和数据管理存在差异，缺乏一体化的数据共享和协同工作机制。这使得整个评估过程的综合性和可比性受到限制，从而导致评估结果不够准确，难以全面了解生态系统的健康状况和趋势[12]。

黄海生态系是一个不可分割的整体，任一沿岸国的环境问题都可能对其他国家产生影响。在此之前，《西北太平洋行动计划》建立过数据和信息网络区域活动中心作为信息交换平台，但实施效果不佳。黄海生态系亟需沿岸各国进行数据信息共享，以达到黄海生态系综合治理等目的，保护生态系生态环境。

2.3 在黄海生态系管理方面的欠缺

（1）未落实责任部门统一管理黄海生态系

虽然黄海生态系目前在中日韩环境部长会议、西北太平洋行动计划和北太平洋海洋科学组织等区域层面的机制下，积极开展了一些海洋领域应对气候变化、海洋生物多样性保护政策和社区实践，一定程度上促进了监测技术方法交流，“中韩黄海环境联合调查研究”等项目也就气候变化和营养盐变化对浮游生物群落的影响及赤潮、绿潮和水母暴发等生态灾害进行了跟踪监测[13]。但国际上黄海生态系一直缺乏一个区域性的责任部门对其采取协调一致的管理，这也是黄海生态系可持续发展的一个重要障碍[14]。

此外，黄海大海洋生态系二期项目支持成立的黄海大海洋生态系委员会[14]虽然有了成熟的框架，包括临时委员理事会，管理、科学和技术小组，区域工作组，部际协调委员会，国家协调员，国家工作组及委员会秘书处几个部门，但其工作的实施与监督仍有待强化，并没有在有关黄海生态系监测与评估事宜上起到实质性的引领作用。

（2）应对黄海生态系未来变化规划欠缺

尽管各沿岸国已经采取一些管理措施来保护和维护黄海生态系的生态环境，但在面对未来的变化时，仍缺乏全面的考虑和规划。

首先，气候变化对黄海生态系统的影响评估和应对措施不够充分。黄海生态系将面临气候变暖、海平面上升、海洋酸化等挑战，这些变化将对物种分布、生态过程和生态系统功能产生重大影响。然而，目前对这些变化的全面评估和相应的适应策略仍然不够完善。

其次，关于人类活动对黄海生态系的长期影响缺乏深入研究和规划。人类活动如沿海开发、工业污水排放和渔业等对生态环境造成了严重破坏。然而，在制定管理措施时，对这些活动的长期影响和可持续性的考虑仍然有所欠缺。

此外，缺乏对黄海物种多样性和生态功能的全面认知。黄海是一个生物多样性丰富的海洋区域，拥有众多珍稀物种和重要栖息地。然而，对这些物种的数量、分布、种群健康状况以及其在生态系统中的功能和相互作用的了解仍然有限，这限制了对未来变化的应对能力。

最后，黄海生态系已被确定存在多种人为活动累积影响的风险，但目前为止，仍没有对黄海生态系的累积影响评价等科研活动，这导致沿岸国缺乏对该区域累积影响风险分布的了解，从而影响对黄海生态系未来变化的判断。

三 启动黄海生态系动态监测网建设的动议

本报告以黄海为研究范围，根据黄海区域特征，提出建设黄海生态系动态监测网，同时提出了建设黄海生态系健康评估体系。海洋生态环境动态监测网的建设能够对生态环境中的各个要素、生态系统结构和功能等方面进行监控，为评估海域生态环境质量、保护海洋生态环境、恢复重建生态系统、合理利用海洋资源提供数据支撑及依据。

黄海生态系动态监测网的建设与生态系统健康评估不仅仅局限于建设方案的设计，还需综合考虑黄海生态系重要生态区域划分及主要污染来源，确保黄海生态系动态监测网更具科学性、针对性及高效性。

近年来，在人类活动及气候变化等共同影响下，黄海生态系正面临前所未有的压力，尤其是生态方面面临巨大威胁，因此对海洋生态系统健康监测与评估至关重要。黄海生态系动态监测网建设可直接有效获取较为全面的数据，生态系统健康评估能够准确确定生态系统健康状况、了解生态系统整体状态以及识别潜在生态问题和风险等，对于保护和可持续管理黄海生态系具有重要意义。

3.1 黄海生态系污染来源管控及重要生态空间选划

通过引入驱动—压力—状态—影响模型（DPSI），针对黄海生态系可能受到的多重污染来源进行系统分析[15]。分析发现，影响最大的七项来源分别是港口开发、海水养殖、渔业、工业与城市发展、航运、能源及海防，而气候变化也正成为一个令人关注的议题，主要表现在海温上升、酸化和海平面上升及其对渔业、藻类和沿海的影响。其中航运更多是考虑船舶溢油事故风险，营养盐来自陆源与海源，长期累积会引发有害藻华和缺氧等富营养化症状[11]，有害物质输入是指对海洋生物和环境有毒的污染物，包括海水养殖抗生素、船舶溢油、陆地活动排放的持久性有机污染物和重金属。

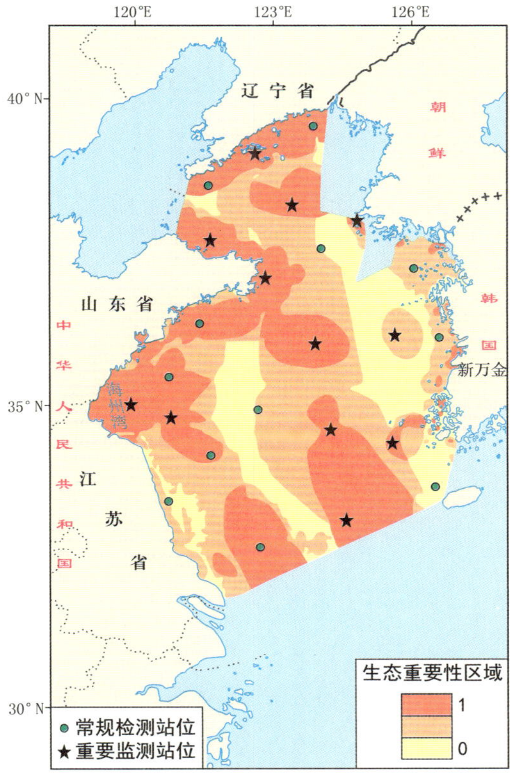

图 4　黄海生态系监测站位布设方案

黄海生态系拥有着全球重要的生物资源，在该海域内分布着众多的鱼类、无脊椎动物、海洋哺乳动物及海鸟。本报告主要针对底栖生物①、藻类、鱼类②、海鸟③及海洋哺乳动物④进行数据收集与整理，掌握了黄海生态系重要生物资源的分布情况。综合上述分析内容，将所得黄海生态系主要污染来源与重要生物资源分布进行叠加，通过环境影响评估分析，得到了黄海生态系的生态重要性区域（Ecologically Significant Areas，ESAs）。这些区域主要分布在黄海生态系沿海地区两侧，尤其是在我国的山

① https://www.wwfchina.org 来源：世界自然基金会 WWF（2006）
② https://www.unep.org 来源：UNEP 网站（2020）
③ https://www.birdlife.org 来源：Bird Life International（2022）
④ https://www.birdlife.org 来源：Bird Life International（2022）

东省和辽宁省，在北黄海和南黄海中部地区以及黄海冷水团区域也存在ESAs（图4）。ESAs将成为黄海生态系动态监测网建设的重要依据。

3.2 黄海生态系动态监测网建设方案

海洋生态监测是海洋资源环境管理的有机组成部分，是海洋生态监测体系建设的重要内容。海洋生态监测网的建设以生态系统的持续性监测为主要目的，并兼具科学研究、教学实训、人才培养、科学普及、宣传展示、综合示范等功能。黄海生态系动态监测网建设是实现海洋生态资源的统一调查、统一规划、统一监督和统一修复的有效手段。

（1）监测站位布设

根据ESAs的分布特征及重要性，监测站位布设应综合考虑到不同生态空间的生态环境问题特征、受污染程度以及治理要求不同，同时监测站位的布设应注意整体性及连贯性，力求建立布局科学、监测重点突出的生态环境动态监测网。布设站位应充分体现以最少站位实现最优监测效果的目的。

因此，对于ESAs中重要区域（即红色区域）布设的监测站位，定义属性为“重要监测站位”，对于其他相对重要区域均匀布设监测站位，并定义属性为“常规监测站位”。其中“重要监测站位”主要分布于119°58′4.244″E～125°17′35.085″E、32°59′37.708″N～39°13′57.916″N范围区域，“常规监测站位”主要分布于120°46′53.836″E～126°15′50.038″E、32°29′38.835″N～39°37′5.617″N范围区域。

该布设方案既考虑了重要生物资源分布情况，又考虑了监测站位均匀布设问题，重要监测站位与常规监测站位交叉布设，形成生态环境动态监测网络，最终使监测站位布设呈现整体性，监测结果能够更全面的反应区域状况（图4）。

（2）监测指标选取

目前，黄海生态系出现的环境问题以气候变化影响、捕捞活动频繁及灾害性事件发生等为主，并且通过分析得知，主要污染来源为航运、氮磷富集及有害物质输入，这些严重威胁了黄海生态系。基于此，本报告在监测指标选取上，应做到具有针对性及代表性，既能准确反映海域环境及污染状况，又可通过监测指标所得结果进行进一步全面的动态评估，以便于海洋相关管理部门提出应对及解决黄海生态系生态环境问题的对策措施。监测指标的选取在一定程度上决定了黄海生态系动态监测网的应用性及功能性。

此外，本报告综合了《海洋监测规范》[16]《海洋调查规范》[17]《海洋渔业资源调查规范》[18]及《海岸带生态系统现状调查与评估技术导则》[19]等规范，确定黄海生态系动态监测网具体监测指标如表 1 所示。

表 1　黄海生态系监测网监测内容

监测项目	监测指标		监测手段	监测频次
生境监测	水文	水温、水色、水深、透明度、海况、潮汐	船测	4 次 / 年或 2 次 / 年
			浮标、卫星遥感	实时数据
	水质	pH、盐度、溶解氧(DO)、化学需氧量(COD)、总氮、总磷、石油类、叶绿素 a (Chl-a)	船测	4 次 / 年或 2 次 / 年
			浮标、卫星遥感	实时数据
	沉积物	重金属(铜铅锌镉汞砷)、石油类、滴滴涕(含单体)、多氯联苯(含单体)	船测	1 次 / 年
			应急采样	
生态监测	浮游植物		样本采集、鱼探仪监测、水下摄影监测、声学成像等技术	4 次 / 年或 2 次 / 年及实时数据
	浮游动物			
	鱼卵仔鱼			
	底栖生物			
	游泳生物			
	特定物种(如哺乳动物等)			

* 4 次 / 年意为每年春、夏、秋、冬各 1 次；2 次 / 年意为每年春秋各 1 次。

(3) 监测频次安排

监测频次应结合物种的生态习性、季节、天气及污染情况进行安排或调整。本报告中监测频次安排上应遵循“最优”原则，即位于 ESAs 重要区域的站位应安排 4 次 / 年监测任务，常规监测站位则 2 次 / 年。此外，需要监测沉积物的站位，每年进行 1 次本底采样，这样的监测频次安排既可以做到全面及时了解黄海生态系生态环境，又可以节约成本，体现“最优”原则，详见表 1。需要说明的是，本报告中建议的监测内容和频次在实际落实时需要根据国家的财力和实际需要进行调整和确认。

3.3　黄海生态系统健康评估体系建设

针对黄海生态系统健康评估体系建设需要考虑以下几方面：指标建立、数据获取与处理、模型构建及综合评估。

(1) 指标建立

评估指标是评估工作的重要前提。黄海生态系统健康评估应明确评估的具体目标（如物种多样性、生物量、水质等），根据评估目标进一步选择合适的指标（如物种丰度指数、营养盐浓度、底栖生物群落结构等）。结合黄海生态系特征，本报告建议评估内容为海草床评估、湿地评估、河口水质评估、营养物质评估、有害物质评估、溢油现象评估、养殖区水质评估、生物多样性评估、渔业资源评估、海底质量评估及黄海冷水团评估。评估指标在前文提及监测指标基础上（表 1），根据黄海生态系中的不同类型生态系统及其所处位置，参照现有相关技术标准确定评估指标。其中，无现有技术标准可参考的评估对象，可根据实际情况制定具体的评估指标。

（2）数据获取与处理

数据获取主要来源于黄海生态系动态监测网，黄海生态系统监测可以借助现场调查、卫星遥感技术、水下机器人技术、物种识别技术、地理信息系统等方式，获取所需相关数据。

数据处理是黄海生态系评估体系中的重要步骤，主要过程可分为数据预处理、数据整合和数据分析等。首先，对黄海生态系动态监测网采集到的原始数据进行质量控制、校正和清洗，剔除异常值，确保数据的准确性；其次，将不同来源和类型的数据整合和统一格式化，建立黄海生态系统健康评估数据集，以方便后续处理；最后，利用大数据分析技术，整理黄海生态系大量的海洋生态数据，同时利用数据挖掘等技术进行分析，以发现生态系统中存在的问题和趋势[20]，为后续模型构建提供数据基础。

（3）模型构建

基于前期监测采集到的数据，构建适用于黄海生态系健康评估模型，可选择物理模型、统计模型、机器学习模型或深度学习模型等，进行黄海生态系健康评估。模型应用前，应先进行模型训练，使用历史数据对选定模型进行训练和优化，建立模型的准确性。进一步对模型进行验证与调整，根据评估结果对模型进行调整和改进，以提高模型的精确度和稳定性。

（4）综合评估

综合评估是黄海生态系健康评估中最关键的部分之一，根据指标权重及模型输出，建立综合评估体系[21]。由于黄海生态系具有不同类型的海洋生态系统，因此具体评估方法可参照现行导则文件《海岸带生态系统现状调查与评估技术导则》[19]中生态系统状况评估方法，对黄海生态系健康状况进行综合评估。

总之，本研究建议开发一套基于云计算的评估平台，采用大数据分析和机器学习技术，构建“前端监测→后台评估→终端显示”的评估体系，对黄海生态系健康状况进行全面、实时的评估。

四 保护黄海生态系的主要对策

如前所述，动态监测网虽针对黄海生态系突出环境问题进行设计，但落实黄海生态系动态监测网仍需解决一些关键问题，因此提出对策建议如下。

4.1 落实责任部门，重启黄海大海洋生态系委员会管理功能

黄海生态系涉及的内容与我国生态环境部、自然资源部、农业部、交通运输部、能源部、科学技术部的业务都有关联。迄今没有明确黄海生态系的主管部门。建议由生态环境部牵头建设黄海生态系监测网，协调各个部委开展组织和管理工作。

在监测技术上应重启黄海大海洋生态系委员会，由生态环境部与其对接。在黄海大海洋生态系委员会现有职能基础上，增加区域监测和评估工作组，牵头制定黄海生态系区域的监测方案、完善监测布局，监督监测计划实施的全部过程，确保监测有序有效实施。

在监测和评估的基础上，积极开展黄海生态系的科学研究，共同商讨科学可行的生态环境治理方案和有效对策，遏制生物资源的减少，维护栖息地，逐步恢复黄海的鱼类资源，提高海水养殖产量和质量，改善生态系统健康状况。

此外，作为负责任大国，建议我国在黄海生态系的治理中发挥更大作用。将黄海生态系视为整体，根据现有中韩两国合作情况，协调中韩两国的生态监测管理部门、研究机构和科学技术人员的合作，努力构建跨国界的黄海生态系动态监测网。

4.2 重视并加强黄海生态系整体性健康评估

生态系统健康评估是近年来越来越受到强烈关注的重要研究课题。为了对黄海生态系健康状况进行全面、准确地评估，在评估方法和评估标准方面都要有很多改进才能满足需要。

首先，应拓展参数选择和指标体系，将生物多样性和生态过程等关键指标纳入评估框架中，以更全面地了解生态系统的健康状况。

其次，应发展综合性的评估方法，结合静态指标和动态生态过程，对生态系统的功能和稳定性进行深入分析和评估。这将有助于更好地理解生态系统的响应机制和适应性。

第三，在现有监测工作基础上，应加强预警和应急响应机制的建设，及时监测和识别黄海生态系的异常状况，并采取相应的应急措施和管理调整，以减轻损害和促进生态系统的恢复。

最后，需要加强政策支持和科学研究，为黄海生态系统的健康评估提供更强的支持和指导。学习欧洲国家先进海洋生态系统健康评估体系。跨国政府管理机构和科研机构应加强合作，共同制定相关政策和研究计划，推动黄海生态系的可持续发展。

通过以上措施的实施，将能够提高黄海生态系统健康评估的准确性和全面性，为保护和管理这一重要海洋生态系统提供更有效的科学依据。这将有助于实现黄海生态系地区的可持续发展和生态环境的保护。

4.3 注重跨国合作及数据共享

鉴于环境数据的高度敏感性，实现数据共享难度很大，需要两国根据各自国家安全利益，以及各自对黄海生态系的责任和使命，尽力推动对黄海生态系的联合行动，尽可能实现数据共享或联合研究。争取实现黄海生态系动态监测网的数据共享，真正实现对黄海生态系的完整监测和评估。若有困难，可以先推动低敏感领域的数据共享，并开展联合研究。此外，还可以采取双边科技人员对各自管辖海域的生态环境状况按照同样的标准分别进行评估，共同给出评估报告。

同时，建议开展多种渠道的国际交流和学习，搜集世界各国海洋环境监测体系基本信息，学习欧盟在波罗的海和地中海跨国海洋监测方面的综合协调经验[27]及国外先进的海洋遥感监测技术，促进技术交流，创新海洋环境评估方法，丰富现有评估体系，提升黄海生态系动态监测网的海洋环境监测能力。

目前，跨国合作的主要对象是韩国，未来需要加强与朝鲜的合作，推动对黄海生态系的完整监测。

4.4 制定并实施“保护黄海大海洋生态系共同行为准则”

由外交部门主导，由主管部门参与，借鉴发达国家的管理经验，制定带有国际法意义的“保护黄海大海洋生态系共同行为准则”。该准则在捕捞、养殖、溢油、排污、交通、工程、取砂、资源开发等方面做出具体规定，实现对黄海生态系的全面保护。制定该准则要达到以下目标：一是综合考虑黄海生态系的现状和未来，促使各国各界达成共识；二是从黄海生态系健康的考虑，促进相关国家政府遵守行为准则，保障黄海生态系的健康；三是加强执法力度，严格限制危害黄海生态系的行为发生。

准则要求中韩两国共同遵守，严格落实。此外，准则对所有进入黄海的船舶、石油平台、工程装备、军用船只都有约束力，并处于管辖国的监督之下。

中韩制定“保护黄海大海洋生态系共同行为准则”是双方针对海洋可持续发展方面迈出的重要步骤，也是落实我国绿水青山战略的扎实举措，是阻止环境恶化，保障生态健康，营造美丽家园，造福子孙后代的壮举。

引文索引

[1] Sherman K. Adaptive management institutions at the regional level：The case of Large Marine Ecosystems[J]. Ocean & Coastal Management，2014，90：38–49.

[2] Tang Q，Ying Y，Wu Q. The biomass yields and management challenges for the Yellow Sea large marine ecosystem[J]. Environ. Dev. 2016，17：175–181.

[3] Sun J，Guo Y，Park G S，et al. Dynamics of ecosystems and anthropogenic drivers in the Yellow Sea Large Marine Ecosystem[J]. Acta Oceanologica Sinica，2022，41（6）：1–3.

[4] Murray N J，Ma Z J，Fuller R A. Tidal flats of the Yellow Sea：a review of ecosystem status and anthropogenic threats[J]. Austral Ecology，2015，40（4）：472–481.

[5] 张瑛，李大海，耿涛. 气候变化背景下我国深蓝渔业的发展战略研究[J]. 山东大学学报（哲学社会科学版），2018（6）：121–129.

[6] 姜雯斐，虞兰兰，于清溪，等. 气候变化背景下渤黄海海温时空特征分析[J]. 广西科学院学报，2018，34（3）：216–221.

[7] Tang Q S. Changing states of the Yellow Sea large marine ecosystem：anthropogenic forcing and climate impacts[J]. Sustaining the World's Large Marine Ecosystem，2009：77–88.

[8] 姬钰. 浅析船舶油污水的危害及处理方法[J]. 船舶，2009（2）：31–37.

[9] Mi L J，Xie Z Y，Zhao Z，et al. Occurrence and spatial distribution of phthalate esters in sediments of the Bohai and Yellow Seas[J]. Science of the Total Environment，2019，653：792–800.

[10] Dong Z J，Liu D Y，Keesing J K. Jellyfish blooms in China：dominant species，causes and consequences. Marine Pollution Bulletin[J]. 2010，60（7）：954–963.

[11] Zhao J，Jiang P，Qiu R，et al. The Yellow Sea green tide：a risk of macroalgae invasion[J]. Harmful Algae，2018，77：11–17.

[12] Murray N J，Ma Z，Fuller R A. Tidal flats of the Yellow Sea：A review of ecosystem status and anthropogenic threats[J]. Austral Ecology，2015，40（4）.

[13] 王孝程，贾川，张怡，等. 黄海大海洋生态系区域监测体系建设的对策建议[J]. 海洋开发与管理，2022，39(2)：88-94.

[14] Zhang Z, Qu F, Wang S. Sustainable development of the Yellow Sea Large Marine Ecosystem[J]. Deep-Sea Research Part II: Topical Studies in Oceanography, 2019, 163(MAY): 102-107.

[15] Ma C, Vanessa S, Jennifer R, et al. A risk-based approach to cumulative effects assessment for large marine ecosystems to support transboundary marine spatial planning: A case study of the Yellow Sea[J]. Journal of Environment Management, 2023, 342.

[16] GB 17378. 1-2007 海洋监测规范第 1 部分：总则.

[17] GB/T 12763-2007 海洋调查规范.

[18] SC/T 9403-2012 海洋渔业资源调查规范.

[19] T/CAOE 20-2020 海岸带生态系统现状调查与评估技术导则.

[20] 赵晓飞. 海洋底栖生物深度学习识别算法研究[D]. 大连海事大学，2021.

[21] 王方雄，马凯，徐惠民. 基于 ArcEngine 的海洋生态系统健康评价信息系统研究[J]. 海洋开发与管理，2010，27(5)：4.

报告编号 | TP2103

4 以市场规律为导向，布局蓝碳交易的若干关键环节

徐　胜　中国海洋大学经济学院

包　锐　海洋化学理论与工程技术教育部重点实验室

编者按

海洋蓝碳是地球上固碳效率最高的碳汇之一。在实现“双碳”目标的背景下，海洋蓝碳作为生态资源转化为经济价值的可操作对象，有重要的现实意义。由于我国蓝碳交易发展起步较晚，以及蓝碳自身的特殊属性，蓝碳市场机制的设计实施具有创新性和挑战性，亟需建立完善的核算、开发及交易机制，实现降碳目标。该报告针对碳交易环节，梳理了我国海洋蓝碳的交易现状，分析了当前我国蓝碳交易存在的实际问题和潜在问题，借鉴国外蓝碳交易的实践经验，对我国蓝碳交易市场建设的关键环节提出对策建议，以助力蓝色碳汇生态和经济价值的双重实现。

第一作者简介

徐胜，中国海洋大学经济学院教授，博士生导师，海洋发展研究院高级研究员，海洋碳中和中心（COCN）主任委员，青岛九三学社海洋专委会副主任，美国加州大学伯克利分校访问学者，美国纽约州立大学访问学者。任多个政府机构专家委员会及智库专家；在中国太平洋学会、中国海洋学会海洋经济分会等多个学术机构和团体任职。研究方向为经济结构转型与绿色发展。国家社科基金重大专项首席专家，主持国家社科基金项目、教育部人文社科项目、教育部社科重大基地项目、国家海洋软科学项目等课题 20 余项；在 SCI、SSCI、CSSCI、EI 等国内外重要学术期刊发表论文 100 余篇；出版著作 10 部。荣获山东省、青岛市优秀科研成果奖及各类荣誉称号 20 余项，多项研究成果被国家部委及相关部门采纳。

海洋是地球上最大的碳库，能够通过生物作用和物理作用固定CO_2，随着板块地质活动向地球深部输出，实现碳的长期封存。因此，海洋以其巨大的碳储量、多样的固碳方式、稳定的保存形式和广阔的增汇潜力在缓解气候变化中发挥着不可替代的作用。联合国政府间气候变化专门委员会（IPCC）将海洋碳库中由生物驱动且易于管理的碳通量和储量命名为“蓝碳”[1]，蓝碳生态系统是能以较高的效率吸收和沉积来自陆地和远洋的碳的自然生态系统。我国具有丰富的海岸带蓝碳资源，生态系统生境总面积为1 623～3 850 km^2[2]，是世界上少数几个同时拥有IPCC官方承认的盐沼、红树林、海草床三大海岸带蓝碳生态系统的国家之一。蓝碳生态系统对大气中的CO_2的吸收和储存作用十分显著[3]，海洋蓝碳的开发与交易不仅能促进海洋生态环境保护与修复，也可以形成新的经济增长点，有助于碳减排目标的实现，因此海洋蓝碳具有巨大的生态效益、经济效益和社会效益[4]。

党的十八大以来，我国积极开展海洋等生态系统碳汇试点，探索建立蓝碳标准体系和交易机制。但由于蓝碳本身具有不同于一般交易标的物的特殊属性[5]，国际蓝碳开发所使用的方法学尚存在内在缺陷[6]，且存在地理环境复杂、陆海统筹系统保护水平整体不高等问题[7]，导致国内蓝碳项目开发较少且交易机制建设仍处于探索阶段，我国蓝碳市场仍然面临着许多亟待解决的复杂性问题。本报告基于目前我国海洋蓝碳的交易现状，剖析了当前我国蓝碳交易存在的问题及原因，对我国蓝碳市场建设提出了相应的对策建议，以助力“双碳”目标实现。

一　我国蓝碳交易机制与实践现状

1.1　我国蓝碳交易机制现状

我国拥有200多万平方千米的浅海大陆架，海岸带上分布着各类滨海湿地[8]，但由于人类生产活动不断向沿海地区聚集，比如填海造地、水产养殖、工业生产等活动，导致我国滨海湿地的生态功能不可逆转地退化，不但丧失碳吸收能力，也造成蓝碳存量的显著损失，使得大量温室气体重新释放到大气中，沿海区域密集的围填海活动对碳储存的具体影响尚未被估计[9]。

蓝碳市场交易中首先应构建并筛选合适的方法学进行整体核算；其次，在碳交易平台进行蓝碳项目评估及公示；再次，可借助第三方机构在碳市场进行蓝碳交易并申请减排量备案；最后，完成蓝碳项目国家核证减排量（Certified Emission Reduction，CCER）账户登记，在“国家核证自愿减排量交易平台”进行碳减排量的市场交易。

图 1　碳汇项目实施前退化的红树林生态系统（左）① 和项目种植后（右）② 的情况对比

图 1 展示了碳汇项目实施前退化的红树林生态系统（左）和项目种植后（右）的情况对比。可以明显看出实施碳汇项目后的植被差异状况，项目实施后的红树林生长态势良好，在改善环境、构建生态系统等方面发挥作用，同时可以提供更多的碳汇资源。

最常用的蓝碳交易操作流程，通常是直接购买 CCER 用于抵消超额排放量或者进行配额 -CCER 置换操作，具体如图 2 所示。

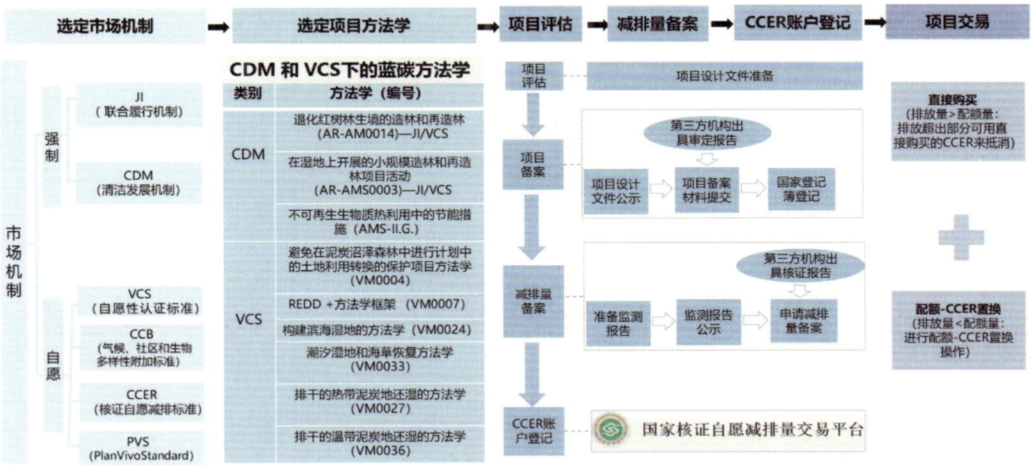

图 2　我国蓝碳交易机制流程图

（1）蓝碳交易机制类别

蓝碳市场交易机制的构成要素主要包括市场价格、供求、竞争和风险机制等。其中，强制市场机制是《京都议定书》以法规形式规定的温室气体抵消机制，其中联合履约机制（JI）适用于发达国家之间的减排量交易，清洁发展机制（CDM）既适用于发

① 图片来源：南陵水红树林造林项目公示文件。
② 图片来源：广东湛江红树林造林项目公示文件。

达国家之间的交易，也适用于工业化国家购买发展中国家减排项目获得核证的减排量。我国2016年9月3日签署的《巴黎协定》为碳交易参与国提供了自愿市场机制，其自愿性认证标准（VCS）是当前全球使用最广泛的资源性认证标准；中国的CCER于2012年3月开启，因交易量小、个别项目不规范等原因于2017年3月暂停，当前仍然可以进行存量交易，预计2023年重启审核。

（2）蓝碳交易方法学现状

由于蓝碳交易存在较大的不确定性，因此目前尚没有系统和成熟的核算方法。蓝碳交易方法学以增加碳汇为主要目的，确保蓝碳产出的核证减排量可测量、可报告、可核查，只有进行统一标准的方法学核算，蓝碳才可以进入官方认可的交易平台进行交易，因此方法学编制问题是影响蓝碳交易的技术瓶颈。我国CCER机制下尚未有国家层面通用的蓝碳交易方法学，仅有以地方政府为主导编制的方法学。

1）2022年，广东省湛江市生态环境局依托广东工业大学生态环境与资源学院、碳中和与绿色发展协同创新研究院启动调研监测和方法学编制；同年底，湛江《红树林碳汇碳普惠方法学》通过初审，2023年，湛江市生态环境局将其上报至广东省生态环境厅，并申报为省级碳普惠方法学[①]，此后红树林蓝碳加入广东省碳普惠体系并参与碳排放交易。

2）2023年3月17日，海南省生态环境厅在海口市通过了《海南红树林造林／再造林碳汇项目方法学》技术评审，不仅为海南红树林碳普惠项目实施提供技术保障，也为全国蓝碳生态产品价值转化提供了重要参考[②]。

3）2023年5月25日，深圳市规划和自然资源局正式发布《红树林保护项目碳汇方法学》，面向《应对全球气候变化公约》和《生物多样性保护公约》，是全国首个以保护生物多样性和应对气候为目的的红树林保护项目碳汇方法学[③]。

1.2 我国蓝碳交易项目实践

当前参与蓝碳实践的主体主要是我国蓝碳资源丰富的地区，包括广东、福建、浙江、山东等沿海省市，相关实践仍以地方先行先试为主。目前已开发的蓝碳资源主要包括红树林、渔业碳汇和藻类，因技术受限交易量较少，蓝碳中的海草床资源仍在开发试验阶段，盐沼湿地还未有过开发实践。我国蓝碳生态系统的项目实践情况如表1所示。

---

① https://www.zhanjiang.gov.cn/yaowen/content/post_1746173.html.

② https://lr.hainan.gov.cn/ywdt_312/zwdt/202210/t20221017_3285717.html.

③ http://lyj.gd.gov.cn/news/newspaper/content/post_4187826.html.

表 1 我国蓝碳交易实践现状

	时间	地区或交易主体	说明
红树林碳汇	2021 年	广东湛江与北京企业家环保协会	“广东湛江红树林造林项目”通过核证碳标准开发和管理组织 Verra 的评审，成功注册为我国首个符合核证碳标准(VCS)和气候社区生物多样性标准(CCB)的红树林碳汇项目，并完成我国首笔红树林碳汇交易项目，成交价格为每吨 66 元的价格，交易碳减排量达 5 880 吨
	2021 年	兴业银行厦门分行，厦门产权交易中心	合作设立全国首个“蓝碳基金”，通过“蓝碳基金”购入首笔 2 000 吨红树林修复项目的海洋碳汇
	2022 年	海南省三江农场，紫金国际控股有限公司	交易的蓝碳生态产品为三江农场的红树林修复项目，由海南东寨港国家自然保护区管理局组织实施，交易碳汇量 3 000 余吨，交易额 30 余万元
	2023 年	浙江省苍南县沿浦镇政府，远景(苍南)新能源有限公司	交易双方就沿浦湾 3.14×10^5 平方米红树林碳汇签订协议，转让 2016 年 9 月 1 日至 2026 年 8 月 31 日十年间的碳汇总量
海洋牧场	2022 年	厦门产权交易中心，厦门市生态司法公益碳账户	在莆田市南日岛国家级海洋牧场示范区，厦门产权交易中心完成了南日镇云万村、岩下村海洋碳汇交易 85 829.4 吨，此交易开启了全国首次海洋碳汇和农业碳汇“陆海联动增汇交易、双轮助力乡村振兴”新机制
藻类碳汇	2023 年	浙江省宁波市象山县，浙江易锻精密机械有限公司	碳汇主体为象山西沪港的藻类生物，包括海带、紫菜以及浒苔，以每吨 106 元的最终拍卖价格售卖 2 340.1 吨，是中国首次以拍卖形式进行的蓝碳交易
红树林碳汇(验证中)	2021 年	海南陵水	项目为“海南陵水红树林造林项目”，预计修复 1.921×10^6 平方米的红树林，产生 2 747 万吨碳汇，目前仍处于 VCS 市场机制的验证阶段
	2022 年	广西防城港	项目为“防城港红树林造林项目”，预计修复 2.22×10^6 平方米的红树林，产生 111.6 万吨碳汇，目前仍处于 VCS 市场机制的验证阶段
蓝碳金融产品	2021 年	广西防城港市区农村信用合作联社	为广西小藻农业科技有限公司发放了 50 万元“海洋碳汇收益权质押贷款”，为广西首笔海洋碳汇收益权质押贷款
	2022 年	山东烟台长岛农商银行	银行以海草床、海藻场每年固碳量产生的碳汇远期收益权作为质押，发行 300 万元“海草床、海藻场碳汇贷”资金

续表

	时间	地区或交易主体	说明
	2023 年	宁波农行象山县支行	银行与拍得“蓝碳”的浙江易锻精密机械有限公司对接，该笔交易碳汇通过人民银行征信中心动产融资统一登记公示系统进行了登记和公示，企业顺利获得“蓝碳”质押贷款24.8万元，优惠年化利率为2.8%。该笔贷款是全国首单拍卖“蓝碳”质押贷款

目前我国的蓝碳项目交易尚且处于试点阶段，各地区根据自身优势和地域特征对蓝碳交易进行了试点。交易的主体包括政府、银行、企业等多部门，在蓝碳交易方法、蓝碳交易定价、蓝碳金融产品等方面取得了一定的经验。当前主要交易机制及实践内容包括以下几项。

开发蓝碳交易项目。多集中于红树林项目，主要进行蓝碳交易的基准核算和蓝碳交易试点。目前主要实践项目包括广东湛江红树林造林项目、海南三江农场红树林修复项目、浙江省苍南县沿浦红树林碳汇协议等，旨在精确核算蓝碳交易的基础数据。

设立蓝碳基金。设立专门的蓝碳基金支持项目交易的进行和完成。主要实践活动包括兴业银行在厦门设立的全国首笔蓝碳基金以及山东威海、青岛等地设立的蓝碳基金等。

陆海联动增汇。基于海岸带蓝碳交易项目进行增汇、交易、资金等方面的陆海联动，提高项目的可行性与持续性。主要实践包括厦门产权交易中心完成的海洋碳汇交易、海南陵水红树林造林项目、防城港红树林造林项目等。

蓝碳交易拍卖。采用直接拍卖竞价的交易形式进行蓝碳交易和定价，为企业参与蓝碳交易提供了便捷快速的定价模式。主要实践活动包括浙江省宁波市象山县的蓝碳交易、广东省碳交所进行的蓝碳交易拍卖等。

蓝碳交易权的质押贷款。通过交易权质押进行蓝碳交易的资金融通，主要实践活动包括广西防城港市区农村信用合作联社发放的海洋碳汇收益权质押贷款、宁波农行象山县支行发放的蓝碳质押贷款、山东烟台长岛农商银行发放的海草床、海藻场碳汇贷等。

总体而言，我国蓝碳交易机制主要在碳增汇核算、蓝碳拍卖交易、蓝碳基金、蓝碳交易权质押等方面进行了尝试，为后续蓝碳交易的推广和展开提供了交易经验和实施基础。

1.3 蓝碳收入来源渠道

（1）参与市场交易

参与碳市场交易是当前较为普遍的碳汇收入获得渠道，应鼓励蓝碳供给方参与蓝碳市场发展和规则制定过程，以确保蓝碳交易的合法性和市场竞争力。

（2）生态系统服务

利用蓝碳交易提供的生态系统服务，如水质改善、沿岸保护、生物多样性保护等，蓝色碳汇供给方与政府、企业或个人签订生态系统服务合同，以获取商业性收入。

（3 生态旅游项目

开发与蓝碳交易相关的生态旅游和可持续经济活动，吸引游客和投资者，创造商业性收入。例如，开展生态旅游、渔业活动体验、海洋保护区管理、可再生能源开发等，以实现经济效益和碳汇效益的双重目标。

（4）投资合作伙伴关系

与企业、金融机构和投资基金等合作，吸引私人投资者和合作伙伴参与蓝碳交易，共同分享蓝碳交易收入，推动蓝碳交易的商业化发展。

（5）气候基金和国际援助

申请气候基金和国际援助项目资金，为蓝碳交易提供启动资金、技术支持和市场推广等方面的支持，维护和保证蓝碳交易商业化运营。

（6）创新金融工具和商业模式

探索创新与蓝碳交易相关的碳贷款、碳保险、碳基金等金融产品，拓宽蓝碳交易的金融工具和商业模式。

1.4 蓝碳交易方式与流程

目前蓝碳交易的主要方式和流程包括以下方面内容。

（1）招标与评估

通过公开招标的方式邀请国内外蓝碳交易实施方参与竞标。综合考虑实施方的专业能力、项目经验、技术实力和团队组成等方面的指标，以确保选择到合适的、经验丰富的交易实施方。

（2）与国际接轨的合作框架

与国际组织、发展机构和其他国家的蓝碳交易实施方建立合作伙伴关系。通过建立国际长期合作框架协议，保证蓝碳交易的稳定实施和技术支持，积累丰富的蓝碳交易经验和专业知识。

（3）**持续性学习与创新**

组织研讨会、培训班、参观考察等活动，学习分享国内外蓝碳开发与交易的成功案例与经验，通过学习和创新蓝碳交易方式，提高蓝碳交易的成功率和经济效益。

（4）**专家顾问委员会**

聘请具有丰富经验的国内外专家成立专家顾问委员会，提供蓝碳交易指导，进行蓝碳交易过程监督，优化蓝碳交易实施效果和质量。

二 我国蓝碳交易存在的问题

由于我国的蓝碳交易正处于起步阶段，在发展过程中出现问题在所难免。为了进一步促进蓝碳市场的健康发展，我们应当及早发现问题并提出解决问题的对策。我国蓝碳交易目前存在所有权和使用权的界定不清晰、市场机制和定价机制尚不完善[11]、监管和验证机构的建设和运作机制不明确等问题[12]。本报告基于多案例的应用导向性研究，从微观视角剖析当前蓝碳交易存在的问题及原因，以期蓝碳交易市场更好地发展。

2.1 收回海域使用权推高蓝碳供给成本

导致蓝碳交易成本过高的最主要原因是政府开发前期需付出高昂的海域使用权收回成本。中国海域及其自然资源属于国家所有，国家享有对海洋资源的绝对所有权和支配。为满足不断增加的用海需求，我国已将海域的所有权和使用权剥离，允许民事主体通过行政审批许可的方式获得特定海域的使用权，在海域使用权范围内进行合法的生产经营活动。但由于红树林等蓝色碳汇的供给具有高综合性和低掌控性的特点，若政府需要收回已转让的海域使用权，对于未到期但自愿移交使用权的主体，政府需对产权附着资产进行评估和赔偿；对于未到期且不愿提前移交使用权的主体，政府强制搬迁（拆除）附着资产会引起纠纷事件。

总之，海域使用权的无限期收回对原使用主体和政府均会产生较多短期内难以解决的复杂性问题。以广东湛江红树林造林项目为例，保护区管理局及麻章区政府为清退岭头岛红树林核心区 4.11×10^6 平方米的养殖塘，投入资金 1 642 万元；后又为了对清退的养殖塘进行生态修复，投入资金约 1 400 万元①，当地政府为进行生态

① http://www.zjmazhang.gov.cn/xxgk/zfgb/content/post_75384.html.《湛江市麻章区人民政府关于清退岭头岛三港鱼塭海域增养殖品种及渔业设施的通告》

修复和资金赔偿付出了巨大的财政成本。

2.2 碳汇市场开拓不足导致投资方积极性不高

当前蓝碳收入来源主要包括政府拨款和资助、社会和企业捐款、生态补偿和环境补偿金、碳市场销售信用、生态旅游等。除碳市场销售信用和生态旅游方式外，其他的收入来源途径并不具有可持续模式，不能保证蓝碳交易的长期运行和可持续发展。从长期来看，蓝碳交易的市场化发展，必须要以商业化经营作支撑。由于碳信用的售卖需要依托于碳汇的监测验证周期（通常为五年一核证），因此在开发前期通常不能获得整个营运周期的全部碳信用市场收入，导致蓝碳收益具有较强的时滞性。因此蓝碳交易仅依靠单一的碳信用售卖收入，并不足以弥补前期巨额的投入成本缺口。在利益驱动的开发背景下，蓝碳交易的经济可行性不确定，使得蓝碳交易极大地依赖于当地政府的责任目标，而其他各方主体的参与积极性则不高。

2.3 蓝碳信息流通障碍不能满足市场需要

当前蓝碳交易主要是地方先行先试，单个的蓝碳项目并没有统一的市场机制，而是依据地方或资源特点具有不同的实践规则。蓝碳交易过程的具体信息和实践经验基本处于空白状态，公众获取蓝碳信息的途径主要是通过新闻报道、当地政府网站公示、在国外网站下载查看涉外项目设计书等零星渠道，不利于蓝碳交易的学习推广及在我国的规模化开展。

总体而言，蓝碳交易信息披露度不高大致包括以下原因。

（1）缺乏规范和标准

由于缺乏统一的规范和标准，蓝碳交易主体没有动力或义务主动披露相关信息，导致信息披露的不一致性和缺乏可比性。

（2）商业敏感性

蓝碳交易涉及商业利益和竞争环境，交易主体担心完全披露信息会导致商业机密的泄露或给竞争对手提供有利信息，可能选择限制信息的披露范围，以保护自身的商业利益。

（3）数据不确定性

蓝碳的数据获取和测量存在不确定性和复杂性。由于担心披露数据引起误解或争议，交易方会选择信息保密，以避免潜在的风险和法律责任。

（4）专业知识和意识不足

蓝碳交易作为一个新兴领域，交易方和相关利益方没有意识到信息披露对于蓝碳交易的透明度、可持续性和社会认可度的重要性。

2.4 蓝碳交易尚未达成国际合作

首先，大部分温室气体排放来自工业化国家尤其是发达国家，这些国家通常在减排措施上投入更多资源，并更关注减少自身碳排放。相比之下，发展中国家通常面临更为紧迫的发展需求和能源需求，蓝碳可能在早期发展进程中优先级偏低，较少受到关注。

其次，一些拥有丰富海洋资源的国家面临着发展压力，包括渔业、油气开采和海洋旅游等，这些国家可能更关注利用海洋资源来推动经济增长，而不是将其作为蓝色碳汇的主要来源。因此，蓝碳在以海洋经济为主的国家发展过程中受到制约。

再次，蓝碳交易通常涉及跨国界的生态系统和资源。然而，目前缺乏健全的国际合作机制来促进蓝碳项目的合作和共享，国家之间的利益分歧、所有权界定和监管框架的不一致等问题，限制了蓝碳交易的跨国合作与发展，无法形成全球性的合作机制与网络[14]。

最后，蓝碳交易的成功依赖于准确测量和验证碳储存量。蓝碳储量的测度和核查是一项复杂的任务，存在着诸多不确定性和技术挑战，无形中增加了蓝碳开发的难度，并可能降低国际合作的意愿[15]。

三 蓝碳交易的市场属性与建设措施

虽然目前蓝碳交易有一些成功案例和经验，但我国仍未形成统一的蓝碳市场化交易机制，蓝碳交易经验不足，蓝碳市场建设仍处于起步阶段，面临诸多亟待解决的复杂问题。本报告通过分析梳理当前我国蓝碳交易实践中存在的现实问题，总结提出蓝碳交易的关键性环节与措施。

3.1 明确蓝碳交易的市场属性和构成要素

为了保障蓝碳交易长期可持续运行，首先需要明确蓝碳交易的市场属性与构成要素（图 3）。主要内容包括以下几点。

（1）碳储存价值

蓝碳交易的核心价值在于海洋生态系统的碳储存能力。海洋生态系统可以吸收和储存数倍于陆地的二氧化碳，减少大气中的温室气体浓度，具有很高的生态系统的碳储存价值。这也是蓝碳交易的关键指标。

（2）买卖双方供需关系

蓝碳交易市场中的买方通常是企业、组织或个人，他们购买蓝碳单位来抵消自身的碳排放量；蓝碳交易中的卖方则是海洋生态系统保护项目的管理者或开发者，他们通过出售蓝碳获得资金再反哺海洋生态系统的保护和恢复。买方和卖方之间的供需关系决定了蓝碳价格的形成和波动。

（3）交易机制和市场规模

蓝碳交易可以在场内或场外进行。场内交易通常发生在公开的交易平台上，通过配置买卖双方的需求和供给来完成交易；场外交易则是双方直接协商和成交。交易规模既可以是小规模的个体交易，也可以是大规模的集中交易。

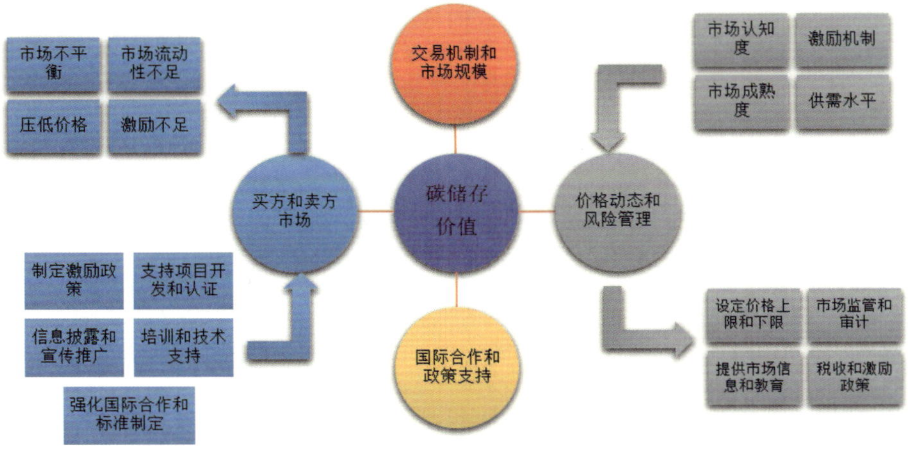

图 3　蓝碳交易的市场属性和构成要素

（4）价格波动和风险管理

蓝碳价格受多种因素的影响，包括供需关系、政策支持程度、生态系统的保护效果等。供需关系是主要的价格影响因素，如果需求超过供给，蓝碳价格可能上升；反之，如果供给过剩，价格则可能下降。为了防止蓝碳价格波动带来的负面影响，需要评估蓝碳交易的真实性，加强蓝碳交易的可追溯性和可验证性，并采取相应的风险管理措施来应对蓝碳价格波动、政策变化和生态系统的不确定性。

3.2　进行蓝碳资源季节性核算

蓝碳生态资源具有季节性变化特征，例如：① 红树林和湿地等许多蓝碳生态系统具有明显的生长季节特征，蓝碳生态系统对 CO_2 的吸收能力季节性波动较大[16]；② 季节性降水模式、海洋环流、季节性迁徙等自然现象，对蓝碳生态系统的生长和碳吸收产生重要季节性影响，从而影响蓝碳资源的碳循环和能量流[17]；③ 季节性的气温变化对蓝碳生态系统的生长和碳吸收能力有直接影响，进而影响蓝碳资源累积[18]。因此，了解和考虑蓝碳资源的季节性特征和规律有助于准确评估蓝碳资源供给的季节性变化，及其对市场价格季节性变动的可能影响，同时制定适当的应对策略和措施防范蓝碳市场风险，以最大程度地提高蓝碳交易的经济效益和可持续性。主要措施包括以下几点。

（1）数据收集和监测

蓝碳资源的季节性变化需要进行数据收集和监测以获得更准确的信息。可以使用现代技术和方法，如采用遥感、传感器和自动化监测设备等获取大量、连续和精确的数据。

（2）适应性管理

制定适应性管理策略应对蓝碳资源季节性变化带来的挑战。可根据不同季节的特点调整管理措施重点，加强蓝碳资源的保护和可持续利用。

（3）测算模型改进

考虑蓝碳资源的季节性特点进行蓝碳项目核算模型的改进和完善。例如，将季节性因素和参数引入模型，使其能够更准确地估算不同季节和条件下的碳汇量变化规律。

（4）区域差异化评估

考虑蓝碳项目所在区域的季节差异性，制定差异化的管理和评估方法，根据南北方不同的地域特征测算碳汇能力和季节性变化趋势。

3.3 构建均衡的蓝碳交易市场

蓝碳交易市场中的买方和卖方具有不同的交易特点。当前国内外蓝碳市场多为买方占主导地位，而蓝碳市场流动性不足、蓝碳价格被低估、市场激励不足等“碳市场失灵”问题也大多是由于市场交易不平衡引发的。为了保证蓝碳交易市场的健康发展，需要维护蓝碳市场买卖双方之间的供需平衡，并促进买卖双方的有效参与和利益平衡。

（1）制定政策规范市场均衡发展

制定政策鼓励蓝碳交易供给方积极参与市场，采取补贴、奖励、减税等激励措施鼓励供给方提供更多碳汇；同时，对蓝碳需求方进行交易行为规范，杜绝囤积居奇、哄抬价格等市场投机行为。

（2）**技术支持和认证体系**

政府提供资金支持和技术指导，帮助蓝碳交易开发和实施；建立科学的蓝碳认证机制，确保蓝色碳汇核算的精确度和可追溯性。提升蓝碳供给方在蓝碳交易领域的专业知识能力，推动形成蓝碳市场动态均衡调整机制。

（3）**信息披露和宣传推广**

通过信息披露、宣传推广、提供准确的市场信息和案例分析等工作，向潜在的市场参与者推介蓝碳交易市场的核心机制和经济效益，帮助供需双方了解蓝碳交易的潜在收益，鼓励提升投资主体参与蓝碳交易的积极性，提高蓝碳交易市场的公平性和透明度，以构建均衡发展的蓝碳市场。

（4）**强化国际合作和标准制定**

加强国际合作，与国际相关组织共同制定蓝碳交易的国际标准和规则，提高蓝碳交易市场的一致性和互操作性，吸引更多的国际交易方参与国内蓝碳交易市场，并通过开拓国际市场、借鉴国际规则解决"市场失灵"问题，促进蓝碳交易市场均衡发展。

3.4 有效监管蓝碳市场交易环节

蓝碳市场需要建立健全监管环节来确保交易的公平、透明和有序运行。目前关于蓝碳市场的金融监管还没有明确的全球标准或国际通用规定，随着对气候变化和碳排放问题的关注增加，应尽早出台相关政策成立类似于证监会性质的"碳监会"，对未来可能出现的蓝碳市场交易问题进行规范化管理。

（1）**蓝碳市场监管**

应制定严格的蓝碳市场运行规则和标准来监管蓝碳市场交易过程。监管规则须涵盖蓝碳交易流程、提交报告要求、交易所运作规范等方面的内容，以确保蓝碳市场运行的公平性和稳定性。

（2）**蓝碳项目认证**

制定具体的蓝色碳汇项目认证标准，以确保蓝碳项目符合可持续性和环境效益的要求。认证标准主要包括项目选择、监测与报告、减排效果验证等方面的要求，减少市场操纵、欺诈等不当行为带来的风险，增加投资者信心，为增加蓝碳供给、促进蓝碳交易提供可靠的框架机制。

（3）**投资者保护**

指定政策要求金融机构进行公开信息披露，帮助投资者了解蓝碳交易风险和投资收益回报，同时对潜在的欺诈行为采取预防性措施，确保蓝碳金融衍生品市场的透明度、稳定性和可持续性发展。

（4）参与制定国际标准

随着蓝碳金融衍生品市场的全球化发展，国际合作和统一标准的需求日益强烈。应加强国际蓝碳监管合作，制定国际通用的监管原则和标准，以确保国内市场与国际市场的协调性和一致性。

3.5　建设蓝碳交易信息数据库

为了规范蓝碳市场交易行为，确保将蓝碳交易数据纳入统一管理机制，对蓝碳交易数据进行有效管理和核查，需要建设蓝碳交易信息库进行数据的汇总、分类、识别与监管。主要内容包括以下几点。

（1）信息披露制度

通过颁布法律、政策或标准等方式明确规定蓝碳交易参与方需要公开披露的信息内容和披露频率，同时配合监督激励机制，以确保蓝碳交易参与者和相关机构遵守要求。

（2）公布监测报告

要求蓝碳交易参与方定期编制报告，详细描述所承担交易的目标、进展、成果及其影响，对蓝碳项目的碳汇量、生态系统恢复情况、社会经济效益等方面的信息进行监测和评估，确保数据的准确性和可靠性。

（3）建立数据库平台

建立公开的蓝碳交易数据库平台，提供交易信息的集中存储和共享。蓝碳交易参与者、投资者、政府和公众可以在线访问平台，获取包括项目概述、报告、数据、资料和其他相关文档项目等相关信息。

（4）利益相关者参与

鼓励利益相关者参与蓝碳交易的信息披露过程。可以通过组织公开磋商会议、召开利益相关者论坛或设立独立的监督机构，充分考虑利益相关者的意见和反馈并及时反馈给蓝碳交易参与方。

（5）第三方审计

引入第三方机构进行蓝碳交易信息披露的审计和验证，以增加信息披露的可信度和公信力。第三方机构应具备独立性和专业能力，负责评估项目的信息披露是否符合要求，并提供认证或验证报告等文件。

（6）国际标准对接

将蓝碳交易的信息披露要求与国际标准对接，提高项目的国际可比性和认可度，吸引更多国际投资和合作伙伴。

四 蓝碳交易市场可持续发展的对策建议

总体而言，蓝碳交易市场旨在通过促进生态系统保护和恢复来减少温室气体排放，并为碳排放抵消提供一个可持续发展的经济模式。当前我国蓝碳交易实践中，政府和市场主体主要关注如何保证碳汇的开发供应、评估碳汇潜在存量、建设蓝碳交易平台等问题，而对未来蓝碳交易市场中的价格、交易主体、模式等方面的长期规划研究相对缺乏。因此，本文基于经济市场运行和政策实施机制，提出未来我国蓝碳市场高质量可持续发展的对策建议。

4.1 政策引导蓝碳市场多元化投资

政府的政策引导能够为市场参与者提供稳定的政策环境和长期可预见性，激励投资行为和市场参与。可以通过提供税收减免、资金支持和技术创新等激励措施，引导包括投资机构、能源公司、碳减排项目开发者等多元化主体进入蓝碳市场，通过多元投资主体推动蓝色碳汇和相关金融衍生品市场的发展，协同实现环境、社会和经济的共同利益，共同推动低碳经济和蓝碳交易高质量发展。主要投资引导措施包括以下几点。

（1）蓝碳项目投资

政策引导多元化投资者直接投资蓝碳项目，包括海洋保护和恢复项目、湿地保护、生态保护、可再生能源项目等，通过减少碳排放或增加碳吸收来保护和恢复环境，并为投资者提供蓝碳投资收入。

（2）蓝色碳汇投资

政策吸引更多的投资者参与蓝碳交易市场，投资购买蓝色碳汇并在市场上以更高价格出售，以实现投资回报。同时，梳理蓝碳市场交易的经验和数据，优化蓝碳资本市场投资体系，帮助完善和修定政策设计。

（3）绿色基金投资

绿色基金是专门用于投资低碳和可持续发展项目的基金。通过政策引导投资者将资金投入蓝绿基金，推动蓝碳交易、可再生能源项目、清洁技术创新的规模化发展，进一步促进低碳经济的发展。

（4）蓝碳金融衍生品投资

政府引导投资者参与蓝碳衍生品交易。碳衍生品是衍生自碳交易的金融产品，通过对蓝碳项目的相关资产进行套期保值和风险管理，如期货合约、期权和交易所交易基金（ETF）等，投资者可以获取蓝碳价格的变动差价，进行投机或对冲交易。

（5）技术创新和研发投资

政策支持投资者投资于清洁能源技术、能效改进技术、碳捕集和储存技术等，为蓝碳交易投资者提供多样化的参与方式，使投资者不仅可以获得经济回报，还可以实现推动绿色经济转型的社会环境责任。

4.2 形成蓝碳交易价格动态调整机制

随着“双碳”目标的深入推进和气候变化对经济发展的制约，蓝碳交易有可能经历从最初的少人问津到未来价格上涨的变化趋势，这是一个由于市场认知度、碳交易激励机制、市场成熟度和蓝碳市场供需关系等多方面因素导致的演化过程。蓝碳价格波动会影响整体市场碳价变化，价格过高和过低都可能带来消极后果。

（1）通过调整供需关系实现价格调控

蓝碳交易的价格主体由供需关系决定，也就是由市场决定的。在供需关系中，需求取决于高排放企业的经营发展状况，而供应则是由蓝碳提供规模决定的，二者之间并没有必然联系，只能通过动态调整供求关系实现供需平衡。

蓝碳的需求方通常是刚需，不会因价格涨落而引起需求的大幅改变，因而一旦供不应求，就会发生价格过高的现象。处理这个问题可以通过政府干预形成价格上限，但更优的上策选择是通过增大碳汇供应来达到供求平衡。然而，碳汇供应具有滞后性，需要有预见地尽量达成供需平衡。

蓝碳交易市场隶属全国的碳市场，陆地绿碳供应与海洋蓝碳共同形成统一的碳市场。而一旦碳市场国际化，我国的碳市场就会通过国际交易价格与国际碳市场整合。因此，在考虑蓝碳发展的时候，需要统筹考虑国家的整体碳需求和碳供应。

从经济运行规律来看，碳价格由市场来决定，政府只能通过调整碳供应规模来影响价格。为此，国家应尽早研发碳需求与供应关系的宏观-微观预测模型，实现对碳需求的早期预测，对蓝碳及绿碳总体供应的宏观调控通过市场合理确定碳交易价格。在碳供应量严重不足的情况下，可以通过税收政策和激励政策，提高参与主体开发碳汇和转产碳汇的积极性。

（2）政府通过对碳市场的监管保持价格的合理性

为了维持蓝碳市场的平衡和高质量发展，政府应履行监督和管理的职责，避免蓝碳价格过高或过低所带来的不利后果。政府可以通过以下措施对蓝碳定价进行动态监控和协调。

当市场价格明显异常时，政府有权力对碳交易价格进行保护性干预，既要防止过度抛售和市场崩溃，也要防止过度投机和市场失衡；必要时可以设定蓝碳交易价格上下限，以确保蓝碳交易价格在一个合理的范围内波动。

加强蓝碳市场的监管和审计，保证市场的公平性、透明度和合规性，包括制定监管规则、建立认证机构、监督交易平台的运作、进行定期市场审核监督等工作。

提供市场信息和教育。通过向市场参与者提供相关信息和教育引导来提高市场运行效率，包括提供蓝碳交易市场的交易数据、政策信息、市场参与指南等，帮助交易参与者做出理性交易决策。

通过税收和激励政策引导蓝碳市场的供需平衡。当市场需求较低时，政府可对高碳排放行业征收较高的碳税或增加排放许可证费用，同时对蓝碳交易的买方提供税收减免或激励措施；当市场蓝碳供给较少时，政府可以通过资金支持、技术支持、项目认证等方式，帮助增加蓝碳项目的开发和供应量。

4.3 解决蓝碳用地与经济发展用地的矛盾冲突

蓝碳市场发展在土地使用方面存在潜在的冲突和矛盾。蓝碳项目通常需要开发使用特定的海洋和海岸地区作为保护及恢复对象，如海草床、珊瑚礁、湿地等，而这些地区可能也同时具有其他经济利益，如渔业、旅游业、能源开发等功能，因此造成蓝碳交易与其他经济利益之间可能存在用地竞争，进而引发使用冲突。为了在保护环境和推动经济增长之间达到有效平衡，应对解决未来可能出现的矛盾和问题，需要制定明确的政策和管理措施，解决蓝碳交易与经济发展的冲突，主要包括以下措施。

1）政府进行区域综合规划和布局管理，确保蓝碳项目和其他经济活动之间的用地协调，包括评估和识别不同种类土地的最佳利用途径，平衡生态保护和经济发展需求等政策和管理框架。

2）滨海土地是宝贵的资源，要强调土地资源的优化利用，在地方经济发展中发挥作用。开发碳汇未必是最优先的目标，不能为了碳汇而牺牲其他领域的发展，不能为了满足碳汇目标强制性要求有良好效益的土地转产。

3）政府尽量不采用回收已经使用的土地建设碳汇项目，应该采取以下对策：一是尽量用未使用土地或荒地开发新的碳汇；二是采用政策扶持鼓励土地承包户转产碳汇；三是政府提供技术支持和金融支持，帮助企业和机构投资蓝碳项目，降低蓝碳开发和投资风险，确保蓝碳交易与经济发展之间实现双赢发展。

4）政府制定明确的政策和法规，为蓝碳项目的开发提供指导和行为规范。其包括确立环境保护和碳减排目标，明确蓝碳项目的主体权责和评价标准，加强蓝碳交易项目审批和监督机制，确保其与经济发展目标相协调。同时，加强对蓝碳交易的监管和执法力度，保证蓝碳项目开发的合规性和环境效益。

4.4　规划和开发国际蓝碳资源

一方面，由于地理条件、生态系统类型或人口密集度等原因，国内的蓝碳资源储量有限；另一方面，蓝碳资源开发与保护是全球性问题，需要国际合作和责任分担，共同应对全球蓝碳资源管理和气候变化问题。因此，在当前国际减排机制的背景下，我国不但可以在国内进行蓝碳交易，还可以通过寻找国外蓝碳资源助力国际减排，获得多重蓝碳市场收益。主要措施包括以下几点。

（1）签署国际蓝碳资源开发战略合作协议

蓝碳资源开发不仅具有重要的环境效应，还具备经济价值和战略利益。例如，与其他海洋国家签署国际蓝碳资源开发战略合作协议，寻找国外的生态旅游等蓝碳资源可开发项目，既可以开拓国际蓝碳市场，也有助于提升我国的国际声誉和影响力。但需注意的是，国外蓝碳资源的开发应该遵循可持续发展原则，充分考虑环境保护和生态系统的完整性，避免对当地生态系统造成不可逆转的损害，并确保与当地利益相关者进行广泛的对话和合作，实现可持续发展的多方共赢。

（2）与“一带一路”沿线国家合作开发蓝碳资源

与我国签署“一带一路”倡议的许多国家拥有丰富蓝碳资源。例如，世界上最大的群岛国家印度尼西亚以及马来西亚、斯里兰卡等国家，均拥有广阔的海洋和海岸线，红树林、珊瑚礁和海草床等蓝色碳汇储量丰富；孟加拉国位于恒河三角洲，拥有广阔的河口湿地、红树林和海岸线，具有重要的蓝色碳汇能力；塞舌尔作为印度洋岛国，拥有珊瑚礁、海草床和河口湿地等多种海洋生态系统，蓝色碳汇丰富。通过与这些拥有多样化海洋生态系统的国家合作进行蓝碳交易，对整合全球的碳循环和气候调节具有重要作用。

（3）进行国际间蓝碳资源开发技术传递

1）技术合作与转移：可以通过国际间蓝碳资源交易促进技术合作与转移，分享蓝碳交易实践和技术经验，在环境监测技术、海洋生态系统恢复技术、碳储存管理技术等方面，建立可持续的蓝碳资源管理和开发能力。

2）项目投资与技术升级：通过开展蓝碳资源合作交易，推动包括海洋保护区建设、湿地保护与恢复、海洋生态系统可持续利用等方面的技术升级和更新换代，共同实现资金、技术和经验的同步优化，推动国际蓝碳资源的高质量开发。

3）技术对接与人员培训：与蓝碳交易经验丰富的国家进行技术对接与合作，形成双边及多边的环境保护和碳减排技术培训体系，推动蓝碳人才的培训、管理、交流和互换，建立技术人员交流沟通和合作平台，提升蓝碳资源开发管理能力与协调机制。

4）知识共享与科研合作：进行国际蓝碳交易知识共享与科研合作，开展联合研究项目，共同解决蓝碳交易的关键问题，提高对蓝碳资源的认识和利用水平。

4.5 拓展蓝碳产品市场和进出口贸易

蓝碳产品主要是指蓝碳市场所产生的碳减排效益以金融化、创新技术或其他手段进行加工、转化后的产品。蓝碳产品可以作为低碳、环保的替代品，在国际市场上有一定的出口潜力。可以参与国际市场和进出口贸易的蓝碳产品主要包括以下几类。

1）蓝碳渔业产品：主要是指通过可持续渔业管理和保护海洋生态系统来获取的海产品，如鲑鱼、鳕鱼、虾类、贝类等低碳渔获物。

2）蓝碳农业产品：主要是指通过对蓝碳项目周边可利用土地进行可持续农业实践，包括综合农业和保护农业等，实现碳储存和减排的农产品，如低碳项目产出的蔬菜、水果、谷物等均可被视为蓝碳农业产品。

3）碳友好建筑材料：主要是指用于建筑和建设行业的材料，具有较低的碳排放量和环境影响。如蓝碳中的贝类生态养殖资源，其贝壳可进行再处理形成可再生材料、低碳混凝土等，以减少建筑过程和使用阶段的碳足迹。

4）蓝碳技术与专利：利用蓝碳实物产品的生产过程中可能涉及的碳捕集、碳储存、碳利用等技术优势，形成国际蓝碳技术进出口市场，促进我国蓝碳技术高质量发展，并在国际市场上获得竞争优势。

5）国际蓝碳产权交易：随着全球碳市场和碳交易的发展，未来蓝碳产品在国际市场上具有较大的竞争潜力。可以通过蓝碳项目获得碳减排权益，并将这些权益作为资产在国际碳产权市场进行交易，提升蓝碳产品的经济效益空间。

需要注意的是，蓝碳产品进出口贸易可能面临国际市场需求不稳定、技术标准严苛等挑战。因此，应尽快解决价格竞争力、技术成熟度和可行性替代品等问题，契合蓝碳国际市场的技术标准和认证要求，不断降低蓝碳产品成本，提升国际竞争力。

引文索引

[1] 孙军，张歆莹．我国蓝碳开发的理论分析与路径选择[J]．科技管理研究，2023，43（8）：203-209.

[2] 李淑娟，丁佳琦，隋玉正．碳汇交易视角下中国滨海湿地蓝色碳汇价值实现机制及路径研究[J]．海洋环境科学，2023，42（1）：55-63.

[3] 王法明，唐剑武，叶思源，刘纪化．中国滨海湿地的蓝色碳汇功能及碳中和对策[J]．中国科学院院刊，2021，36（3）：241-251.

[4] 宋豫秦，应验．碳达峰与碳中和背景下蓝碳开发价值、理论与建议探讨[J]．华南师范大学学报（自然科学版），2022，54（3）：93-99.

[5] 方瑞安，张磊．“公地悲剧”理论视角下的全球海洋环境治理[J]．中国海商法研究，2020，31（4）：38-44.

[6] 林婧．蓝碳保护的理论基础与法治进路[J]．中国软科学，2019，346（10）：14-23.

[7] 周晨昊，毛覃愉，徐晓等．中国海岸带蓝碳生态系统碳汇潜力的初步分析[J]．中国科学：生命科学，2016，46（4）：12.

[8] 邢庆会，程浩，李凡等．围塘养殖与“退塘还湿”对滨海蓝色碳汇的影响[J]．海洋环境科学，2023，42（3）：432-439.

[9] 杨越，陈玲，薛澜．中国蓝碳市场建设的顶层设计与策略选择[J]．中国人口•资源与环境，2021，31（9）：92-103.

[10] Cao Y，Kang Z，Bai，et al. How to build an efficient blue carbon trading market in China? - A study based on evolutionary game theory[J]. Journal of Cleaner Production，2022，367：132867.

[11] 陈光程，王静，许方宏等．滨海蓝碳碳汇项目开发现状及推动我国蓝碳碳汇项目开发的建议[J]．应用海洋学学报，2022，41（2）：177-184.

[12] Ostrom E. Polycentric systems for coping with collective action and global environmental change[M]. Global Justice. Routledge，2017：423-430.

[13] Simard M，Fatoyinbo L，Smetanka C，et al. Mangrove canopy height globally related to precipitation，temperature and cyclone frequency[J]. Nature Geoscience，2019，12（1）：40-45.

[14] 汪姣，李灿，金丹．海南“蓝碳”价值实现问题及对策研究[J]．南海学刊，2023，9（2）：70-79.

[15] Thuy D, Luat H. Mangrove forests and aquaculture in the Mekong river delta[J]. Land Use Policy, 2018, 73: 20–28.

[16] Lindsay W, Ariana E, Sutton-Grier, et al. Keys to successful blue carbon projects: Lessons learned from global case studies[J] Marine Policy. 2016, 65: 76–84.

[17] Maher D, Tait D, Williams D, et al. Are global mangrove carbon stocks driven by rainfall?[J]. Journal of Geophysical Research: Biogeosciences, 2016, 121(10): 2600–2609.

[18] Krauss K W, Lovelock C E, Mckee K L, et al. Environmental drivers in mangrove establishment and early development: A review[J]. Aquatic Botany, 2008, 89(2): 105–127.

[19] 李雪威，李佳兴．“双碳”目标下中国与印度尼西亚的蓝碳合作研究[J]．广西社会科学，2022, No. 330(12): 47–55.

[20] Lindsay W, Ariana E, Sutton-Grier, et al. Keys to successful blue carbon projects: Lessons learned from global case studies [J] Marine Policy. 2016, 65: 76–84.

5 工厂化海水养殖尾水集中处理，保护海洋环境的关键环节

郭 亮 中国海洋大学环境科学与工程学院
杨 光 中国水产科学研究院渔业工程研究所

编者按

海水养殖的尾水排放是造成我国近海环境污染的重要因素之一，导致了近岸海域水体富营养化，诱发赤潮，危害海洋生物和生态系统，已经成为我国海洋环境恶化的痼疾。该报告从工厂化养殖的尾水处理入手，系统阐述了现有的处理手段和技术，提出了养殖尾水集中处理的方案。报告根据现有养殖尾水集中处理场的例子，对其可行性进行了论证，证明在技术和经济方面的可行性，成为推动养殖尾水治理的有效举措。

第一作者简介

郭亮，教授，博士生导师。先后在英国、瑞典和美国开展访问学习和合作研究。2017 年入选首批“国际清洁能源拔尖创新人才”项目；连续多年获评“山东省优秀学位论文”指导教师。共主持国家基金 3 项，省部级基金 3 项，青岛市科技计划等项目 7 项，中美(OUC-AU)国际合作项目和英国皇家学会国际交流项目中方负责人。以第一作者或通讯作者发表论文 70 余篇；SCI 论文总引用 4 000 余次。曾获 2019 年海洋工程科学技术二等奖，第十五届“天泰优秀人才奖”，第三届“芙蓉学子”学术科研奖，首届“桑德环境奖”特等奖等。

近年来，随着人们对海产品需求量的增加，水产养殖模式也逐渐由开放式向工厂化过渡。由于技术和管理问题，工厂化海水养殖迅猛发展所带来的环境污染问题日益凸显，逐渐暴露其严重的负面影响。海水养殖尾水中含有大量的残饵、排泄物和化学药剂，排出过量或者未经处理的养殖尾水已远远超过海水的自净能力和环境承载力，加剧了养殖区附近海域水质恶化和富营养化，导致近海生态环境遭到严重破坏。据统计，我国渔业因病害引起的水产品损失达 23 229. 62 万元，因污染引起的水产品损失达 31 585. 44 万元[1]。更为严重的是，污染的慢性影响对渔业生态持续破坏所带来的损失每年高达几十亿元。在有限资源条件下，进一步提高海水养殖生产水平，保护和改善海洋生态环境，实现海水养殖业的可持续健康发展，是世界范围内所面临的严峻挑战。因此，提出我国工厂化海水养殖污染控制对策，降低养殖过程产生的环境影响，可为决策部门政策制定和养殖企业提供借鉴。

一　我国工厂化海水养殖现状调查及评价

我国海水养殖起步于建国初期，新中国成立后百废待兴，海水养殖也进入了“起步期”。现在，海水养殖业是我国重要的海洋支柱产业之一，海水养殖面积和总产量已位于世界前列(图 1)。根据 2021 年的《中国渔业统计年鉴》，我国海水养殖的养殖面积和产量均占全世界的 60%以上；全社会渔业经济总产值 27 543. 47 亿元，其中渔业产值 13 517. 24 亿元，渔业工业和建筑业产值 5 935. 08 亿元，渔业流通和服务业产值 8 091. 15 亿元；全国水产品养殖产量 5 079. 07 万吨，同比增长 1. 76%，其中海水养殖产量 2 065. 33 万吨，同比增长 1. 68%[2](图 2)。

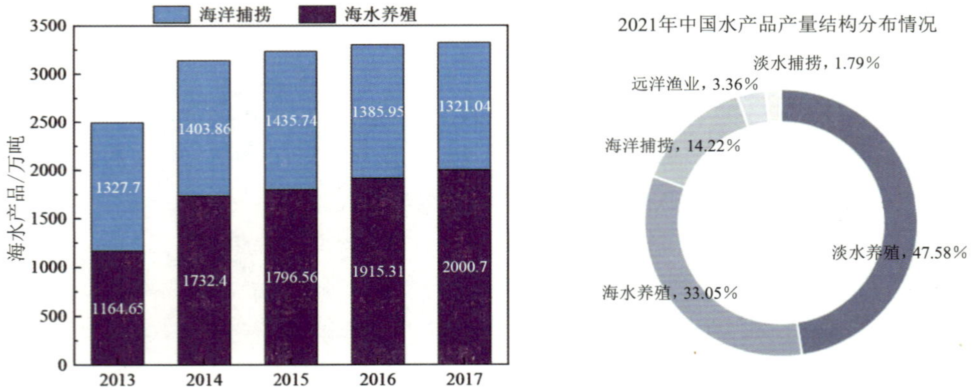

图 1　中国水产品产量分布情况[2]

现有的海水养殖模式包括海基养殖模式和陆基养殖模式(图 3)。以青岛为例，2019 年全市海水养殖面积达到 3.2×10^8 平方米，产量达到 796 164 吨，按养殖水域分，海上养殖面积 7.00×10^7 平方米，滩涂养殖占地 2.0×10^8 平方米，陆基养殖占地 4.6×10^7 平方米，占海水养殖面积的 22.2%、63.3%和 14.5%。其中，海基养殖包括海上养殖和滩涂养殖，属于开放体系，污染严重，难于控制；陆基养殖包括池塘养殖、工厂化流水养殖和工厂化循环水养殖[6]。其中，工厂化海水养殖具有节水、节电、养殖产量高等特点，受到越来越多的关注。20 世纪 70 年代，我国积极寻找各种可以显著提高养殖产量的举措，工厂化流水养殖和静水高密度养殖成为当时的热门发展方向。20 世纪 80 年代，我国引进国外的循环水养殖措施与技术，由中国水产科学研究院设计了国内第一个生产性循环水养殖车间。20 世纪 90 年代起，全国兴建了很多现代农业示范区，其中包括淡水循环水养殖系统。从 20 世纪 90 年代后期开始，以大菱鲆工厂化养殖为代表的海水工厂化养殖在北方地区得到大力推广，海水工厂化养殖从“设施大棚 + 地下海水”起步，系统化水平逐步提高。

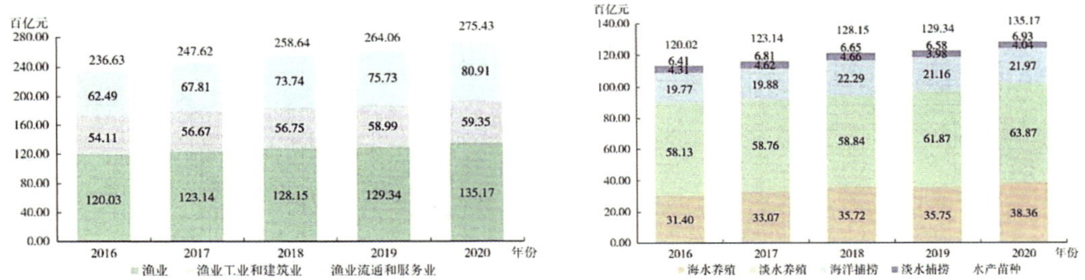

图 2　2016—2020 年全国渔业经济及产值构成[2]

目前，我国常见的工厂化海水养殖可分为流水养殖、半封闭循环水养殖和全封闭循环水养殖。

(1) 流水养殖模式

流水养殖模式主要利用不断流动的水流进行鱼类养殖，其优点有建池简单、占用面积小、投入少、周期短、产量高等，主要适用于耗氧量高的渔业养殖。该养殖方式的缺点是不循环利用养殖用水，每天需流水交换数次，耗水量极大，且易引起水环境污染。但流水养殖模式仍是目前国内使用最多、养殖面积最广的工厂化养殖方式。

(2) 半封闭循环水养殖模式

半封闭式循环水养殖模式主要由 5 部分设施组成，分别是鱼池、增氧设施、水质净化系统、消毒防病设施和水温调控设施。养殖废水经沉淀、过滤、消毒等简单工艺处理后能进行循环使用，与流水养殖模式相比这种养殖模式养殖用水量减少，且对水环境造成的污染也相应减小。目前这种养殖方式已被国内部分水产养殖工厂采用。

图 3　常见的海水养殖模式

（3）全封闭循环水养殖模式

全封闭式循环水养殖模式是一种新型工厂化养殖模式，养殖废水通过水处理设备净化、消毒、杀菌、增氧后，再进行循环使用（图 4）。该养殖模式主要设施包含物理过滤装置、生物净化装置、臭氧发生装置、曝气装置等，其中用于水质净化处理系统是关键技术，快速去除水溶性污染物和增氧技术是核心[7]。这种养殖模式的优点是能大幅提高水资源利用率，减少水资源消耗和环境污染，占地面积小，病原可控，养殖产品优质安全，不受地域与环境的影响，但这种养殖模式前期需要投入较高资金，且对养殖设备自动化要求高，而我国对这种养殖设备制造和创新技术还不甚成熟，目前国内企业使用该养殖模式的较少。

图 4　全封闭式工厂化循环水养殖模式

我国工厂化海水养殖面积及其养殖产量是可观的，且逐年上涨。截至 2019 年，我国工厂化海水养殖规模达 35 152 943 立方米，同比增长 4.20%，工厂化海水养殖产量达 275 875 吨，同比增长 8.03% [1]。但与先进国家技术密集型的循环水养殖相比，我国工厂化海水养殖总体上仍处于初级阶段，在设备、工艺、技术应用、产量以及效益等方面都存在相当大的差距。全国许多地区养殖场的状况基本上是“人工养殖池＋厂房外壳”，设施、设备较少，单产较低，产生大量养殖废水。我国工厂化海水养殖模式正在不断创新，养殖规模也从简单、消耗型“水泥地＋温室棚”模式发展到“温室大棚＋深井海水”“流水养殖＋海陆结合”等健康、节约型循环水养殖模式 [7]。我国也在不断引进国外先进的科学技术，包括生物工程、智能化、信息技术等现代科技装备养殖业，对水质、水温、投料、消毒等养殖主要因素进行人工监控和智能管理 [8]，向循环水养殖模式发展。

以天津为例，工厂化循环水养殖面积已超过 150 万平方米 [9]。天津市工厂化海水养殖模式主要有简约模式、标准模式和精准模式。简约模式系统补水量不少于总水体 20%，其水处理车间设备造价每 1 000 平方米 15 万元，适用于规模较小的海水育苗场；标准模式系统补水量不超过总水体的 10%～15%，车间设备造价每 1 000 平方米 30 万元，其采用标准化管理，适合中小企业，养殖水处理设施齐全；精准模式系统补水量不超过总水体的 5%～10%，水处理车间设备造价每 1 000 平方米超过 50 万元，应用大量先进的自动化设备，适合具有一定实力的大型企业。

我国工厂化海水养殖技术正朝着更科技化、高效化、智能化的方向迈进，但是现阶段仍面临着养殖技术和生产方式落后、养殖品种单一、管理水平较低使得经济效益难以提升以及养殖模式落后造成水资源浪费和环境污染等问题。因此，在发展工厂化海水养殖时，要重视养殖模式的优化，合理安排养殖密度和饵料投喂频率，提高饵料利用率，加强养殖污染防治设施的建设，推进海水养殖尾水治理工程，解决工厂化海水养殖污染问题。

二 工厂化海水养殖对海洋生态环境的影响

目前我国工厂化海水养殖产业面临着一些问题亟待解决，如水资源、海水养殖尾水治理、生物安全、退化养殖环境修复等。我国沿海部分区域仍存在海水养殖无序发展、养殖尾水散乱直排、环保设施建设滞后等现象 [10]。由于工厂化养殖密度高，累积时间长，养殖尾水的排放浓度比粗放型更高，已严重威胁近海环境生态健康（图 5）。

许多养殖户为了减少养殖成本，直接将含有大量残饵、生物残骸、排泄物、渔用肥料和化学药剂的养殖尾水排入附近海域，导致排入水域环境的破坏，近岸海域生态系统失衡、水体富营养化、赤潮频发、病害滋生，甚至威胁海洋生态环境质量和海洋渔业资源开发利用的可持续性发展[11]。

含有残渣、排泄物、化学药剂大量排入附近海域　养殖区附近海域水质恶化和富营养化　海水养殖污染事故频发，经济损失巨大

图 5　海水养殖对海洋生态环境的影响

据《中国海洋生态环境状况公报》统计[3]，2021 年，我国海域共发现赤潮 58 次，累计面积 23 277 平方千米，对 32 个重要渔业资源的产卵场、索饵场、水产种质资源保护区等重要渔业水域开展监测，我国海水重点养殖区水体的主要超标指标为无机氮，活性磷酸盐超标面积比例有所增大。根据《第二次全国污染源普查公报》显示，2017 年水产养殖污染物排放量包括化学需氧量 66. 60 万吨、氨氮 2. 23 万吨、总氮 9. 91 万吨、总磷 1. 61 万吨，对近海环境造成不良影响[4]。

表 1　文昌市海水养殖废水排放量和处理方式[12]

养殖类型	生长时期	废水		
		换水频率	每次换水量	处理方式
低位池养鱼	成体鱼	第一个月不换水，第二个月开始换水，2 次 / 月	400 平方米 /（次•亩）（换水深度 0. 6 米）	未处理，直排海
低位池养虾	成体虾	第一个月不换水，第二个月开始换水，2 次 / 月	约 70 平方米 /（次•亩）（换水深度 0. 1 米）	未处理，直排海
高位池养鱼	成体鱼	第一个月不换水，第二个月开始换水，3～4 天换水 1 次	约 70 平方米 /（次•亩）（换水深度 0. 1 米）	未处理，直排海
高位池养虾	成体虾	第一个月不换水，第二个月开始换水，每天换水 1 次	约 70 平方米 /（次•亩）（换水深度 0. 1 米）	未处理，直排海

续表

养殖类型	生长时期	废水		
		换水频率	每次换水量	处理方式
工厂化养鱼	鱼苗	每 5～6 天换水 1 次	每次换水高度 0.35 米	未处理，直排海
	成体鱼	每天换水 3 次	每次换水高度 1 米	未处理，直排海
工厂化养虾	虾苗	不换水	不换水	/
	成体虾	每天换水 1 次	每次换水高度 0.3 米	未处理，直排海
工厂化养贝	成体螺	海水进排结合养殖，一般每天换水 3～4 次	每次换水高度 0.3 米	未处理，直排海

如表 1 所示，文昌市养殖尾水大多未经处理直排海域，导致海滩边进排水管道密布，部分地区分布大型排水沟和排水渠，一些废旧塑料管道污染环境的同时影响海滩美观，养殖废水直排、偷排现象严重，导致周边海滩发黑变硬，海水中营养盐、重金属、抗生素等富集，生态环境遭破坏。

养殖废水排放引起近海水质恶化的同时，也会造成养殖系统自身的污染，影响养殖生物的生长，引起病害发生[13,14]。因此，本部分从近海水质富营养化问题、抗生素污染问题和近海海域底泥污染问题三个方面，阐述工厂化海水养殖对海洋生态环境的影响。

2.1 近海水质富营养化问题

海水富营养化是海水养殖对海洋环境污染的集中表现，主要指水体中氮、磷等营养盐含量过多而引起的现象。在鱼、虾类海水养殖的过程中，往往需要人工投喂大量含有蛋白质等营养物质的饵料，这些饵料的 5%～10%未能被养殖生物摄食，而被摄食的饵料中又有 25%～30%以粪便形式直接排出[15]。养殖生物排泄物和残饵进入养殖水体成为养殖尾水。研究发现，贝类养殖中，氮、磷吸收分别占固体颗粒饵料的 33%和 22%；虾类养殖过程中，氮、磷吸收分别占饵料的 25%和 10%[16]。其余均以各种形式进入环境，导致养殖尾水中氮、磷、有机物、悬浮物等污染物的富集。

未处理或处理不达标的海水养殖尾水大量排放易导致近海海域水质恶化和富营养化，水环境 pH 值和溶解氧(DO)下降、化学需氧量(COD)、氨氮、活性磷酸盐等浓度过高，极易引起赤潮现象。赤潮发生期间水体中浮游生物短时间内快速繁殖，致使发生海域的光照、溶解氧和营养物质严重不足，破坏了海域中原有生态平衡和生态系统结构，阻碍了海域中经济动植物生长。而在赤潮消亡阶段，海域中微生物为降解赤潮生物需再次消耗大量溶解氧，导致海域中经济生物因缺氧死亡[17]，并产生藻毒素，加剧水质污染。以福建省为例，2010—2019年福建省近海海域共计发生赤潮87起，平均累计面积482平方千米[18]。我国赤潮灾害年均造成的经济损失3.15亿元，生态系统服务功能的间接经济损失276.85亿元[19]。近年来，赤潮灾害频发，其对近岸海水养殖造成的危害巨大，成为海水养殖可持续发展的瓶颈。

2.2 抗生素污染问题

高密度集约化的养殖特点使养殖户更加注重预防和治疗养殖产品细菌感染性疾病，因此，抗生素被广泛用于工厂化海水养殖中[20,21]。我国海水养殖品种大多为野生品种，难以适应工厂化养殖的环境与密集程度。为了提高养殖产量，养殖户也会添加各种养殖类促生长剂[22]。养殖户向养殖水体中投加的抗生素主要类型有四环素类、氟喹诺酮类、氯霉素等[24]。抗生素用于动物饲料中，仅有20%～30%的抗生素被养殖体利用，其余抗生素或代谢产物以排泄物或残余饲料的形式进入水中[25]。据统计，我国水产养殖中用过的药物多达上百种。除抗生素外，还需要投加大量的营养剂、杀虫剂等养殖用药以维持养殖体的正常生存，产生新型污染物问题。

养殖用药中抗生素等的使用会使得海洋微生物的抗病性增强，鱼类等更易得病，养殖体死亡加剧养殖水体的恶化。抗生素不断积累，微生物的抗药性增强，对养殖生物更具致病性。例如，斑马鱼的胚胎长期暴露在抗生素环境中，可能产生致畸效应[29]。这些养殖药物会随养殖尾水排入海洋。不同类型的治疗药物和消毒剂大量排海，一方面化学药剂流入海洋，会对原有海洋生物造成影响；另一方面海洋生物吸收这些化学药剂，通过生物富集和食物链的传递，最终会影响人类健康[23]。在国内东南地区13个主要海水养殖场，养殖水体和沉积物中存在11种抗生素，其中水样中以磺胺嘧啶为主，沉积物中以四环素类为主[28]。大量研究表明，抗生素对海洋环境中多种生物产生毒副作用。近年来，抗生素引起的抗生基因抗性问题引起了国内外学者的广泛关注[27]，抗性基因在海水养殖尾水、沉积物及养殖产品体内都被检出[13]。此外，人类若长期食用携带耐药性细菌的海产品，会导致人体内耐药性细菌富集，增加了人类感染疾病的风险，甚至导致人类死亡率升高[13]（图6）。

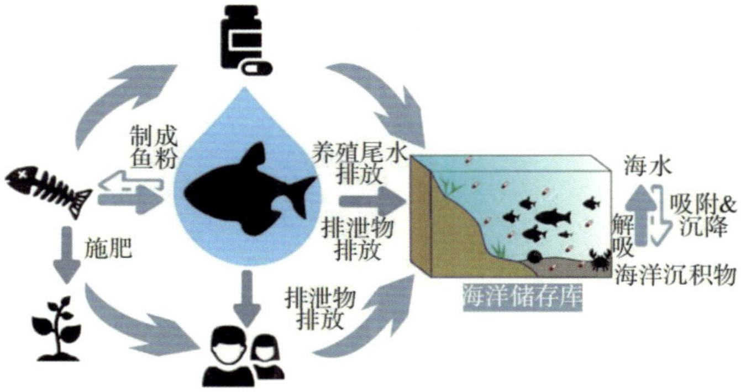

图6 抗生素在海水养殖过程中潜在的迁移路径[14]

2.3 近海海域底泥污染问题

大量研究表明，在非开放式海水养殖水域，底质中碳、氮、磷及耗氧量比周围非养殖区高得多。从蓬莱地区海洋渔业管理部门有关信息得知，海水养殖过程中输入水体的氮、磷和颗粒物分别有24%、84%和93%沉积于底泥中，经过长时间累积，超过水体的自净能力，成为污染近海水域水质的重要污染源。在珠江牛头岛深湾开发网箱养鱼多年后，发现沉积物中硫化物含量比湾外自然沉积高10倍。海水养殖区沉积物过多会破坏原有生态平衡，沉积物会强化海底微生物的分解功能，从而导致近海域过高的耗氧量，海水溶解氧下降，使部分水体呈现无氧或缺氧状态，在缺氧条件下微生物厌氧分解有机物会产生硫化氢、氨气等有毒气体，影响海域环境状况。

三 我国工厂化海水养殖污染治理与监管现状

3.1 海水养殖污染治理

我国海水养殖主体多为个体经营者，缺乏海水养殖尾水处理的资金、技术和意识，存在养殖尾水处理设施简陋、不完善，处理系统设计不合理，实际运行效率低等问题。我国目前受水处理成本影响，工厂化养殖以流水养殖和半封闭循环水养殖为主，此两种方式效率低、能耗高，单位水体产量仅为10～15千克/(平方米•年)。而发达国家主要以技术密集型的循环水养殖技术为主，单位水体产量可达100千克/(平方米•年)。目前国外的工厂化养殖海水的循环使用率可达到90%以上，基本进入全封闭“零”排放阶段，养殖设备及技术成熟，形成养殖集团化、产业化。而我国工厂化海水养殖还处于发展阶段，小散户养殖模式占多数，大部分的工厂化海水养殖场的设备相对简陋，养殖技术较低。工厂化循环水养殖模式的关键在于循环水处理系统，我国淡水循环水养殖工厂已经具有相应技术，但海水循环水养殖发展仍旧缓慢，普及率低。2016 年我国海水工厂化养殖水体达到 2 830 万立方米，海水工厂化养殖总产量 20.40 万吨，约占我国工厂化养殖总产量的 50%。其中，循环水养殖水体为 90 多万立方米，仅占我国工厂化养殖总产量的 1.37%。纵观全国，海水工厂化循环水养殖技术的普及率还较低，远无法满足减少养殖污染、保护海洋环境的要求[31]。

流水式养殖一般将养殖尾水直接外排，易造成环境污染；半封闭循环水养殖仅使用简单水处理设备对残渣进行过滤，其产生的环境污染较流水式养殖少；全封闭循环水养殖综合应用管道系统、机械过滤系统、水质净化处理系统、杀菌系统、增氧系统等[30]，能够实现高层次自动化管理，但存在脱氮不彻底，长期闭路循环会造成循环水中硝酸盐累积到较高浓度，换水时同样会对环境产生影响。同时，半封闭和全封闭式循环水养殖系统过滤的养殖残渣缺少进一步处理，容易产生二次污染。综上所述，各种工厂化养殖都没有从根本上解决尾水污染问题，未来工厂化海水养殖污水集中处理仍然需要得到重视。

由于海水养殖尾水高盐度、低碳氮比的特点[32]，微生物在海水中的生长受到限制，使得养殖尾水的处理成本一直很高，导致养殖户每年直接排放大量海水养殖尾水。我国海水养殖排污口数量众多，2019 年，生态环境部全面推进排污口“查、测、溯、治”，在环渤海 3 600 千米岸线及沿岸 2 千米区域内，查清 18 886 个入海排污口，其中 60% 以上为海水养殖排污口。除渤海外，很多地方的排污口数量、分布、排放方式等均未知，增大了“精准治污”的监管难度[10]。虽然国家颁布了一系列关于海水养殖尾水排放的法律法规，还是有很多企业宁愿被罚款也不愿意花费高额的处理费用去处理养殖尾水。高污染的养殖尾水会影响养殖区域的水质状况，使得养殖生物的品质不高，养殖收益也难以提升。当前，工厂化养殖的生产布局、尾水处理设施、尾水排放口设置、养殖方式等都不能满足环保要求。养殖尾水处理与工厂经济效益的矛盾，将会是制约我国工厂化海水养殖绿色健康可持续发展的极大阻碍，进一步增加了工厂化海水养殖治理的难度。

3.2 海水养殖环境监管

近年来，党中央、国务院高度重视海水养殖污染防治工作，相继出台了一系列规范海水养殖、强化海水污染治理与监管的政策性指导文件。2018 年，中共中央、国务院印发了《关于全面加强生态环境保护，坚决打好污染防治攻坚战的意见》（中发〔2018〕17 号），要求严格控制海水养殖造成的海上污染，开展重点近岸海域破坏生态环境的养殖方式综合整治，完善生态环境监管体系。2019 年，农业农村部、生态环境部等十部委联合印发了《关于加快推进水产养殖绿色发展的若干意见》，明确提出要大力发展生态健康发展，推进养殖尾水治理，加强养殖尾水监测，规范设置养殖尾水排放口，加强水产养殖执法力度。2022 年 3 月，国务院办公厅印发《关于加强入河入海排污口监督管理工作的实施意见》，将规模化水产养殖排污口归入农业排口，将水产养殖排污口纳入监管范围，强化监督管理。

然而，我国现行水产养殖环境管理相关法规几乎空白。《中华人民共和国海洋环境保护法》对水产养殖相关环节的污染防治及其监管均没有具体规定，这就导致海水养殖工厂及相关部门职责不清、分工不明。我国海水养殖尾水排放的行业标准《海水养殖水排放要求》（SC/T 9103—2007）相对宽松。因我国幅员辽阔，各区域水资源差异显著，制定全国性海水养殖尾水排放标准缺乏一定的可操作性和指导意义。因此，制定地方性排放标准更具有科学性和针对性。针对养殖企业养殖废水排放相关问题，各区域应因地制宜，完善养殖尾水处理厂和养殖区排污相关标准，完善养殖厂排污管网建设，对养殖尾水进行统一收集，集中处理。

截至 2023 年，我国沿海有 14 个省级行政区，其中浙江省、海南省、江苏省、山东省、辽宁省、广西壮族自治区及天津市已结合实际需求，编制或发布了相关标准或标准征求意见稿。2021 年，山东省生态环境厅发布了《海水养殖尾水排放标准（征求意见稿）》，对海水养殖尾水排放要求进行了规定；同年，江苏省生态环境厅发布了《池塘养殖尾水排放标准》（DB 32/4043-2021），对淡水养殖和海水养殖尾水排放要求进行了强制性规定。2023 年，根据《重点海域综合治理攻坚战行动计划实施方案》《浙江省重点海域综合治理攻坚战实施方案》《生态环境部 农业农村部关于加强海水养殖生态环境监管的意见》要求，进一步加强浙江省海水养殖污染物排放控制，浙江省地方标准《海水养殖尾水排放标准(征求意见稿)》发布。各地标准的实施将有力推动地方海水养殖尾水的达标排放，为加强水产养殖污染防治，提升水产生态健康养殖水平提供了强有力的保障。

四 工厂化海水养殖尾水集中处理技术及解决措施

图 7 是工厂化养殖尾水的各种可能处理方案。粗放式海水养殖采取尾水直接排海的方案(方案 ❶)，造成海水污染。有些养殖场应用了各种养殖污水处理技术，目的是净化尾水质量，促使养殖水体再利用，而处理后的污染物直接排海，同样造成了

海水污染（方案❷）。本报告认为，养殖尾水处理应到达以下目标：一是将养殖尾水处理达标后排海（方案❸），二是将处理后的污染物作为陆基垃圾处理，而不排放入海（方案❹）；三是将处理后的污染物资源化利用（方案❺）。

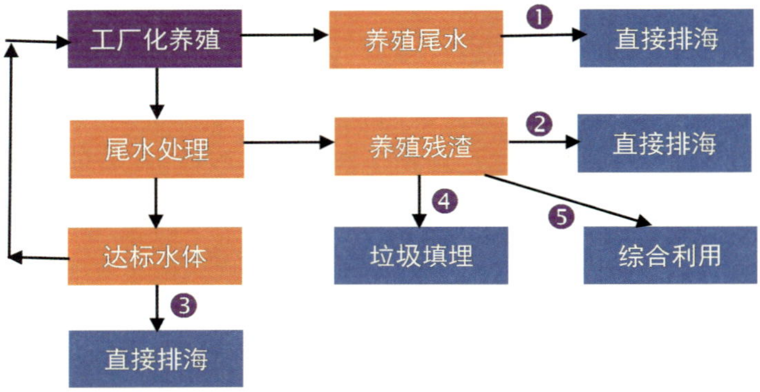

图 7　工厂化养殖污水处理方式

为了实现后面三种方案，需要开发三种技术：一是与养殖尾水处理的相关技术，尾水处理后产生达标水体和养殖残渣，达标水体可以直接排放入海，不造成海水的污染；二是开发养殖残渣处理的相关技术，海水养殖残渣盐度很高，陆基填埋容易污染土地和地下水，需要进行无害化处理后才可填埋；三是开发养殖残渣资源化利用的相关技术，将养殖残渣脱盐作为肥料使用，或者将营养物质提取后再利用。本报告重点介绍养殖尾水集中处理技术。

4.1　养殖尾水收集及处理系统构建

针对工厂化海水养殖尾水缺少处理和无序排放的现状，需要做好养殖尾水收集及处理系统构建工作。工厂化养殖尾水处理可分为原位处理和异位处理[33]。养殖尾水经处理后回用或达标排放，这种处理符合绿色发展理念。但目前该方式具有处理设施昂贵、设备集成高、能耗高等实际问题，很难满足现阶段我国工厂化海水养殖尾水处理的实际要求，况且我国大部分工厂化海水养殖企业在建厂初期并未考虑到养殖尾水的处理问题[34]。现在亟需对海水养殖尾水的排放做好管控，完善养殖尾水处理厂和养殖区给排水管网建设，对养殖尾水进行统一收集，集中处理。根据各地区工厂化海水养殖特点和存在的问题，应选择合适的养殖尾水处理工艺，完善养殖尾水污染控制的优化控制措施和保障机制，为削减排污总量提供必要的硬件保障（图 8）。

图 8 养殖尾水收集及处理系统构建

4.2 养殖尾水集中处理工艺选择

（1）人工湿地技术

人工湿地是一种结合物理、化学、生物三种处理的综合处理技术，以基质、植物和微生物的三重协同作用实现对污水的净化，通过基质吸附沉淀、植物吸收和微生物吸收等多种代谢途径完成对污染物质的降解，具有处理效果好、能耗低、管理方便等优点。人工湿地技术通过植物吸收、基质截留和微生物降解来去除海水养殖尾水中的有机质、营养盐、抗生素和重金属等污染物。人工湿地是一种环境友好型的尾水处理方法，适用于大规模海水养殖区域尾水处理，若利用得当还可以产生额外的经济效益（图 9）。

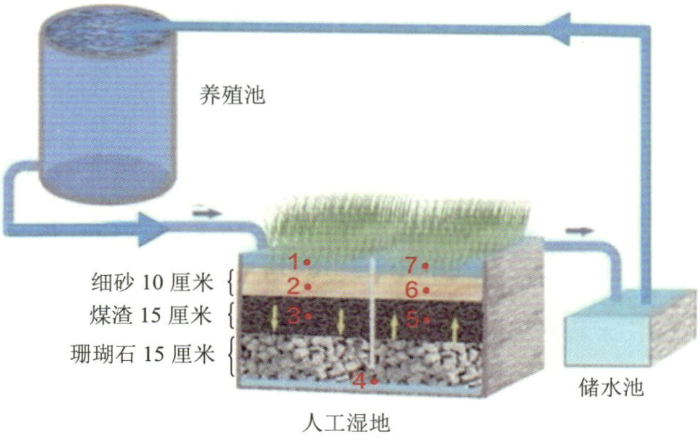

图 9 海水人工湿地示意图 [5]

尾水处理常用的湿地植物有芦苇、碱蓬、互花米草等。研究表明，芦苇和互花米草对海水养殖废水中的氨氮、悬浮物和浑浊度去除效果最佳，其中悬浮颗粒物去除率达到 90% 以上 [35]，且对抗生素磺胺甲噁唑和恩诺沙星有一定的去除效果 [36]。贾军 [5] 选用复合垂直潜流人工湿地净化海水养殖尾水，探究海水人工湿地系统对牙鲆养殖尾水中 COD、氨氮、亚硝酸盐、硝酸盐、总氮和总磷的去除效果，平均去除率分别为

45.27%、67.71%、94.86%、89.38%、67.77%和85.83%。根据我国工厂化海水养殖产业流水养殖模式居多的现状，刘琦等[11]提出了一种工厂化流水养殖尾水处理方案，通过物理沉淀、景观辅助型生化工艺、景观生态三级处理进行深度脱氮除磷，处理后的水体进入景观蓄水池储存。该方案一级处理工艺为物理沉淀单元，残饵、粪便等在重力作用下沉降得以分离，最后对沉淀物定期集中收集处理。二级处理工艺为景观辅助型生化工艺，以生化脱氮除磷为主，生态脱氮除磷为辅；生化脱氮除磷技术利用固定生物膜工艺处理，将微生物填料浸没于水下，通过微生物对养殖废水进行脱氮除磷，并在填料底部增设曝气装置提供氧气；此外，生态脱氮除磷环节还通过增加生态浮床工艺，定期收割水生植物进一步去除养殖废水中的氮磷等营养物质。三级处理工艺为景观生态，通过藻类进一步吸收氮磷等污染物。

利用人工湿地生态修复技术处理海水养殖尾水具有成本低廉、净化效果好、不易产生二次污染等优势。但也存在一些问题尚待解决，如占地面积大、盐生植物和微生物生长受水体盐度、温度等因素的影响以及对水体中各类污染物吸收净化效果存在差异性。

（2）工厂化循环水养殖污水循环处理技术

工厂化循环水养殖技术的关键核心环节是循环水的水处理技术工艺。工厂化封闭式循环水养殖一般工艺流程如图10所示。工厂化养殖废水中含有大量的养殖动物粪便、饲料残渣等大颗粒物，首先，用微滤机或弧形筛等设备滤除养殖废水中的大颗粒污染物；然后，通过气浮综合处理利用蛋白分离器，将水体中蛋白质等有机物分离出来，并增加水体中溶解氧量；随后，通过好氧生物滤池对废水中的氨氮、亚硝酸盐、磷酸盐等进行转化脱除，处理后的水体经过紫外线杀菌工艺进一步杀死水中的各种细菌、病毒、寄生虫等；最后，将处理后的水体调节至最适pH、温度和溶解氧后可进入养殖池循环利用。

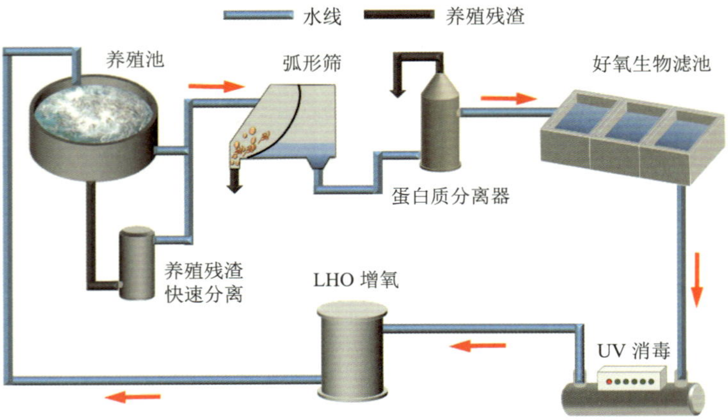

图10　工厂化封闭式循环水养殖工艺流程图

但工厂化封闭式循环水养殖工艺因反硝化功能的缺失和长期闭路循环，会造成循环水中硝酸盐累积到较高浓度，同时，循环水养殖会产生大量的养殖残渣，处理难度大、易造成二次污染。针对循环海水养殖系统中残渣二次污染和高浓度硝态氮累积问题，未来可将残渣厌氧发酵获得小分子碳源挥发性脂肪酸用于反硝化脱氮，解决循环水养殖系统中硝酸盐累积和残渣污染问题，进一步提高循环水回用比例，降低硝酸盐处理外加碳源成本和残渣处理的环境风险，在保证水产养殖安全的同时，减少养殖废水排放对近海环境的污染，实现养殖尾水“零排放”（图 11）。

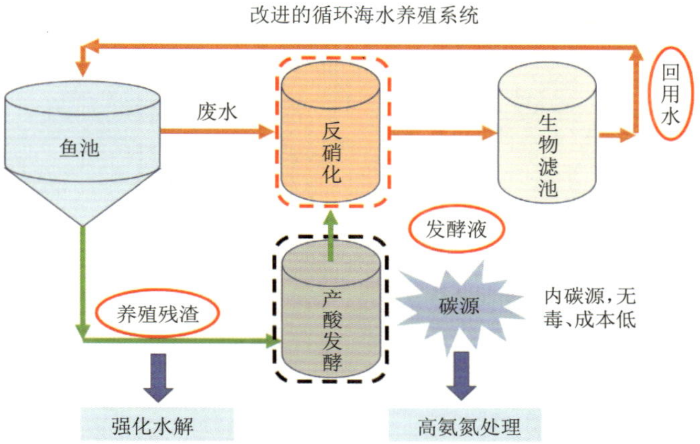

图 11　残渣碳源驱动的废水反硝化脱氮技术

（3）“菌-藻”协同海水养殖尾水处理技术

微藻是养殖水体中的初级生产者，能吸收磷酸盐、氨氮、亚硝酸氮等污染物质，其进行光合作用能提高水体中的溶解氧量，稳定水体理化因子，对水环境有一定的修复作用。微藻在污水中的应用主要有悬浮和固定化两种形式。近年来，利用微藻去除污染物的想法得到国内外广泛关注。研究表明，微藻对养殖废水和生活污水等氮、磷浓度较高的污废水有显著处理效果[38,39,40]。利用微藻处理污废水是一种低成本、对生态健康友好的新技术，将其用于海水养殖尾水处理有非常广阔的应用前景。

根据系统的生物种类，可将菌藻共生系统大致分为藻类-细菌共生系统、藻类-真菌共生系统和多菌多藻共生系统三类。采用海藻酸钠包埋法将海水小球藻与细菌制成固定化小球与常规活性污泥工艺相耦合处理海水养殖废水对废水中有机物、无机氮和磷的去除效率有明显的提高，出水 COD 含量低于 8 毫克/升，无机氮含量低于 0.5 毫克/升，磷酸盐含量低于 0.1 毫克/升，证明了固定化菌藻耦合循环式活性污泥工艺可有效利用细菌和藻类对污染物进行协同去除作用，可用于海水养殖废水的净化处理[41]。

菌藻共生系统虽然有很好的养殖尾水处理效果，但不利于处理后微藻的采收。海水养殖尾水中的污染物主要来源于残饵和粪便，处理难度大，成本高，是导致水体富营养化的主要原因，残渣中含有丰富的有机物、氮和磷，若能在藻类养殖中得以利用，则既可降低养殖成本又可去除污染物，一举两得。因此，未来可采用新型的一体式“菌－藻”协同海水养殖尾水处理新技术（图 12），该系统利用微滤膜将产酸发酵区和微藻培养区分隔，产酸发酵菌可将养殖残渣分解，用于微藻养殖，防止了细菌对微藻的污染，便于后续微藻采收，可同步实现养殖尾水及残渣处理和微藻高值产品回收的双赢。

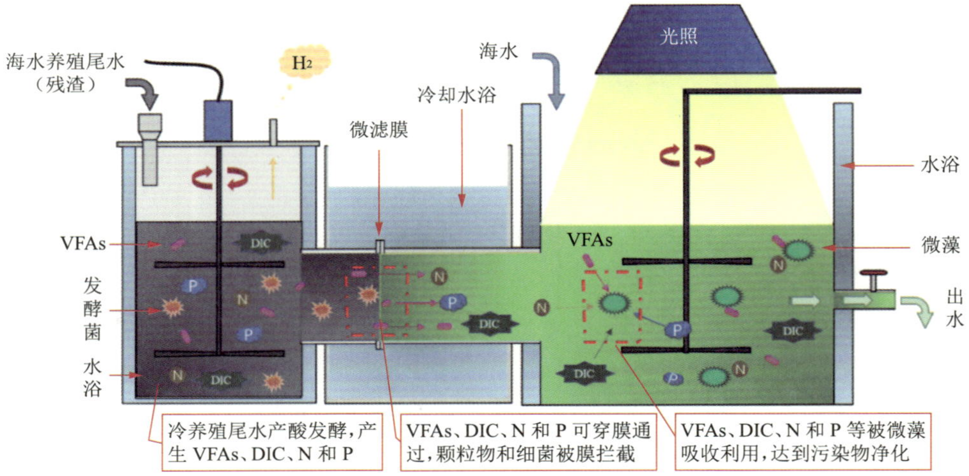

图 12　一体式“菌－藻”协同海水养殖尾水处理系统

4.3　工厂化海水养殖尾水集中处理应用案例

海南省文昌市三面临海，具有发展海水养殖产业的天然优势。2016 年文昌市海水养殖产品总量达 52 202 吨，产值 19.7 亿元。文昌市工厂化养殖规模达 78.9 万立方米，工厂化养殖日均排水 20 万吨，主要海水养殖产品有鱼、虾、蟹、贝类和藻类[12]。随着文昌市高密度养殖业的发展，海水养殖尾水排放量也日益增加。

以文昌市冯家湾为例，冯家湾现有 328 户渔民集中安置区，简称现代化养殖产业园，开展南美白对虾工厂化标粗养殖。冯家湾率先建成了养殖尾水集中处理工程，建成的养殖尾水集中处理车间面积约 15 万平方米，采用磁混凝沉淀＋耐盐菌脱氮滤池＋人工湿地技术，其出水水质可达到农业部《海水养殖水排放要求》（SC/T 9103—2007）和海南省《水产养殖尾水排放标准》（DB46/ 475—2023）中的一级标准限值。

该项目建设投资总额为 4 924.51 万元，其中工程费用 4 141.33 万元，其他费用 548.68 万元，预备费用为 234.50 万元，全部由政府资金解决。运行费用主要有日常维护费用、垃圾外运费用、水质跟踪检测费用、电费等。项目每天处理养殖尾水 1.5 万吨，设计投加菌种 100 吨/年，单价 1.45 万元/吨；磁粉 12 吨/年，单价 0.5 万元/吨；聚合氯化铝（PAC）328 吨/年，单价 0.3 万元/吨；聚丙烯酰胺（PAM）10.95 吨/年，PAM 分两种，阳离子 PAM 0.91 吨/年，单价 2 万元/吨，阴离子 PAM10.95 吨/年，单价 1.8 万元/吨；人员 20 人，工资 4 000 元/月；年耗电量为 1 863 978 千瓦时/年，电价 0.79 元/千瓦时。因此，冯家湾养殖尾水集中处理项目年处理能力 547.5 万吨，污水处理的吨水运行费用约 0.65 元，年运行费用为 353 万元/年。各部分费用如表 2 所示。文昌市冯家湾现代化养殖基地项目建成后，预计可实现年产值 5 500 万元。

表 2 冯家湾养殖尾水集中处理项目年运行费用估算表

成本分项	成本子项	费用（元）	成本（元/吨水）
电费	总电耗（千瓦时/天）	1 440	
	单位电耗（千瓦时/立方米）	0.36	
	吨水电耗费用（元/立方米）	0.27	0.27
药剂费	聚合氯化铝每天用量（千克/天）	80	
	PAM 每天用量（千克/天）	8	
	吨水药耗费用（元/立方米）	0.09	0.09
污泥处置费	污泥（吨/天）	1.5	
	运输处置费（元/吨）	300	
	吨水费用（元/吨水）	0.112	0.112
检测费	每年费用（元/年）	20 000	
	每天费用（元/天）	55	
	吨水费用（元/吨水）	0.013	0.013
维修费	每年费用（元/年）	50 000	
	每天费用（元/天）	137	
	吨水费用（元/吨水）	0.035	0.035
人工费	人数（人）	2	
	工资（元/天）	250	
	每天费用（元/天）	500	
	吨水费用（元/立方米）	0.125	0.125
合计	处理系统吨水运行费用（元/立方米）	—	0.645

这个实例表明，养殖尾水处理的运行费用约占总产值的 6.4%，是养殖户可以接

受的开销，表明工厂化养殖污水集中处理在经济上是可行的。其次，养殖污水集中处理虽然增加了养殖的成本，但与现在养殖户自行处理养殖污水相比，成本会下降，况且不再占用养殖户自己的水域，实际上降低了养殖成本，提高了养殖收益。第三，集中处理的标准高，处理后的水质更好，减少了养殖区病害的发生，从另一个意义上促进了养殖产业的发展。

养殖尾水处理场的建设投资数额较大，如果由养殖户分摊承担确有困难，将大大影响养殖污水集中处理的落实。冯家湾采用的是污水处理厂由政府投资建设，养殖户承担运行费用的方式，使养殖污水集中处理成为可能。如果政府资金有限，可以由整体提供土地，引入社会资本投资建设污水处理厂，按照20年或更高年限由养殖户分摊建设资金，进入养殖成本，推动养殖污水集中处理。

五　工厂化海水养殖污水集中处理和资源化利用对策

随着我国工厂化养殖规模越来越大，养殖污水已经成为海洋的重要污染源，带来一系列环境问题。现在由养殖户自行进行污水处理的模式已经无法满足保护环境的需要。

为实现工厂化海水养殖可持续健康发展，最主要的是要促进海水养殖业的正向循环发展，从根本上提升工厂化养殖的技术发展、管理水平、运行模式，促进当前落后的流水养殖和半封闭循环式养殖模式向封闭循环式海水养殖的转化，从源头上减少污染物质的排放。为此，需要建设污水处理的硬件系统，改进污水处理技术，加强海水循环利用，提高资源化利用水平。本报告的目的是针对海水养殖现状提出具体的对策，实行养殖污水全面集中处理，循环利用，达标排放，切断养殖污水进入海洋的渠道，实现养殖产业的可持续发展。拟采取的具体方案或对策如下。

1）在特定的工厂化养殖集中区统一建设高标准的养殖污水处理厂，为该区域的所有养殖企业和养殖户提供污水处理服务。养殖污水处理厂将建设养殖尾水处理厂和养殖区给排水管网，对养殖尾水进行统一收集，集中处理。排水渠道的大小深浅要结合养殖场养殖面积、地形特点及水位高程等而定，做到不积水、不冲蚀，排水通畅，要依据线路短、工程量小、占地少、不易堵塞、造价低等原则建设。

2）实行工厂化海水养殖区尾水达标排放，根据工厂化海水养殖特点和存在的问题，选择合适的养殖尾水处理工艺，完善养殖尾水污染控制的优化控制措施和保障机制；选择或开发高效处理技术和资源化利用技术，增大污水处理能力，增强养殖水的循环利用。可将国外引进的尾水处理新技术和国内自主研发技术相结合，研发成本低、耗能低、效率高的水处理技术，结合在线监测和智能化技术，研发实时在线检测仪器和平台，实现养殖产业自动化、智能化。

3）尾水处理后产生的养殖残渣包含大量残余饵料、养殖生物粪便，还含有养殖药物等污染物质和有害物质。这些养殖残渣物质排海对海洋而言与尾水未经处理直接排海的作用无异，都是危害海洋环境的因素。因此，禁止养殖残渣排海是当务之急。我国迄今对养殖残渣的处理技术研究很少，导致养殖残渣排海成为无奈之举。养殖残渣含盐量很高，直接作为垃圾处理会污染垃圾场周边的土地，也会对地下水造成不可逆的损害。需要开发有效的脱盐技术，使养殖残渣无害化，再按照垃圾处理方式进行填埋。对养殖残渣进行其他无害化处理也是需要研究的内容。

4）养殖残渣的综合利用是另一个需要开发的技术方向。脱盐后的养殖残渣可以作为农业肥料使用。其次，有些养殖生物以养殖残渣为食物，可以推动养殖残渣异地使用，变废为宝。养殖残渣可以运送到远海，增加远海海域的营养水平。可以开发养殖残渣中的营养物质提取技术，使部分或全部营养物质再利用。

5）地方政府应加强海水养殖生态环境监管，制定工厂化海水养殖污染防治管理办法，加大环境监管力度和执法检查，依法惩处违法直接排放养殖尾水的行为，尤其要阻止尾水处理后养殖残渣的排放，为养殖生产的排污管理提供法治保障。政府应依法依规开展海水养殖相关规划的环境影响评价审查，加强海水养殖排污口排查和分类，科学制定地方性海水养殖尾水排放标准，以工厂化养殖为重点，建立健全海水养殖尾水监测体系，加大财政补贴，组织公众宣传，逐步将其他养殖模式尾水纳入监测范围。

引文索引

[1] 农业农村部渔业渔政管理局，全国水产技术推广总站，中国水产学会编制．中国渔业统计年鉴 2020 版 [M]．北京：中国农业出版社，2020.

[2] 农业农村部渔业渔政管理局，全国水产技术推广总站，中国水产学会编制．中国渔业统计年鉴 2021 版 [M]．北京：中国农业出版社，2021.

[3] 2021 年中国海洋生态环境状况公报 [J]．环境保护，2022，50（11）：59-67.

[4] 第二次全国污染源普查公报 [J]．环境保护，2020，48（18）：8-10.

[5] 贾军. 人工湿地净化海水养殖尾水水力条件优化及氮迁移转化机制研究[D]. 上海海洋大学，2021.

[6] 张宝龙，赵子续，曲木，等. 工厂化水产养殖现状分析[J]. 养殖与饲料，2020，(1)：31-34.

[7] 李锐. 封闭式循环系统养殖三文鱼技术研究[J]. 农业与技术，2015，35(6)：170-171.

[8] 王平，陈丽娇. 中国工厂化海水养殖业现状、问题及发展思路[J]. 农业展望，2017，13(9)：76-79+95.

[9] 马云昆. 天津海水工厂化养殖现状及发展研究[D]. 天津农学院，2017.

[10] 李晓光，吕旭波，王艳，等. 我国海水养殖现状及生态环境监管分析[J]. 环境保护，2022，50(13)：46-49.

[11] 刘琦，徐光景，杨舒涵，等. 海水养殖尾水污染治理方案与建议[J]. 环境生态学，2022，4(8)：76-79.

[12] 马瑞阳. 藻、菌及共生体对模拟海水养殖尾水的处理技术研究[D]. 海南大学，2019.

[13] 李振国. 水产养殖业周边海水中抗生素的污染现状研究[J]. 绿色科技，2021，23(12)：82-84.

[14] 包樱钰，李菲菲，温东辉. 我国海水养殖业的抗生素污染现状[J]. 海洋环境科学，2021，40(2)：294-302.

[15] 温志良，张爱军，温琰茂. 集约化淡水养殖对水环境的影响[J]. 水利渔业，2000，(4)：19-20.

[16] Bouwman L，Beusen A，Glibret P M，et al. Mariculture：significant and expanding cause of coastal nutrient enrichment[J]. Environmental Research Letters，2013，8(4)：044026.

[17] 游建胜. 赤潮灾害及其防灾减灾对策研究[J]. 发展研究，2015，(4)：95-99.

[18] 凌楠. 赤潮对水产养殖的危害及防治对策——以福建省为例[J]. 乡村科技，2021，12(35)：107-109.

[19] 王初升，唐森铭，宋普庆. 我国赤潮灾害的经济损失评估[J]. 海洋环境科学，2011，30(3)：428-431.

[20] Rico A，Phu T M，Satapornvanit K，et al. Use of veterinary

medicines, feed additives and probiotics in four major internationally traded aquaculture species farmed in Asia[J]. Aquaculture, 2013, 412: 231-243.

[21] Sapkota A, Sapkota A R, Kucharski M, et al. Aquaculture practices and potential human health risks: current knowledge and future priorities[J]. Environment International, 2008, 34(8): 1215-1226.

[22] Santos L H, Araújo A N, Fachini A, et al. Ecotoxicological aspects related to the presence of pharmaceuticals in the aquatic environment[J]. Journal of Hazardous Materials, 2010, 175(1-3): 45-95.

[23] 宇文青. 海水养殖对海洋环境影响的探讨[J]. 海洋开发与管理, 2008,(12): 113-117.

[24] 阮悦斐，陈继淼，郭昌胜，等. 天津近郊地区淡水养殖水体的表层水及沉积物中典型抗生素的残留分析[J]. 农业环境科学学报, 2011, 30(12): 2586-2593.

[25] de Souza Santos L V, Teixeira D C, Jacob R S, et al. Evaluation of the aerobic and anaerobic biodegradability of the antibiotic norfloxacin[J]. Water Science and Technology, 2014, 70(2): 265-271.

[26] Liu X, Steele J C, Meng X Z. Usage, residue, and human health risk of antibiotics in Chinese aquaculture: a review[J]. Environmental Pollution, 2017, 223: 161-169.

[27] Santos L, Ramos F. Antimicrobial resistance in aquaculture: current knowledge and alternatives to tackle the problem[J]. International Journal of Antimicrobial Agents, 2018, 52(2): 135-143.

[28] Chen C, Zheng L, Zhou J, et al. Persistence and risk of antibiotic residues and antibiotic resistance genes in major mariculture sites in Southeast China[J]. Science of the Total Environment, 2017, 580: 1175-1184.

[29] 林涛，陈燕秋，陈卫. 水体中磺胺嘧啶对斑马鱼的生态毒性效应[J]. 安全与环境学报, 2014, 14(3): 324-327.

[30] 陈忠东，蒋新跃. 工厂化水产养殖装备技术及其设备使用现状[J]. 福建农机, 2019(4): 38-41.

[31] 青岛政务网．关于大力发展海水工厂化循环水养殖技术的建议[Z]．2018.

[32] 焦点．循环养殖海水中反硝化细菌的研究[D]．大连海洋大学，2018.

[33] 刘晓波，曹体宏，王忠全，等．海水鱼类工厂化养殖尾水处理技术研究进展[J]．水产研究，2020，7（1）：1-7.

[34] 李楠，胡超魁，王昆，等．海水养殖尾水防控技术研究进展[J]．水产科学，https://doi. org/10. 16378/j. cnki. 1003-1111. 22030.

[35] 王加鹏．人工湿地净化海水养殖外排水试验研究[D]．上海海洋大学，2014.

[36] 刘佳，易乃康，熊永娇，等．人工湿地构型对水产养殖废水含氮污染物和抗生素去除影响[J]．环境科学，2016，37（9）：3430-3437.

[37] 张海耿，崔正国，马绍赛，等．人工湿地净化海水养殖外排水影响因素与效果实验研究[J]．海洋环境科学，2012，31（1）：20-24+52.

[38] 马航，李之鹏，柳峰，等．微藻膜反应器处理海水养殖废水性能及膜污染特性[J]．环境科学，2019，40（4）：1865-1870.

[39] 韩松芳，金文标，涂仁杰，等．基于城市污水资源化的微藻筛选与污水预处理[J]．环境科学，2017，38（8）：3347-3353.

[40] 张晓青，司晓光，成玉，等．三种微藻对城市二级出水脱氮除磷作用的研究[J]．生态科学，2021，40（6）：140-145.

[41] 高凌鹏，刘志宏，李诗宣．固定化菌藻处理海水养殖废水试验研究[J]．工业用水与废水，2021，52（6）：11-15+24.

董氏中心项目和研究报告征集要点

董氏中心面向全社会征集立项建议和研究报告。如果准备在某个可持续发展领域向董氏中心申请立项，可登录董氏中心网站，于“项目征集”板块下载立项建议表，提交立项建议，经专家论证通过后予以立项。如果作者已完成与海洋可持续发展有关的研究报告，符合《护海实策》的征稿要求，可以直接投稿。项目立项申请人和研究报告作者可登录董氏中心网站，查阅《董氏国际可持续发展研究中心项目管理办法》及项目征集指南。如有不明确的问题可直接咨询董氏中心，联系方式如下。

官方网站：http://tircsod.ouc.edu.cn

官方微信：董氏国际海洋可持续发展研究中心

联系电话：0532-66783956/18851750872

联系邮箱：<tircsod@ouc.edu.cn>

联系微信：18851750872

图书在版编目(CIP)数据

护海实策. 第四辑,董氏国际海洋可持续发展研究中心报告精选 / 赵进平主编. -- 青岛:中国海洋大学出版社,2023.9

ISBN 978-7-5670-3652-9

Ⅰ. ①护… Ⅱ. ①赵… Ⅲ. ①海洋环境—生态环境保护—中国—文集 Ⅳ. ①X145-53

中国国家版本馆 CIP 数据核字(2023)第 182039 号

出版发行	中国海洋大学出版社		
社　　址	青岛市香港东路 23 号	邮政编码	266071
出 版 人	刘文菁		
网　　址	http://pub.ouc.edu.cn		
订购电话	0532-82032573(传真)		
责任编辑	邹伟真	电　　话	0532-85902533
印　　制	青岛海蓝印刷有限责任公司		
版　　次	2023 年 9 月第 1 版		
印　　次	2023 年 9 月第 1 次印刷		
成品尺寸	185 mm ×260 mm		
印　　张	7.75		
字　　数	151 千		
印　　数	1—3600		
定　　价	70.00 元		
审 图 号	GS 鲁(2023)0306 号		

第 10 章　多元函数微分学同步练习

10.1　平面点集与多元函数

1. 设 $f(x,y)=\dfrac{x^2-y^2}{2xy}$ ，求：（1） $f(y,x)$；（2） $f(-x,-y)$；（3） $f(\dfrac{1}{x},\dfrac{1}{y})$。

2. 设 $z=x+y+f(x-y)$，且当 $y=0$ 时， $z=x^2$，求 $f(x)$。

3. 求 $z=\dfrac{\sqrt{4x-y^2}}{\ln(1-x^2-y^2)}$ 的定义域。

10.2　二元函数的极限和连续性

4．求 $\lim\limits_{\substack{x\to 0\\ y\to 0}}\dfrac{\sin(x^2y)}{x^2+y^2}$。

5．求 $\lim\limits_{\substack{x\to 0\\ y\to 0}}\dfrac{xy}{\sqrt{x^2+y^2}}$。

6．求 $\lim\limits_{\substack{x\to 0\\ y\to 0}}\dfrac{\sqrt{x^2+y^2}-\sin\sqrt{x^2+y^2}}{(x^2+y^2)^{\frac{3}{2}}}$。

7．证明 $\lim\limits_{(x,y)\to(0,0)}\dfrac{x+y}{x-y}$ 不存在。

8．下列函数在 $(x,y)\to(0,0)$ 时是否存在极限，若存在，求出极限值。

（1）$f(x,y)=\dfrac{x+y}{|x|+|y|}$；（2）$f(x,y)=\dfrac{x^2+y^2}{|x|+|y|}$；（3）$f(x,y)=\dfrac{1-\cos(xy)}{x^2+y^2}$。

10.3 偏导数

9．求下列函数的偏导数。

（1）$z=\sqrt{\ln(xy)}$；（2）$z=(1+xy)^{y}$；（3）$u=\arctan(x-y)^{z}$。

10．设 $f(x,y)=\sqrt[3]{x^2+y^2}$，求 $f_x'(1,1)$，$f_y'(1,2)$。

11．设 $f(x,y)=x+(y-1)\arcsin\sqrt{\frac{x}{4y}}$，求 $f_x'(2,1)$。

12．证明 $z=xy+x\mathrm{e}^{\frac{y}{x}}$ 满足方程 $x\cdot\frac{\partial}{\ }\ x\cdot\frac{\partial z}{\partial x}+y\cdot\frac{\partial z}{\partial y}=xy+z$。

13．求 $u=\ln(x^2+y)$ 的所有二阶偏导数。

14．设 $z=x^{\sin y}$，求 $\frac{\partial z}{\partial x}$，$\frac{\partial z}{\partial y}$。

15．设 $z=\arctan\frac{y}{x}$，求 $\frac{\partial z}{\partial x}$， $\frac{\partial z}{\partial y}$。

16．设 $f(x)=\begin{cases}(x^2+y)\sin\frac{1}{\sqrt{x^2+y^2}}, & x^2+y^2\neq 0\\ 0, & x^2+y^2=0\end{cases}$ ，求 $f_x'(0,0)$， $f_y'(0,0)$。

17．设 $z=x\ln(xy)$，求 $\frac{\partial^3 z}{\partial x^2\partial y}$ 及 $\frac{\partial^3 z}{\partial x\partial y^2}$。

10.4　全微分

18．求 $z=\mathrm{e}^{\frac{y}{x}}$ 的全微分。

19．求函数 $z=\ln(1+x^2+y^2)$，当 $x=1$， $y=2$ 时的全微分。

20．计算$\sqrt{(1.02)^3+(1.97)^3}$的近似值。

21．求函数$z=\mathrm{e}^{xy}$，当$x=1$，$y=1$，$\Delta x=0.15$，$\Delta y=0.1$时的全微分。

10.5　复合函数的微分法

22．设$u=\dfrac{\mathrm{e}^{ax}(y-z)}{a^2+1}$，$y=a\sin x$，$z=\cos x$，求$\dfrac{\mathrm{d}u}{\mathrm{d}x}$。

23．设下面的f都有一阶连续偏导数，求下列函数的一阶偏导数：

（1）$u=f(x^2-y^2,\mathrm{e}^{xy})$，（2）$u=f(x,xy,xyz)$，（3）$u=f(x^2+y^2,x^2-y^2,2xy)$。

24．设 f 有连续二阶偏导数，$u=f(x+y,x-y)$，求 $\frac{\partial^2 u}{\partial x^2}$，$\frac{\partial^2 u}{\partial y^2}$，$\frac{\partial^2 u}{\partial x\partial y}$。

25. 设 f，φ 具有连续二阶偏导数或导数，$z=f\left(x+\varphi(y)\right)$，证明 $\frac{\partial z}{\partial x}\cdot\frac{\partial^2 z}{\partial x\partial y}=\frac{\partial z}{\partial y}\cdot\frac{\partial^2 z}{\partial x^2}$。

26．设 f 有连续偏导数，$u=f(x,y,z)$，$x=t$，$y=t^2$，$z=t^3$，求 $\frac{\mathrm{d}u}{\mathrm{d}t}$。

27. 设 f 是可微函数，$u=\sin x+f(\sin y-\sin x)$，证明 $\frac{\partial u}{\partial y}\cos x+\frac{\partial u}{\partial x}\cos y=\cos x\cos y$。

10.6 隐函数求导

28．设 $x^2+y^2+z^2-6xz=0$，求 $\frac{\partial z}{\partial x}$，$\frac{\partial z}{\partial y}$。

29．设 $e^z = x + y + z$，求 $\dfrac{\partial^2 z}{\partial x \partial y}$。

30．设 $x - az = \varphi(y - bz)$，其中 a，b 为常数，φ 可导，求 $\dfrac{\partial z}{\partial x}$，$\dfrac{\partial z}{\partial y}$。

31．设 $f(cx - az, cy - bz) = 0$，其中 f 有连续偏导数，证明 $a\dfrac{\partial z}{\partial x} + b\dfrac{\partial z}{\partial y} = c$。

32．设 f 是可微函数，$f(x + z \cdot y^{-1}, y + z \cdot x^{-1}) = 0$，证明 $x \cdot \dfrac{\partial z}{\partial x} + y \cdot \dfrac{\partial z}{\partial y} = z - xy$。

33．设 f 可微，$x^2 + y^2 + z^2 = yf(\dfrac{z}{y})$，证明 $(x^2 - y^2 - z^2)\dfrac{\partial z}{\partial x} + 2xy\dfrac{\partial z}{\partial y} = 2xz$。

34．考虑下列方程组所确定的隐函数的导数（或偏导数）：

（1）$\begin{cases} x^2+y^2+z^2=a^2 \\ x^2+y^2=ax \end{cases}$，求$\dfrac{\mathrm{d}y}{\mathrm{d}x}$，$\dfrac{\mathrm{d}z}{\mathrm{d}x}$；

（2）$\begin{cases} x-u^2-yv=0 \\ y-v^2-xu=0 \end{cases}$，求$\dfrac{\partial u}{\partial x}$，$\dfrac{\partial v}{\partial x}$，$\dfrac{\partial u}{\partial y}$，$\dfrac{\partial v}{\partial y}$；

（3）$\begin{cases} x=u+v \\ y=u^2+v^2 \\ z=u^3+v^3 \end{cases}$，求$\dfrac{\partial z}{\partial x}$，$\dfrac{\partial z}{\partial y}$。

35．设z是由方程确定的隐函数，求$\mathrm{d}z$。

（1）$x^2-2y^2+3z^2-yz+y=0$；

（2）$x\cos y+y\cos z+z\cos x=1$；

（3）$x^2+y^2+z^2=f(ax+by+cz)$，其中f有连续导数，a，b，c是常数。

36．设$f(x,y,z)=0$，$z=g(x,y)$，求$\dfrac{\mathrm{d}y}{\mathrm{d}x}$，$\dfrac{\mathrm{d}z}{\mathrm{d}x}$。

37．设$y=f(x,t)$，而t是由方程$F(x,y,t)=0$所确定的x，y的函数，其中f，F都具有一阶连续偏导数，试证明$\dfrac{\mathrm{d}y}{\mathrm{d}x}=\dfrac{\dfrac{\partial f}{\partial x}\cdot\dfrac{\partial F}{\partial t}-\dfrac{\partial f}{\partial t}\cdot\dfrac{\partial F}{\partial x}}{\dfrac{\partial f}{\partial t}\cdot\dfrac{\partial F}{\partial y}+\dfrac{\partial F}{\partial t}}$。

10.7 多元函数的极值

38．求$z=\mathrm{e}^{2x}(x+y^2+2y)$的极值点。

39．求下列函数在指定范围内的最大值，最小值。

（1）$z=x^2-y^2$，$\{(x,y)\big|x^2+y^2\leqslant 4\}$；

（2）$z=x^2-xy+y^2$，$\{(x,y)\big||x|+|y|\leqslant 1\}$。

40．求内接于椭球面$\dfrac{x^2}{a^2}+\dfrac{y^2}{b^2}+\dfrac{z^2}{c^2}=1$的最大长方体的体积$V$。

41．求表面积为a^2而体积为最大的长方体的体积。

42．求函数$f(x,y)=x^3-y^3+3x^2+3y^2-9x$的极值。

43．求函数$z=xy$在适合附加条件$x+y=1$下的极大值。

10.8　几何应用

44．求下列曲线在给定点的切线和法平面方程：

（1）$x=R\cos^2 t$，$y=R\sin t\cos t$，$z=R\sin t$，在$t=\dfrac{\pi}{4}$的相应点处；

（2）$\begin{cases} x^2+y^2+z^2=6 \\ x+y+z=0 \end{cases}$，在点$M(1,-2,1)$处；

（3）$\begin{cases} 2x^2+3y^2+z^2=47 \\ x^2+2y^2=z \end{cases}$，在点$M(-2,1,6)$处。

45．求下列曲面在给定点的切平面和法线方程：

（1）$z=x^2+y^2$ 在点 $(1,2,5)$ 处；

（2）$x^2+y^2+z^2=14$ 在点 $(1,2,3)$ 处。

46．求曲面 $x^2+2y^2+3z^2=21$ 的切平面，使它平行于平面 $x+4y+6z=0$ 。

47．求椭球面 $x^2+2y^2+z^2=1$ 上平行于平面 $x-y+2z=0$ 的切平面方程。

48．试证曲面 $\sqrt{x}+\sqrt{y}+\sqrt{z}=\sqrt{a}(a>0)$ 上任何点处的切平面在各坐标轴上的截距之和等于 a 。

10.9 方向导数与梯度

49．求函数 $u=xyz$ 在点 $A(5,1,2)$ 到点 $B(9,4,14)$ 的方向 $\overrightarrow{AB}$ 的方向导数。

50．求函数 $u=\dfrac{z^2}{c^2}-\dfrac{x^2}{a^2}-\dfrac{y^2}{b^2}$ 在点 (a,b,c) 处的梯度。

51．求函数 $u=xy^2+z^3-xyz$ 在点 $(1,1,2)$ 处沿方向角为 $\alpha=\dfrac{\pi}{3}$，$\beta=\dfrac{\pi}{4}$，$\gamma=\dfrac{\pi}{3}$ 的方向的方向导数。

52．求 $\operatorname{grad}\dfrac{1}{x^2+y^2}$ 。

53. 沿 $f(x,y,z)=x^2+2y^2+3z^2+xy+3x-2y-6z$，求 $\mathrm{grad}f(0,0,0)$ 及 $\mathrm{grad}f(1,1,1)$。

54. 问函数 $u=xy^2z$ 在点 $P(1,-1,2)$ 处沿什么方向的方向导数最大？并求此方向导数的最大值。

姓名:__________ 学号:__________ 所在院系:__________ 所在班级:__________

第 10 章 多元函数微分学提高题

1. 设抛物面 $x^2+y^2=4z$ 上某点 M 处的切平面为 π，若曲线 $x=t^2$，$y=t$，$z=3(t-1)$ 对应于 $t=1$ 的点处的切线 L 在平面 π 上，试求平面 π 的方程。

2. 设函数 $u=x+y+z$ 及球面 $x^2+y^2+z^2=1$，求球面上一点 $M(x_0,y_0,z_0)$，使 u 在 M 沿球面的外法线方向的方向导数最大，并求最大值。

3. 设 $f(x,y)=\begin{cases}\dfrac{x^3}{y}, & y\neq 0\\ 0, & y=0\end{cases}$，证明 $f(x,y)$ 在点 $(0,0)$ 处沿任何方向的方向导数存在，但 $f(x,y)$ 在 $(0,0)$ 不连续。

4．设由 $e^{z+u}-xy-yz-zu=0$ 确定函数 $u=u(x,y,z)$，点 $P(1,1,0)$。

（1）求 $\mathrm{d}u\big|_P$；（2）求 u 在点 P 处的方向导数的最大值。

5．求椭球面 $x^2+2y^2+3z^2=21$ 的切平面方程，使该切平面与直线 L：$\begin{cases}2x-y-z+2=0\\3y+2z-12=0\end{cases}$ 垂直。

6. 经过第一卦限中的点 (a,b,c) 作平面，使其与三个坐标轴的正向都相交，并且与三个坐标平面构成的四面体体积为最小，求该平面方程及此最小值。

7. 设 $\varphi(x,y)$ 在点 $O(0,0)$ 的某邻域内有定义，且在点 $O(0,0)$ 处连续，若 $\varphi(0,0)=0$，试证明函数 $f(x,y)=|x-y|\varphi(x,y)$ 在点 $O(0,0)$ 处可微，并求 $\mathrm{d}f\big|_{(0,0)}$。

8．已知 $z=z(x,y)$，由方程 $yz^3+xe^2+1=0$ 确定，试求 $\left.\dfrac{\partial^2 z}{\partial x^2}\right|_{\substack{x=0\\y=1}}$。

姓名:________ 学号:________ 所在院系:________ 所在班级:________

9．设平面π：$x+y=2$，$d(x,y,z)$为曲线$\begin{cases}x^2+y^2+\dfrac{z^2}{4}=1\\ x+y+z=0\end{cases}$上的点$(x,y,z)$到平面$\pi$的距离，求$d(x,y,z)$的最大、最小值。

10．求证：当$t\geqslant 1$，$s\geqslant 0$时，不等式$ts\leqslant t\ln t-t+\mathrm{e}^{s}$成立。

11．求曲线L：$\begin{cases}2x^2+3y^2+z^2=9\\ z^2=3x^2+y^2\end{cases}$在其上点$M(1,-1,2)$处的切线方程与法平面方程。

12．设F可微，z是由$F(x-y,y-z,z-x)=0$确定的可微函数，并设$F_2'\neq F_3'$，求$\dfrac{\partial z}{\partial x}+\dfrac{\partial z}{\partial y}$。

13．求空间曲线 L： $\begin{cases} x^2+9y^2-2z^2=0 \\ x+3y+3z=5 \end{cases}$ 上的点到 xOy 平面的距离最大值与最小值。

14．设 $z=(1+xy)^{x^2y}$，求 $\dfrac{\partial z}{\partial x}$ 与 $\dfrac{\partial z}{\partial y}$。

15．设 $z=f(2x-y)+g(x,xy)$，其中函数 $f(w)$ 具有二阶导数，$g(u,v)$ 具有二阶连续偏导数，求 $\dfrac{\partial z}{\partial x}$ 与 $\dfrac{\partial^2 z}{\partial x\partial y}$。

16．设 $z=f(x,y)$，$x=g(y,z)$ 均可微，求 $\dfrac{\mathrm{d}z}{\mathrm{d}x}$（设解答中出现的分母不为零）。

17．求曲线 L： $\begin{cases} 2x^2+3y^2+z^2=9 \\ z^2=3x^2+y^2 \end{cases}$ 在其上点 $M(1,-1,2)$ 处的切线方程。

18.（1）已知函数$u=x+y+z$，球面S：$x^2+y^2+z^2=1$，点$P_0(x_0,y_0,z_0)\in S$，求u在P_0处沿S的外法线方向的方向导数$\dfrac{\partial u}{\partial \vec{n}}$；（2）令$P_0$在$S$上变动，求$P_0$的坐标，使$\dfrac{\partial u}{\partial \vec{n}}$达最大，并求此最大值。

19.（1）证明下述二元函数$z=f(x,y)$，在点(x_0,y_0)处可微的必要条件定理：设$z=f(x,y)$在点(x_0,y_0)可微，则两个偏导数$f'_x(x_0,y_0)$与$f'_y(x_0,y_0)$必存在；（2）考察例子：

$$f(x,y)=\begin{cases}\dfrac{xy}{\sqrt{x^2+y^2}}, & (x,y)\neq(0,0)\\ 0, & (x,y)=(0,0)\end{cases}$$

，说明（1）的逆定理不真。

20. 设函数$u(x,y)$具有二阶连续偏导数，且$\mathrm{d}u=\dfrac{(x+2y)\mathrm{d}x+ay\mathrm{d}y}{(x+ay)^2}$，求常数$a$的值。

21. 设函数$z=f(x,y)$具有二阶连续偏导数，且满足$4\dfrac{\partial^2 z}{\partial x^2}+12\dfrac{\partial^2 z}{\partial x\partial y}+5\dfrac{\partial^2 z}{\partial y^2}=0$，请确定常数$b$的值，使上式在变换$u=x-2y$，$v=x+by$下，可简化为$\dfrac{\partial^2 z}{\partial u\partial v}$=0。

22．设点$P(x,y,z)$为曲面S：$x^2+y^2+z^2-yz=1$上的动点，并设S在点P处的切平面总与xOy平面垂直。（1）求点P的轨线C的方程；（2）求C在xOy平面上的投影线的方程；（3）说明C是一条平面曲线，并求此C在它所在的平面上围成区域的面积。

23．（1）设点(x,y,z)位于第一象限的球面$x^2+y^2+z^2=5R^2$上，其中$R>0$为确定的数，求$w=\ln x+\ln y+3\ln z$的最大值；（2）证明：对于任意正数a,b,c，不等式$abc^3\leqslant 27(\frac{a+b+c}{5})^5$成立。

24．求二元函数$z=(1+\frac{x}{y})^{\frac{x}{y}}$，在点$(1,1)$处的全微分。

25．求曲面$4z=3x^2-2xy+3y^2$到平面$x+y-4z=1$的最短距离。

26．设二元函数 $u=\sqrt{x^2+2y^2}$，已知点 $(0,0)$，求：

（1）偏导数 $\left.\dfrac{\partial u}{\partial x}\right|_{(0,0)}$ 是否存在？若存在，将其求出，若不存在，请说明理由；

（2）设 $\vec{l}=\{\cos\alpha,\cos\beta\}$ 为以点 $(0,0)$ 为始点的平面单位向量，$\cos^2\alpha+\cos^2\beta=1$，方向导数 $\left.\dfrac{\partial u}{\partial \vec{l}}\right|_{(0,0)}$ 是否存在？若存在，将其求出，若不存在，请说明理由。

27．过两点 $(10,0,0)$、$(0,10,0)$ 作球面 $x^2+y^2+z^2=4$ 的切平面，请给出切平面的方程。

28．设 $f(x,y)=\begin{cases} xy\dfrac{x^2-y^2}{x^2+y^2}, & (x,y)\neq(0,0) \\ 0, & (x,y)=(0,0) \end{cases}$，求 $f'_x(0,0)$，$f''_{xy}(0,0)$。

29．令$\begin{cases}\xi = 2x+y \\ \eta = x+y\end{cases}$，请将下列方程变换成函数$u$关于变量$\xi$，$\eta$的方程。

$$\frac{\partial^2 u}{\partial x^2}-2\frac{\partial^2 u}{\partial x \partial y}+\frac{\partial^2 u}{\partial y^2}+\frac{\partial u}{\partial x}-\frac{\partial u}{\partial y}+u=0$$

30．以过抛物面$z=1+x^2+y^2$上的点$P(x_0,y_0,z_0)$处的切平面为下底面，以该抛物面为上顶面，以圆柱面$(x-1)^2+y^2=1$为侧面，可以围成一个立体，随着P点在抛物面上的变动，立体的体积会改变，求该立体体积的最小值，及达到最小值时的切平面的方程。

31．设函数$u=x+y+z$，$P(x_0,y_0,z_0)$是单位球面$x^2+y^2+z^2=1$上的点。求：（1）函数u在P点处沿着球面的外法线方向$\vec{n}$的方向导数$\frac{\partial u}{\partial n}$；（2）$\frac{\partial u}{\partial n}$在球面上的最大值、最小值及其达到最大值、最小值时对应的坐标。

32．设$r=\sqrt{x^2+y^2+z^2}>0$，$u=f(r)$存在二阶连续导数，求$\frac{\partial^2 u}{\partial x^2}+\frac{\partial^2 u}{\partial y^2}+\frac{\partial^2 u}{\partial z^2}$（请用$r$、$f(r)$、$f'(r)$、$f''(r)$表示）。

33．设$z=f(x,y)$在点$(1,2)$处存在连续的一阶偏导数，且$f(1,2)=2$，$f_x'(1,2)=3$，$f_y'(1,2)=4$，$\varphi(x)=f(x,f(x,2x))$，求$\left.\frac{\mathrm{d}\varphi^3(x)}{\mathrm{d}x}\right|_{x=1}$。

34．在椭圆抛物面$\frac{z}{c}=\frac{x^2}{a^2}+\frac{y^2}{b^2}$与平面$z=c$围成的空间有界闭区域$\Omega$中，放置一个边分别平行于坐标轴的长方体，求：该长方体体积达到最大时的各边边长和体积（其中$a>0$，$b>0$，$c>0$且均为常数）。

35．设 $f(x,y)=\begin{cases} xy\dfrac{x^2y^2}{(x^2+y^2)^{\frac{3}{2}}}, & (x,y)\neq(0,0) \\ 0, & (x,y)=(0,0) \end{cases}$，（1）求：$f_x'(0,0)$ 及 $f_y'(0,0)$；（2）证明：$f(x,y)$ 在点 $(0,0)$ 处不可微。

36．设常数 $a>0$，并设函数 $y=y(x)$ 与 $z=z(x)$ 满足方程组 $\begin{cases} xyz=a^3 \\ x^2+y^2-2az=0 \end{cases}$，且 $y(a)=a$，$z(a)=a$。求:（1）$y'(a)$ 与 $z'(a)$；（2）空间曲线 $y=y(x)$ 和 $z=z(x)$ 在点 (a,a,a) 处的切线方程。

37. 设 $f(u,v)$ 具有二阶连续偏导数，满足 $\dfrac{\partial^2 f}{\partial u^2}+\dfrac{\partial^2 f}{\partial v^2}=1$，且 $g(x,y)=f(xy,\dfrac{1}{2}(x^2-y^2))$。求：$\dfrac{\partial^2 g}{\partial x^2}+\dfrac{\partial^2 g}{\partial y^2}$。

姓名:__________ 学号:__________ 所在院系:__________ 所在班级:__________

38．设约束条件为$\begin{cases} z = x^2 + y^2 \\ x + y + z = 4 \end{cases}$，求函数$u = \sqrt{x^2 + y^2 + z^2}$的最大值与最小值。

39．设$f(x)$具有连续一阶导数，且$\left(xy(x+y) - y\right)\mathrm{d}x + \left(f(x) + x^2 y\right)\mathrm{d}y$为某二元函数$u(x, y)$的全微分，求$f(x)$和$u(x, y)$的一般表达式。

40．求椭球面$x^2 + y^2 + z^2 = 1$在点$M(\frac{\sqrt{3}}{3}, \frac{1}{3}, \frac{\sqrt{3}}{3})$处的切平面方程，以及该切平面被三个坐标平面截出的三角形面积。

41．设函数$z = z(x, y)$具有二阶连续可导函数，且存在常数a，变换$\begin{cases} u = x + a\sqrt{y} \\ v = x + 2\sqrt{y} \end{cases}$可以将方程$\frac{\partial^2 z}{\partial x^2} - y\frac{\partial^2 z}{\partial y^2} - \frac{1}{2}\frac{\partial z}{\partial y} = 0$化简为$\frac{\partial^2 z}{\partial u \partial v} = 0$，试确定常数$a$的值。

42．已知 $f_x'(x,y)=2x+y+1$，$f_y'(x,y)=x+2y+3$，且 $f(0,0)=1$。求：函数 $f(x,y)$ 的极值。

43．在椭球面 $2x^2+2y^2+z^2=1$ 上求一点，使函数 $f(x,y,z)=x^2+y^2+z^2$ 在该点处沿方向 $\vec{l}=\vec{i}-\vec{j}$ 的方向导数最大。

第 11 章　重积分同步练习

11.1　二重积分的概念和性质

1．用二重积分的几何意义求 $\iint\limits_D \sqrt{1-x^2-y^2}\,\mathrm{d}\sigma$，　$D=\left\{(x,y)\middle|x^2+y^2\leqslant 1\right\}$。

2．根据二重积分的性质，比较下列积分的大小。

（1）$\iint\limits_D (x+y)^2\mathrm{d}\sigma$ 与 $\iint\limits_D (x+y)^3\mathrm{d}\sigma$，其中积分区域 D 是由 x 轴、y 轴与直线 $x+y=1$ 所围成的。

（2）$\iint\limits_D (x+y)^2\mathrm{d}\sigma$ 与 $\iint\limits_D (x+y)^3\mathrm{d}\sigma$，其中 $D=\left\{(x,y)\middle|(x-2)^2+(y-2)^2\leqslant 2\right\}$。

（3）$\iint\limits_D \ln(x+y)\mathrm{d}\sigma$ 与 $\iint\limits_D \left[\ln(x+y)\right]^2\mathrm{d}\sigma$，其中 D 是三角形封闭区域，三个顶点分别为 $(1,0)$，$(1,1)$，$(2,0)$。

（4）$\iint\limits_D \ln(x+y)\mathrm{d}\sigma$ 与 $\iint\limits_D \left(\ln(x+y)\right)^2\mathrm{d}\sigma$，其中 D 是矩形封闭区域：$3\leqslant x\leqslant 5$，$0\leqslant y\leqslant 1$。

11.2　二重积分的计算

3．计算 $\iint\limits_D \frac{x^2}{y^2}\mathrm{d}\sigma$，其中 D 是由 $y=x$，$y=\frac{1}{x}$ 和 $x=2$ 所围成的区域。

4．计算 $\iint\limits_D xy\mathrm{d}\sigma$，其中 D 是由 $y^2=x$ 与直线 $x+y=2$ 所围成的区域。

5．计算下列二次积分：

（1）$\int_0^1 \mathrm{d}x\int_x^{\sqrt{x}} \frac{\sin y}{y}\mathrm{d}y$；（2）$\int_{\frac{1}{4}}^{\frac{1}{2}} \mathrm{d}y\int_{\frac{1}{2}}^{\sqrt{y}} \mathrm{e}^{\frac{y}{x}}\mathrm{d}y+\int_{\frac{1}{2}}^{1} \mathrm{d}y\int_y^{\sqrt{y}} \mathrm{e}^{\frac{y}{x}}\mathrm{d}x$。

6．交换下列二次积分的积分次序：

（1）$\int_{-1}^{1}\mathrm{d}x\int_{0}^{\sqrt{1-x^2}}f(x,y)\mathrm{d}y$；（2）$\int_{-a}^{0}\mathrm{d}x\int_{-\sqrt{a^2-x^2}}^{0}f(x,y)\mathrm{d}y+\int_{0}^{a}\mathrm{d}x\int_{x-a}^{0}f(x,y)\mathrm{d}y$。

7．计算$I=\iint\limits_{D}\left|y-x^2\right|\mathrm{d}\sigma$，其中$D$：$-1\leqslant x\leqslant 1$，$0\leqslant y\leqslant 1$。

8．根据图形与被积函数的特点，计算下列积分，其中D是$\left\{(x,y)\middle|x^2+y^2\leqslant R^2\right\}$。

（1）$\iint\limits_{D}y\sqrt{R^2-x^2}\mathrm{d}\sigma$；（2）$\iint\limits_{D}y^3x^2\mathrm{d}\sigma$；（3）$\iint\limits_{D}x^5\sqrt{R^2-y^2}\mathrm{d}\sigma$。

9．计算 $I=\iint\limits_D (x^2+2\sin x+3y+4)\mathrm{d}\sigma$，其中 $D=\left\{(x,y)\middle|x^2+y^2\leqslant a^2\right\}$。

10．计算 $\iint\limits_D \mathrm{e}^{-y^2}\mathrm{d}\sigma$，其中 D 是由 $x=0$，$y=1$ 和 $y=x$ 所围成的区域。

11．计算 $\iint\limits_D (x^2+y^2)\mathrm{d}\sigma$，其中区域 D：$x^2+y^2\leqslant 2y$。

12．计算 $\iint\limits_D \left|x^2+y^2-4\right|\mathrm{d}\sigma$，其中区域 D：$x^2+y^2\leqslant 9$。

13．计算 $\iint\limits_D (x+y)\mathrm{d}\sigma$，其中区域 D：$x^2+y^2-2Rx\leqslant 0$。

姓名:____________ 学号:____________ 所在院系:____________ 所在班级:____________

11.3 三重积分

14. 计算 $\iiint\limits_{V}\frac{1}{(1+x+y+z)^3}\mathrm{d}V$，其中$V$是由平面$x=0$，$y=0$，$z=0$，及$x+y+z=1$所围成的区域。

15. 计算 $\iiint\limits_{\Omega}z^3\mathrm{d}V$，其中$\Omega$是由锥面$z=\sqrt{x^2+y^2}$及平面$z=1$，$z=2$所围成的区域。

16. 计算 $\iiint\limits_{\Omega}(x^2+y^2)\mathrm{d}V$，其中$\Omega$是由曲面$z=2(x^2+y^2)$与平面$z=4$所围成的区域。

17. 计算 $\iiint\limits_{V}\sqrt{x^2+y^2}\mathrm{d}V$，其中$V$：$x^2+y^2+z^2\leqslant 1$，且$z\geqslant 0$。

18．计算下列曲面所围立体的体积：

（1）$z=a+\sqrt{a^2-x^2-y^2}$，$z=\sqrt{x^2+y^2}$，其中常数$a>0$；

（2）$z=x^2+y^2$，$z=\sqrt{x^2+y^2}$。

19．计算三重积分$\iiint\limits_{\Omega} x\mathrm{d}x\mathrm{d}y\mathrm{d}z$，其中$\Omega$是由三个坐标面及平面$x+2y+z=1$所围成的闭区域。

20．计算三重积分$\iiint\limits_{\Omega} z^2\mathrm{d}x\mathrm{d}y\mathrm{d}z$，其中$\Omega$是由椭球面$\dfrac{x^2}{a^2}+\dfrac{y^2}{b^2}+\dfrac{z^2}{c^2}=1$所围成的空间闭区域。

21．计算三重积分 $\iiint\limits_{\Omega} z\mathrm{d}x\mathrm{d}y\mathrm{d}z$，其中 Ω 是由曲面 $z=x^2+y^2$ 与平面 $z=4$ 所围成的闭区域.

11.4 重积分的应用

22．求半径为 a 的球的表面积。

23．求球面 $x^2+y^2+z^2=a^2$（$a>0$）位于 $z\geqslant\frac{a}{2}$ 这部分的面积。

姓名:________　　学号:________　　所在院系:________　　所在班级:________

第 11 章　重积分提高题

1．设 $f(x)$ 是区间 $[0,1]$ 上的连续函数，且 $|f(x)|\leqslant 1$， $x\in[0,1]$，证明：$0\leqslant\int_0^1\mathrm{d}x\int_0^x f(x)f(y)\mathrm{d}y\leqslant\frac{1}{2}$。

2．计算二重积分 $\iint\limits_D \mathrm{e}^{\frac{y}{x}}\mathrm{d}\sigma$，其中 $D=\left\{(x,y)\middle| y\leqslant x\leqslant\sqrt{y},0\leqslant y\leqslant 1\right\}$。

3．计算 $\int_0^a\mathrm{d}x\int_{-x}^{-a+\sqrt{a^2-x^2}}\frac{\mathrm{d}y}{\sqrt{(x^2+y^2)(4a^2-x^2-y^2)}}$，其中 $a>0$。

4．计算 $\int_{-1}^1\mathrm{d}x\int_0^{\sqrt{1-x^2}}\frac{1+y+xy^2}{1+x^2+y^2}\mathrm{d}y$。

5．计算 $\int_0^1 \mathrm{d}x \int_0^{\frac{\sqrt{x}}{2}} \mathrm{e}^{-2y^2} \mathrm{d}y$ 。

6. 设 $f(x)$ 在 $[0,1]$ 上连续且 $f(x)>0$ ，a 与 b 为常数，$D=\{(x,y)|0\leqslant x\leqslant 1,0\leqslant y\leqslant 1\}$，求 $\iint\limits_D \frac{af(x)+bf(y)}{f(x)+f(y)}\mathrm{d}\sigma$ 。

7．设 $f(x,y)$ 为连续函数，交换二次积分 $\int_0^2 \mathrm{d}x \int_0^{x^2-2x} f(x,y)\mathrm{d}y$ 的次序。

8．设平面区域 $D=\{(x,y)|0\leqslant x\leqslant 1,0\leqslant y\leqslant 1\}$，计算二重积分 $\iint\limits_D |x^2+y^2-1|\mathrm{d}\sigma$ 。

9．设 $D=\left\{(x,y)\middle|(x-1)^2+(y-1)^2\leqslant 2, y\geqslant x\right\}$，计算 $\iint\limits_D (x-y)\mathrm{d}\sigma$ 。

10．设 $D=\left\{(x,y)\middle|\frac{1}{2}\leqslant x\leqslant 2, \frac{1}{2}\leqslant y\leqslant 2\right\}$，计算 $\iint\limits_D |xy-1|\mathrm{d}\sigma$ 。

11．计算 $\int_0^1 \mathrm{d}y\int_{\sqrt{y}}^1 \sqrt{x^4-y^2}\mathrm{d}x$ 。

12．以锥面 $z=\sqrt{x^2+y^2}$ 为顶，以平面 $z=0$ 上的区域 $D=\left\{(x,y)\middle|0\leqslant y\leqslant x, x^2+y^2\leqslant 2x\right\}$ 为底，母线平行于 z 轴的柱面为侧面的立体记为 Ω，试用二重积分计算 Ω 的体积。

13．计算：二重积分$I=\iint\limits_{D} r^2\sin\theta\cdot\sqrt{1-r^2\cos^2\theta+r^2\sin^2\theta}\mathrm{d}r\mathrm{d}\theta$，其中$D$ 在极坐标系中表示为$D=\left\{(r,\theta)\middle|0\leqslant r\leqslant\dfrac{1}{\cos\theta},0\leqslant\theta\leqslant\dfrac{\pi}{4}\right\}$。

14．设平面区域$D=\{(x,y)|0\leqslant x\leqslant 2,0\leqslant y\leqslant 2\}$，（1）计算积分$A=\iint\limits_{D}|xy-1|\mathrm{d}\sigma$；（2）设$f(x,y)$在$D$上连续，且$\iint\limits_{D} f(x,y)\mathrm{d}\sigma=0$，$\iint\limits_{D} xyf(x,y)\mathrm{d}\sigma=1$，证明：存在点$(\xi,\eta)\in D$，使$|f(\xi,\eta)|\cdot A\geqslant 1$成立。

15．计算$\int_0^1\mathrm{d}x\int_{x^2}^1\dfrac{xy}{\sqrt{1+y^3}}\mathrm{d}y$。

16．设$f(x,y)=\max\{x,y\}$，$D=\{(x,y)|0\leqslant x\leqslant 1,0\leqslant y\leqslant 1\}$，计算$\iint\limits_{D} f(x,y)|y-x^2|\mathrm{d}\sigma$。

17．设$D=\{(x,y)|1\leqslant x+y\leqslant 2,xy\geqslant 0\}$，选择适当坐标系，计算二重积分$\iint\limits_{D}\mathrm{e}^{\frac{y}{x+y}}\mathrm{d}\sigma$。

18．设区域Ω：$\{0<R_1<x^2+y^2\leqslant R^2,x\geqslant 0,y\geqslant 0\}$，求$\iint\limits_{\Omega}\mathrm{e}^{x^2+y^2+\ln\frac{x+y}{\sqrt{x^2+y^2}}}\mathrm{d}x\mathrm{d}y$。

19．计算$\int_0^1\mathrm{d}y\int_{y^{\frac{2}{3}}}^1 y\sin x^2\mathrm{d}x$。

20．以过抛物面$z=1+x^2+y^2$上的点$P(x_0,y_0,z_0)$处的切平面为下底面，以该抛物面为上底面，以圆柱面$(x-1)^2+y^2=1$为侧面，可以围成一个立体，随着P点在抛物面上的变动，立体的体积会改变，求该立体体积的最小值，以及达到最小值时的切平面的方程。

21．求$\int_{-1}^1\mathrm{d}x\int_{|x|}^{\sqrt{2-x^2}}(xy+1)\sin(x^2+y^2)\mathrm{d}y$。

22．设是 D 由 $y=x^3$，$x=-1$ 及 $y=1$ 围成的有界闭区域，求 $\iint\limits_D (y^2+(xy)^{2013})\mathrm{d}x\mathrm{d}y$。

23．求以曲面 $z=y\sqrt{1+2x+y^2}$ 为顶，以 $D=\{(x,y)|0\leqslant y\leqslant x\leqslant 4\}$ 为底的曲顶柱体的体积。

24．计算二重积分 $\iint\limits_D y\mathrm{d}\sigma$，其中 D 是由直线 $x=-2$，$y=0$，$y=2$ 以及曲线 $x=-\sqrt{2y-y^2}$ 所围成的平面区域。

25．设 $D=\{(x,y)|0\leqslant x^2+y^2\leqslant 1, x\geqslant 0\}$，计算二重积分 $\iint\limits_D \dfrac{1+x+\sin(xy)}{1+x^2+y^2}\mathrm{d}\sigma$。

26．交换积分次序，计算 $\int_0^1 \mathrm{d}y\int_0^1 \sqrt{\mathrm{e}^{2x}-y^2}\mathrm{d}x+\int_0^e \mathrm{d}y\int_{\ln y}^1 \sqrt{\mathrm{e}^{2x}-y^2}\mathrm{d}x$。

27. 设平面区域 D 是由曲线 $y=x^2$ $y=x^3$ 与直线 $y=1$ 所围成的有界闭曲线，计算：二重积分 $\iint\limits_D \frac{|x|y}{\sqrt{1+y^3}}\mathrm{d}\sigma$ 。

28. 计算二重积分 $\int_{\frac{1}{4}}^{\frac{1}{2}}\mathrm{d}y\int_{\frac{1}{2}}^{\sqrt{y}}\mathrm{e}^{\frac{y}{x}}\mathrm{d}x+\int_{\frac{1}{2}}^{1}\mathrm{d}y\int_{\frac{1}{2}}^{\sqrt{y}}\mathrm{e}^{\frac{y}{x}}\mathrm{d}x$ 。

29. 计算二重积分 $\iint\limits_D \cos(\frac{x-y}{x+y})\mathrm{d}\sigma$，其中 $D=\{(x,y)|x+y\leqslant 1,x\geqslant 0,y\geqslant 0\}$ 。

30. 设区域 $D=\{(x,y)|0\leqslant x\leqslant 1,0\leqslant y\leqslant 1\}$，（1）计算 $\iint\limits_D |x^2+y^2-1|\mathrm{d}\sigma$；（2）设 $f(x,y)$ 在 D 上连续，且 $\iint\limits_D f(x,y)\mathrm{d}\sigma=\frac{1}{3}$，$\iint\limits_D f(x,y)(x^2+y^2)\mathrm{d}\sigma=\frac{\pi}{4}$，试证：存在点 $(\xi,\eta)\in D$，使得 $|f(\xi,\eta)|\geqslant 1$ 。

31．若三重积分在直角坐标系下的计算公式为$\int_{-1}^{1}\mathrm{d}x\int_{0}^{\sqrt{1-x^2}}\mathrm{d}y\int_{1}^{\sqrt{1-x^2-y^2}}z\mathrm{d}z$，求此三重积分在球面坐标系下的计算公式。

32．设$\Omega=\left\{(x,y,z)\middle|x^2+y^2+z^2\leqslant 1\right\}$，且$f(x)$连续。

（1）证明：$\iiint\limits_{\Omega}f(z)\mathrm{d}V=\pi\int_{-1}^{1}f(z)(1-z^2)\mathrm{d}z$等式成立；

（2）球体$x^2+y^2+z^2\leqslant 1$的密度为$\mu=(x,y,x)=z^4$，求球体的质量M。

33. 设Ω是由曲面$z=\dfrac{1}{2}(x^2+y^2)$与$z=8$所围成的空间有界闭区域，求$\iiint\limits_{D}(x^2+y^2)\mathrm{d}V$。

34. 设$V(t)=\left\{(x,y,z)\middle|x^2+y^2+z^2\leqslant t^2\right\}$，求$\lim\limits_{t\to 0^+}\dfrac{1}{t^a}\iiint(x^2+y^2+z^2)^{\frac{b}{2}}\mathrm{d}x\mathrm{d}y\mathrm{d}z$，其中$a$、$b$为常数，且$b\geqslant a-3>0$。

35．计算 $\int_{-1}^{1}\mathrm{d}x\int_{0}^{\sqrt{1-x^2}}\mathrm{d}y\int_{1}^{1+\sqrt{1-x^2-y^2}}z\mathrm{d}z$ 。

36．设 Ω 为椭圆抛物面 $z=\dfrac{x^2}{a^2}+\dfrac{y^2}{b^2}\ (a>0,b>0)$ 与 $z=1$ 所围成的空间有界闭区域，求 $\iiint\limits_{D}z\mathrm{d}V$ 。

37．求 $\int_{-1}^{1}\mathrm{d}x\int_{-\sqrt{1-x^2}}^{\sqrt{1-x^2}}\mathrm{d}y\int_{\sqrt{x^2+y^2}}^{1}\sqrt{x^2+y^2+z^2}\mathrm{d}z$ 。

38．设 $\Omega=\left\{(x,y,z)\middle|0\leqslant z\leqslant\sqrt{1-x-y},x\geqslant 0,y\geqslant 0\right\}$，求 $\iiint\limits_{D}z\mathrm{d}V$ 。

39．计算 $\int_{-1}^{1}\mathrm{d}x\int_{-\sqrt{1-x^2}}^{\sqrt{1-x^2}}\mathrm{d}y\int_{\sqrt{x^2+y^2}}^{\sqrt{2-(x^2+y^2)}}\sqrt{x^2+y^2+z^2}\mathrm{d}z$ 。

40．设Ω是由曲面$\dfrac{z^2}{c^2}+1=\dfrac{x^2}{a^2}+\dfrac{y^2}{b^2}$（其中$a$、$b$、$c$均为正常数）与直线$z=0$，$z=c$所围成的空间有界闭区域，求$\iiint\limits_{\Omega} z^2\mathrm{d}V$。

41．设$f(t)$为连续函数，$F(u)=\int_0^u f(t)\mathrm{d}t$，且$F(1)=a$，空间区域$\Omega=\{(x,y,z)|\ 0\leqslant z\leqslant y,0\leqslant y\leqslant x,0\leqslant x\leqslant 1\}$计算三重积分$\iiint\limits_{\Omega} f(x)f(y)f(z)\mathrm{d}V$。

42．计算三重积分$\iiint\limits_{\Omega} \mathrm{e}^z\mathrm{d}V$，其中$\Omega=\left\{(x,y,z)\middle|x^2+y^2+z^2\leqslant 1,z\geqslant 0\right\}$。

43．设$f(t)$是连续函数，证明：$\int_0^x \mathrm{d}v\int_0^v \mathrm{d}u\int_0^u f(t)\mathrm{d}t=\dfrac{1}{2}\int_0^x f(t)(x-t)^2\mathrm{d}t$等式成立。

44．求三重积分$\iiint\limits_{\Omega}\left|\sqrt{x^2+y^2+z^2}-1\right|\mathrm{d}v$，其中$\Omega=\left\{(x,y,z)\middle|\sqrt{x^2+y^2}\leqslant z\leqslant 1,\right\}$。

45.（1）设$F(y)$为连续函数，证明：$\int_0^1 \mathrm{d}z\int_0^z F(y)\mathrm{d}y=\int_0^1(1-y)F(y)\mathrm{d}y$等式成立；

（2）设$\Omega=\left\{(x,y,z)\middle|0\leqslant x\leqslant y,0\leqslant y\leqslant z,0\leqslant z\leqslant 1\right\}$，且$f(x)$为连续函数，证明：$\iiint\limits_{\Omega} f(x)\mathrm{d}v=\frac{1}{2}\int_0^1(1-x)^2 f(x)\mathrm{d}x$等式成立。

46．设$\Omega=\left\{(x,y,z)\middle|x^2+y^2\leqslant 3z,1\leqslant z\leqslant 4\right\}$，计算三重积分$\iiint\limits_{\Omega}\frac{1}{\sqrt{x^2+y^2+z}}\mathrm{d}V$。

47．设空间区域$\Omega=\left\{(x,y,z)\middle|\sqrt{x^2+y^2}\leqslant z\leqslant\sqrt{2-x^2-y^2}\right\}$，求三重积分$\iiint\limits_{\Omega}(x+z)\mathrm{d}V$。

48．计算三重积分$\iiint\limits_{\Omega}\frac{\mathrm{d}V}{\sqrt{x^2+y^2+z^2}}$，其中$\Omega=\left\{(x,y,z)\middle|x^2+y^2+z^2\leqslant 2z,\ z\geqslant 1,\ y\geqslant 0\right\}$。

第 12 章　曲线积分与曲面积分同步练习

12.1　第一类曲线积分

1．计算下列曲线积分：

（1）$\int_L \frac{\mathrm{d}S}{x-y}$，$L$ 为直线 $y=\frac{1}{2}x-2$ 上在点 $A(0,-2)$ 与点 $B(4,0)$ 之间的一段；

（2）$\int_L (x^2+y^2)\mathrm{d}S$，$L$ 为圆周 $x^2+y^2=a^2$；

（3）$\int_L \frac{1}{x^2+y^2+z^2}\mathrm{d}S$，$L$ 为 $x=a\cos t$，$y=a\sin t$，$z=bt$ 在 $0\leqslant t\leqslant 2\pi$ 之间的一段；

（4）$\int_L x^2\mathrm{d}S$，L 为圆周 $\begin{cases} x^2+y^2+z^2=a^2 \\ x=y \end{cases}$。

2. 计算 $\oint_L e^{\sqrt{x^2+y^2}}\mathrm{d}S$，其中 L 为圆周 $x^2+y^2=1$，直线 $y=x$ 及 x 轴在第一象限所围区域的边界。

3. 计算半径为 R 、中心角为 2α 的圆弧 L 对于它的对称轴的转动惯量 I 。

12.2 第二类曲线积分

4. 计算 $\int_L xy\mathrm{d}x$，其中 L 为抛物线 $y^2=x$ 上从点 $A(1,-1)$ 到点 $B(1,1)$ 上的一段弧。

5. 计算 $\int_L y^2\mathrm{d}x$，其中 L 为：（1）半径为 a，圆心在原点，按逆时针方向绕行的上半圆周；（2）从点 $A(a,0)$ 沿 x 轴到点 $B(-a,0)$ 的直线段。

6．计算$\int_L 2xy\mathrm{d}x + x^2\mathrm{d}y$，其中$L$为：（1）抛物线$y = x^2$从点$O(0,0)$到点$B(1,1)$上的一段弧；（2）抛物线$x = y^2$从点$O(0,0)$到点$B(1,1)$上的一段弧；（3）有向折线$OAB$，这里点$O$、点$A$、点$B$依次是点$(0,0)$、点$(1,0)$、点$(1,1)$。

7．计算$\int_\Gamma x^3\mathrm{d}x + 3zy^2\mathrm{d}y - x^2y\mathrm{d}z$，其中$\Gamma$是从点$A(3,2,1)$到点$B(0,0,0)$的直线段$AB$。

8．计算下列第二类曲线积分：

（1）$\int_L (x^2 - y^2)\mathrm{d}x$，其中$L$是抛物线$y = x^2$上从点$(0,0)$到点$(2,4)$的弧段；

（2）$\oint_L xy\mathrm{d}x$，其中L为圆周$(x-a)^2 + y^2 = a^2 (a > 0)$及$x$轴所围成的在第一象限内的区域的整个边界（按逆时针方向绕行）；

（3）$\int_L y\mathrm{d}x + x\mathrm{d}y$，其中$L$为圆周$x = R\cos t$，$y = R\sin t$上对应$t$从0到$\dfrac{\pi}{2}$的一段弧；

（4）$\oint_L \dfrac{(x+y)\mathrm{d}x - (x-y)\mathrm{d}y}{x^2 + y^2}$，其中$L$为圆周$x^2 + y^2 = a^2$（按逆时针方向绕行）；

（5）$\int_\Gamma x^2\mathrm{d}x + z\mathrm{d}y - y\mathrm{d}z$，其中$\Gamma$为曲线$x = k\theta$，$y = a\cos\theta$，$z = a\sin\theta$上对应$\theta$从0到$\pi$的一段弧；

（6）$\int_L (x^2 - 2xy)\mathrm{d}x + (y^2 - 2xy)\mathrm{d}y$，其中$L$是抛物线$y = x^2$上从点$(-1,1)$到点$(1,1)$的一段弧。

9. 设Γ为曲线$x=t$，$y=t^2$，$z=t^3$上相应于t从0变到1的曲线弧，把对坐标的曲线积分$\int_{\Gamma} P\mathrm{d}x+Q\mathrm{d}y+R\mathrm{d}z$化成对弧长的曲线积分。

12.3 格林公式

10. 计算$\oint_L \frac{x\mathrm{d}y-y\mathrm{d}x}{x^2+y^2}$，其中$L$为一条无重点、分段光滑且不经过原点的连续闭曲线，$L$的方向为逆时针方向。

11. 计算下列曲线积分，并验证格林公式的正确性：

（1）$\int_L (2xy-x^2)\mathrm{d}x+(x+y^2)\mathrm{d}y$，其中$L$是由抛物线$y=x^2$和$y^2=x$所围成的区域的正向边界曲线；

（2）$\oint_L (x^2-xy^3)\mathrm{d}x+(y^2-2xy)\mathrm{d}y$，其中$L$是四个顶点分别为点$(0,0)$、点$(2,0)$、点$(2,2)$和点$(0,2)$的正方形区域的正向边界。

12．利用曲线积分，求下列曲线所围成的图形面积：

（1）星形线 $x = a\cos^3 t$ ， $y = a\sin^3 t$ ；

（2）椭圆 $9x^2 + 16y^2 = 144$ ；

（3）圆 $x^2 + y^2 = 2ax$ 。

13．计算曲线积分 $\oint\limits_L \dfrac{y\mathrm{d}x - x\mathrm{d}y}{2(x^2 + y^2)}$ ，其中 L 为圆周 $(x-1)^2 + y^2 = 2$ ， L 的方向为逆时针方向。

14．利用格林公式，计算下列曲线积分：

（1）$\oint_L xy^2\mathrm{d}y - x^2y\mathrm{d}x$，$L$ 为圆周 $x^2+y^2=a^2$ 的正向；

（2）$\oint_L (2x-y+4)\mathrm{d}x+(5y+3x-6)\mathrm{d}y$，其中 L 为三个顶点分别为点 $(0,0)$、点 $(3,0)$ 和点 $(3,2)$ 的三角形正向边界；

（3）$\oint_L (x^2y\cos x+2xy\sin x-y^2\mathrm{e}^x)\mathrm{d}x+(x^2\sin x-2y\mathrm{e}^x)\mathrm{d}y$，其中 L 为正向星形线 $x^{\frac{2}{3}}+y^{\frac{2}{3}}=a^{\frac{2}{3}}(a>0)$；

（4）$\oint_L x^2y\mathrm{d}x+y^3\mathrm{d}y$，$L$ 为曲线 $y^2=x$ 和直线 $y=x$ 所围区域的边界曲线的正向；

（5）$\int_L (\mathrm{e}^y+x+y)\mathrm{d}x+(x\mathrm{e}^y-2y)\mathrm{d}y$，其中 L 为下半圆 $y=-\sqrt{2x-x^2}$ 取逆时针方向；

（6）$\int_L (2xy^3-y^2\cos x)\mathrm{d}x+(1-2y\sin x+3x^2y^2)\mathrm{d}y$，其中 L 为在抛物线 $2x=\pi y^2$ 上由点 $(0,0)$ 到点 $(\frac{\pi}{2},1)$ 的一段弧；

（7）$\int_L (x^2-y)\mathrm{d}x-(x+\sin^2 y)\mathrm{d}y$，其中 L 是在圆周 $y=\sqrt{2x-x^2}$ 上由点 $(0,0)$ 到点 $(1,1)$ 的一段弧。

12.4 平面曲线积分与路径无关的条件

15. 验证下列 $P(x,y)\mathrm{d}x+Q(x,y)\mathrm{d}y$ 在整个 xOy 平面内是某一函数 $u(x,y)$ 的全微分，并求这样的一个 $u(x,y)$：

（1）$(x+2y)\mathrm{d}x+(2x+y)\mathrm{d}y$；

（2）$2xy\mathrm{d}x+x^2\mathrm{d}y$；

（3）$(2x\cos y+y^2\cos x)\mathrm{d}x+(2y\sin x-x^2\sin y)\mathrm{d}y$；

（4）$(x^2+2xy-y^2)\mathrm{d}x+(x^2-2xy-y^2)\mathrm{d}y$；

（5）$f(\sqrt{x^2+y^2})x\mathrm{d}x+f(\sqrt{x^2+y^2})y\mathrm{d}y$，其中 f 是连续函数。

姓名:____________　　学号:____________　　所在院系:____________　　所在班级:____________

12.5　第一类曲面积分

16. 计算 $\iint\limits_S (x^2+y^2)\mathrm{d}S$ ，其中 S 是：

（1）锥面 $z=\sqrt{x^2+y^2}$ 及平面 $z=1$ 所围成区域的整个边界曲面；

（2）锥面 $z^2=3(x^2+y^2)$ 被平面 $z=0$ 和 $z=3$ 所截得的部分；

（3）抛物面 $z=2-x^2-y^2$ 在 xOy 平面上方的部分。

17. 计算 $\iint\limits_S (x+y+z)\mathrm{d}S$，其中 S 是球面 $x^2+y^2+z^2=a^2$ 的 $z\geqslant h$，且 $0<h<a$ 的部分。

18．计算 $\iint\limits_{S}(xy+yz+zx)\mathrm{d}S$，其中 S 为锥面 $z=\sqrt{x^2+y^2}$ 被柱面 $x^2+y^2=2ax$ 所截得的有限部分。

19．求抛物面 $z=x^2+y^2(0\leqslant z\leqslant 1)$ 的质量，已知抛物面上质量分布的面密度为 $u(x,y,z)=z$。

12.6 第二类曲面积分

20．计算曲面积分 $\iint\limits_{S}(z^2+x)\mathrm{d}y\mathrm{d}z-z\mathrm{d}x\mathrm{d}y$，其中 S 是旋转抛物面 $z=\dfrac{1}{2}(x^2+y^2)$ 介于平面 $z=0$ 及 $z=2$ 之间的部分的下侧。

21．计算 $\oiint\limits_{S}xy\mathrm{d}y\mathrm{d}z+yz\mathrm{d}z\mathrm{d}x+xz\mathrm{d}x\mathrm{d}y$，其中 S 是坐标平面和 $x+y+z=1$ 所围四面体表面的外侧。

22．求$\iint\limits_S (x^2+y^2)\mathrm{d}x\mathrm{d}y$，其中$S$为圆$\begin{cases} x^2+y^2 \leqslant R^2 \\ z=0 \end{cases}$的下侧。

12.7 高斯公式 散度

23．利用高斯公式计算曲面积分$\oiint\limits_S (x-y)\mathrm{d}x\mathrm{d}y+(y-z)x\mathrm{d}y\mathrm{d}z$，其中$\Sigma$为柱面$x^2+y^2=1$及平面$z=0$，$z=3$所围成的空间闭区域的整个边界曲面的外侧。

24．利用高斯公式计算曲面积分$\iint\limits_S (x^2\cos\alpha+y^2\cos\beta+z^2\cos\gamma)\mathrm{d}S$，其中$S$为锥面$x^2+y^2=z^2$介于平面$z=0$及$z=h(h>0)$之间的部分的下侧，$\cos\alpha$、$\cos\beta$、$\cos\gamma$是$\Sigma$在点$(x,y,z)$处的法向量的方向余弦。

25．计算$\oiint\limits_S x^2\mathrm{d}y\mathrm{d}z+y^2\mathrm{d}z\mathrm{d}x+z^2\mathrm{d}x\mathrm{d}y$，其中$S$是平面$x=0$，$y=0$，$z=0$，$x=a$，$y=a$，$z=a$所围立体表面的外侧。

26. 计算$\oint\!\!\oint_S x^3\mathrm{d}y\mathrm{d}z+y^3\mathrm{d}z\mathrm{d}x+z^3\mathrm{d}x\mathrm{d}y$，其中$S$为球面$x^2+y^2+z^2=a^2$的外侧。

27. 计算$\oint\!\!\oint_S x\mathrm{d}y\mathrm{d}z+y\mathrm{d}z\mathrm{d}x+z\mathrm{d}x\mathrm{d}y$，其中$S$是介于平面$z=0$和$z=3$之间的圆柱体$x^2+y^2\leqslant 9$的整个表面的外侧。

28. 计算$\iint_S xz\mathrm{d}y\mathrm{d}z+x^2y\mathrm{d}z\mathrm{d}x+y^2z\mathrm{d}x\mathrm{d}y$，其中$S$为抛物面$z=x^2+y^2$上满足$0\leqslant z\leqslant 2$的部分的下侧。

29. 计算$\iint_S x\mathrm{d}y\mathrm{d}z+y\mathrm{d}z\mathrm{d}x+z\mathrm{d}x\mathrm{d}y$，其中$S$为圆柱面$x^2+y^2=R^2$上满足$0\leqslant z\leqslant h$的部分，且法线方向向外。

30. 求下列向量场A的散度：

（1）$A=(x^2+yz)\vec{i}+(y^2+xz)\vec{j}+(z^2+xy)\vec{k}$；

（2）$A=y^2\vec{i}+xy\vec{j}+xz\vec{k}$。

12.8 斯托克斯公式 旋度

31. 计算$\oint_L z\mathrm{d}x + x\mathrm{d}y + y\mathrm{d}z$，其中$L$为平面$x+y+z=1$被三个坐标面所截成的三角形的整个边界，它的正向与这个三角形上侧的法向量之间符合右手规则。

32. 计算$\oint_L (y^2-z^2)\mathrm{d}x+(z^2-x^2)\mathrm{d}y+(x^2-y^2)\mathrm{d}z$，其中$L$是用平面$x+y+z=\dfrac{3}{2}$截立方体：$0\leqslant x\leqslant 1$，$0\leqslant y\leqslant 1$，$0\leqslant z\leqslant 1$的表面所得的截痕，若从$Ox$轴的正向看去，取逆时针方向。

33. 计算$\oint_L (y^2-z^2)\mathrm{d}x+(z^2-x^2)\mathrm{d}y+(x^2-y^2)\mathrm{d}z$，其中$L$为椭圆$x^2+y^2=2x$，$x+y+z=1$，若从$z$轴正向看去，$L$取逆时针方向。

第 12 章 曲线积分与曲面积分提高题

1. 计算 $I=\int_L \frac{x\mathrm{d}y+(1-y)\mathrm{d}x}{x^2+(y-1)^2}$，其中 L 是从点 $M(1,0)$ 沿曲线 $y=k\cos\frac{\pi x}{2}\ (k\neq 1)$ 到点 $N(-1,0)$。

2. 设曲线段 l 是从点 $A(1,0,0)$ 沿曲线 $\begin{cases} x=\cos t \\ y=\sin t \\ z=2\sqrt{2}t \end{cases}$ 到点 $B(0,1,\sqrt{2}\pi)$，再从点 B 沿直线方向 $\vec{V}=\{-3,-4,0\}$ 到 C．设 l 的线密度为1，问直线段 BC 多长时，曲线段 l 的重心落在 yOz 平面上？

3. 设 L 为空间曲线 $\begin{cases} z=\sqrt{x^2+y^2} \\ x^2+y^2=2x \end{cases}$，自 z 轴正向看去，L 是逆时针的．求：$\oint_L y^2\mathrm{d}x+x^2\mathrm{d}y+z^2\mathrm{d}z$。

4．设l为从点$A(-1,0)$沿圆周$(x-1)^2+y^2=4$的上半周到点$B(3,0)$的有向弧段，求$I=\int_l \frac{x\mathrm{d}y-y\mathrm{d}x}{4x^2+y^2}$。

5．设$f(u)$具有连续的一阶导数，点$A(1,1)$，点$B(3,3)$，l是以$\overline{AB}$为直径的左上半个圆弧，自A到B．求$I=\int_l (\frac{1}{x}f(\frac{x}{y})+y)\mathrm{d}x-(\frac{1}{y}f(\frac{x}{y})+x)\mathrm{d}y$。

6．求$\oint_L (x^2+y)\mathrm{d}S$，其中$L$是由$y=x^3$与$y=x$所围成的闭曲线。

7．设l为从点$A(5,\frac{2}{5})$沿直线到点$B(3,\frac{2}{3})$的直线段，计算$\int_l \frac{x^2+\mathrm{e}^{xy}}{x^2y}\mathrm{d}x+\frac{\mathrm{e}^{xy}-x^2}{xy^2}\mathrm{d}y$。

8．设 L 为从点 $A(-1,0)$ 到点 $B(3,0)$ 的上半个圆周 $(x-1)^2+y^2=2^2$，且 $y\geqslant 0$，求 $\int_L \frac{(x-y)\mathrm{d}x+(x+y)\mathrm{d}y}{x^2+y^2}$。

9．设 L 为从点 $A(-\pi,0)$ 沿曲线 $y=\sin x$ 到点 $B(\pi,0)$ 的弧，求 $I=\int_L (\mathrm{e}^{-x^2}\sin x+3y-\cos y)\mathrm{d}x+(x\sin y-y^4)\mathrm{d}y$。

10．设 $f(t)$ 是连续函数（但不一定可导），l 是从点 $A(3,\frac{2}{3})$ 到点 $B(1,2)$ 的直线段，计算平面第二类曲线积分 $\int_l \frac{1}{y}\left(1+y^2f(xy)\right)\mathrm{d}x+\frac{x}{y^2}\left(y^2f(xy)-1\right)\mathrm{d}y$。

11．设 l 为平面曲线 $y=\ln x$ 介于点 $A(1,0)$ 与点 $B(7,\ln 7)$ 之间的弧段，求第一类曲线积分（即对弧长的曲线积分）$\int_l \mathrm{e}^{2y}\mathrm{d}S$。

12．设l是平面极坐标曲线$r=a(1+\cos\theta)$的弧段，其中$0\leqslant\theta\leqslant\pi$，且常数$a>0$，$y$为$l$上点的纵坐标，求第一类曲线积分$\int_l y\mathrm{d}S$。

13．设函数$u(x,y)$具有连续的一阶偏导数，l为从点$O(0,0)$沿曲线$y=\sin x$到点$A(\pi,0)$的有向弧段，求第二类曲线积分。

$$I=\int_l (yu(x,y)+xyu'_x(x,y)+y+\sin x)\mathrm{d}x+(xu(x,y)+xyu'_y(x,y)+\mathrm{e}^{y^2}-x)\mathrm{d}y$$。

14．设曲线L为圆柱面$x^2+y^2=1$与平面$x+y+z=0$的交线，从z轴正向往负向看，L是逆时针的，求空间第二类曲线积分$I=\oint_L y\mathrm{d}x+2z\mathrm{d}y+3x\mathrm{d}z$。

15. 设函数$P(x,y)$与$Q(x,y)$在平面区域D内连续且有连续的一阶偏导数。

（1）试证明定理：设，对于任意一条正向的全在D内的逐段光滑的简单封闭曲线L均有$\oint_L P(x,y)\mathrm{d}x+Q(x,y)\mathrm{d}y=0$，当$(x,y)\in D$，则必有$\dfrac{\partial Q}{\partial x}-\dfrac{\partial P}{\partial y}\equiv 0$。

（2）考察例子$\oint_l \dfrac{y\mathrm{d}x-x\mathrm{d}y}{x^2+y^2}$，$D=\{(x,y)\,|\,x^2+y^2>0\}$，取适当的$l$，$l$全在$D$内，说明上述定理的逆定理为假（要求具体写出此$l$，并计算出该积分的值）。

16. 设曲线l为圆周$x^2+y^2=2x$的一周，求平面第一类曲线积分（即对弧长的曲线积分）$I=\int_l \sqrt{x^2+y^2}\,\mathrm{d}l$。

17．设$D=\{(x,y)||x|\leqslant 1,|y|\leqslant 1\}$，$l$为$D$的边界正向一周，求平面第二类曲面积分（即对坐标的曲面积分）$I=\oint_l \sqrt{x^2+y^2+1}\mathrm{d}x+y(xy+\ln(x+\sqrt{x^2+y^2+1}))\mathrm{d}y$。

18．设l为从点$A(-1,0)$沿曲线$y=\sqrt{1-x^2}$到点$B(1,0)$的有向弧段，求平面第二类曲线积分$I=\int_l(5x^2y^3+x-4)\mathrm{d}x-(3x^5+\sin y)\mathrm{d}y$。

19．设$f(u)$为连续函数，l为从点$A(1,1)$沿曲线$y=x^2-2x+2$到点$B(2,2)$的有向弧段，求平面第二类曲面积分$I=\int_l -\frac{y}{x^2}f(\frac{y}{x})\mathrm{d}x+\frac{1}{x}(f(\frac{y}{x})+1)\mathrm{d}y$。

20．设l为圆周$(x-x_0)^2+(y-y_0)^2=R^2$正向一周，其中x_0、y_0、R均为常数，分两种情形讨论并计算：$\oint_l \frac{-y^2\mathrm{d}x+2xy\mathrm{d}y}{2x^2+y^4}$。（1）$\sqrt{{x_0}^2+{y_0}^2}>R>0$；（2）$\sqrt{{x_0}^2+{y_0}^2}<R$。

21．设 l 是心形线 $r=a(1+\cos\theta)$ 的一周，常数 $a>0$，计算平面第一类曲线积分 $\int_l \left|\sin\frac{\theta}{2}\right| \mathrm{d}l$ 。

22．设 L 为空间直线 $x=\frac{y-1}{-2}=\frac{z+5}{3}$ 上点 $(0,1,-5)$ 与点 $(-2,5,-11)$ 间的一段，计算空间第一类曲线积分 $\int_L (x+y+z)\mathrm{d}L$ 。

23．确定常数 a 与 b 的值，使 $(ay^2-2xy)\mathrm{d}x+(bx^2+2xy)\mathrm{d}y$ 为某函数 $u(x,y)$ 的全微分，并求满足 $u(1,1)=2$ 这种情况下的 $u(x,y)$ 。

24．设 l 为从点 $A(-1,0)$ 沿曲线 $y=\cos(\frac{\pi}{2}x)$ 到点 $B(3,0)$ 的有向弧，计算第二类曲线积分 $\int_l \frac{(x-y)\mathrm{d}x+(x+y)\mathrm{d}y}{x^2+y^2}$ 。

25．设 S 为椭球圆 $\frac{x^2}{a^2}+\frac{y^2}{b^2}+\frac{z^2}{c^2}=1$ 的外侧，计算第二类曲面积分 $I=\iint\limits_S \frac{(x-y-z)\mathrm{d}y\mathrm{d}z+(y-z+x)\mathrm{d}z\mathrm{d}x+(z-x+y)\mathrm{d}x\mathrm{d}y}{(x^2+y^2+z^2)^{3/2}}$。

26. 计算空间第二类曲线积分 $\oint\limits_L (y^2-x^2)\mathrm{d}x+(z^2-x^2)\mathrm{d}y+(x^2-y^2)\mathrm{d}z$，其中 L 为八分之一球面 $x^2+y^2+z^2=1$，$x\geqslant 0$，$y\geqslant 0$，$z\geqslant 0$ 的边界线，从球心看 L，L 为逆时针方向。

27. 设 $y(x)=\int_0^x \sqrt{3+t^4}\,\mathrm{d}t$，$l$ 为平面曲线 $y=y(x)$ 在 $-1\leqslant x\leqslant 1$ 上的弧段，求第一类曲线积分（即对弧长的曲线积分）$\int_l (y+|x|^3)\mathrm{d}l$。

28. 设 l 为椭圆 $4x^2+y^2=8x$ 正向一周，计算平面第二类曲线积分（即对坐标的曲线积分）$\oint_l \mathrm{e}^{y^2}\mathrm{d}x+(x+y^2)\mathrm{d}y$。

29．设l为从点$A(-\frac{\pi}{2},0)$沿曲线$y=\cos x$到点$B(\frac{\pi}{2},0)$的有向弧，求平面第二类曲线积分$\int_l \frac{(x+2y)\mathrm{d}x+(4y-2x)\mathrm{d}y}{x^2+4y^2}$。

30．设函数$\varphi(y)$具有连续的一阶导数，l为从点$A(1,1)$沿圆周$(x-2)^2+(y-2)^2=2$的右下方半个圆到点$B(3,3)$的有向弧段，求平面第二类曲线积分$\int_l \left(\pi\varphi(y)\cos\pi x-\pi y\right)\mathrm{d}x+\left(\varphi'(y)\sin\pi x-\pi\right)\mathrm{d}y$。

31．设$f(x)$具有二阶连续导数，$f(0)=0$，$f'(0)=1$，且对平面上任意一条逐段光滑的简单封闭曲线l，平面第二类曲线积分$\oint_l \left(xy(x+y)-f(x)\right)\mathrm{d}x+\left(f'(x)+x^2y\right)\mathrm{d}y\equiv 0$。

（1）求$f(x)$；

（2）设l_1为从点$(0,0)$到点(x,y)的任意一条逐段光滑的有向弧，求平面第二类曲线积分$\oint_{l_1} \left(xy(x+y)-f(x)\right)\mathrm{d}x+\left(f'(x)+x^2y\right)\mathrm{d}y$。

32．设 L 是曲线 $\begin{cases} x^2+y^2=1 \\ x-y+z=2 \end{cases}$ 从 z 轴正向往其负方向看，L 是逆时针的有向封闭曲线，计算空间第二类曲线积分（即对坐标的曲线积分）$\oint_L (z-y)\mathrm{d}x+(x-z)\mathrm{d}y+(x-y)\mathrm{d}z$ 。

33．设 l 是从点 $A(\pi,-\pi)$ 到点 $B(-\pi,-\pi)$ 沿曲线 $y=\pi\cos x$ 的有向弧段，请验证：平面第二类曲线积分 $\int_l \frac{(x-y)\mathrm{d}x+(x+y)\mathrm{d}y}{x^2+y^2}$ 在不包含点 $O(0,0)$ 的单连通区域 D 内与路径无关，并计算此积分。

34．设 l 是从点 $A(0,0)$ 沿曲线 $y=\sin x$ 到点 $B(\pi,0)$ 的有向弧，计算平面第二类曲线积分 $I=\int_l (\mathrm{e}^x\cos y+2(x+y))\mathrm{d}x+(-\mathrm{e}^x\sin y+\frac{3}{2}x)\mathrm{d}y$ 。

35．设 L 是以点 $(1,0)$ 、$(0,1)$ 、$(-1,0)$ 、$(0,-1)$ 为顶点的正方形的边界曲线，方向为逆时针，计算平面第二类曲线积分 $\oint_L \frac{(x-y)\mathrm{d}x+(x+y)\mathrm{d}y}{|x|+|y|}$ 。

36．计算平面第二类曲线积分 $I=\int_L \frac{x\mathrm{d}y-y\mathrm{d}x}{4x^2+y^2}$，其中 L 为从点 $A(-1,0)$ 沿曲线 $y=-\sqrt{1-x^2}$ 到点 $B(1,0)$，再沿直线到点 $C(-1,2)$ 的有向弧。

37．求曲面 $x^2+y^2=3z$ 和 $z=6-\sqrt{x^2+y^2}$ 所围立体的全表面积。

38．设 S 是锥面 $z=\sqrt{x^2+y^2}\,(0\leqslant z\leqslant 1)$ 的上侧，求 $\iint_S x\mathrm{d}y\mathrm{d}z+2y\mathrm{d}z\mathrm{d}x+3z\mathrm{d}x\mathrm{d}y$。

39．计算 $\iint_S (|x|+|y|+|z|)\mathrm{d}S$，其中 S 为 $x^2+y^2+z^2=a^2\,(a>0)$。

40．设 $r=\sqrt{(x-1)^2+(y-1)^2+(z-3)^2}$，分别计算下列不同条件下的积分：$I=\iint_S \frac{x-1}{r^3}\mathrm{d}y\mathrm{d}z+\frac{y-1}{r^3}\mathrm{d}z\mathrm{d}x+\frac{z-3}{r^3}\mathrm{d}x\mathrm{d}y$。

（1）S 为立体 $\{(x,y,z)\,\|x|\leqslant 2,|y|\leqslant 2,|z|\leqslant 2\}$ 的表面，取外侧；

（2）S 为立体 $\{(x,y,z)\,\|x|\leqslant 4,|y|\leqslant 4,|z|\leqslant 4\}$ 的表面，取外侧。

41. 设 S 为平面 $x-y+z=1$ 介于三个坐标平面间的有限部分，法向量与 z 轴正向夹角为锐角，$f(x,y,z)$ 为连续函数，计算 $I=\iint\limits_{S} x\mathrm{d}y\mathrm{d}z+y\mathrm{d}z\mathrm{d}x+z\mathrm{d}x\mathrm{d}y$ 。

42. 设 S 为椭球面 $\frac{x^2}{a^2}+\frac{y^2}{b^2}+\frac{z^2}{c^2}=1$ ，法向量向外，求 $\oiint\limits_{S}\frac{x\mathrm{d}y\mathrm{d}z+y\mathrm{d}z\mathrm{d}x+z\mathrm{d}x\mathrm{d}y}{(x^2+y^2+z^2)^{3/2}}$ 。

43. 设 S 为圆柱面 $x^2+y^2=4$ 被平面 $y+z=2$ 和 $z=0$ 所截出的有限部分，法向量指向 z 轴，求第二类曲面积分（即对坐标的曲面积分）$\iint\limits_{S} x\mathrm{d}y\mathrm{d}z$ 。

44. 设 S 为法向量指向外侧的球面 $x^2+y^2+z^2=a^2(a>0)$ 的上半部分，求第二类曲面积分 $\iint\limits_{S}\frac{x^2\mathrm{d}y\mathrm{d}z+y^2\mathrm{d}z\mathrm{d}x+(z^2+a^2)\mathrm{d}x\mathrm{d}y}{\sqrt{x^2+y^2+z^2}}$ 。

45．设 $f(x,y,z)$ 为连续函数，S 为曲面 $z=\frac{1}{2}(x^2+y^2)$ 介于 $z=2$ 与 $z=8$ 之间部分，上侧，考虑第二类曲面积分 $\iint\limits_S \left(yf(x,y,z)+x\right)\mathrm{d}y\mathrm{d}z+\left(xf(x,y,z)+y\right)\mathrm{d}z\mathrm{d}x+\left(2xyf(x,y,z)+z\right)\mathrm{d}x\mathrm{d}y$，（1）试将它化成第一类曲面积分，（2）求该积分的值。

46．设 S 为曲面 $z=x^2+y^2$ 满足 $0\leqslant z\leqslant 1$ 的部分，法向量与 z 轴的交角为锐角，求：第二类曲面积分 $\iint\limits_S (2x+z)\mathrm{d}y\mathrm{d}z+z\mathrm{d}x\mathrm{d}y$。

47．设 Ω 为球面 S：$x^2+y^2+z^2=2z$ 所围成的有界闭区域，$\overrightarrow{n_0}=\{\cos\alpha,\cos\beta,\cos\gamma\}$ 为 S 的外法线方向单位向量，函数 $u(x,y,z)$ 在 Ω 上具有二阶连续的偏导数，且满足关系式 $\frac{\partial^2 u}{\partial x^2}+\frac{\partial^2 u}{\partial y^2}+\frac{\partial^2 u}{\partial z^2}=z^2$，求：$\oiint\limits_S (\frac{\partial u}{\partial x}\cos\alpha+\frac{\partial u}{\partial y}\cos\beta+\frac{\partial u}{\partial z}\cos\gamma)\mathrm{d}S$。

48．计算第二类曲面积分 $I=\iint\limits_S yz\mathrm{d}z\mathrm{d}x+y^2\mathrm{d}x\mathrm{d}y$，其中 S 是曲面 $z=1-x^2-y^2$，$z\geqslant 0$ 部分的上侧。

49．设 S 为椭球面 $\dfrac{x^2}{a^2}+\dfrac{y^2}{b^2}+\dfrac{z^2}{c^2}=1$ 的外侧，计算第二类曲面积分。

50．设 S 为球面 $(x-a)^2+(y-b)^2+(z-c)^2=R^2$ 外侧，其中 a 、b 、c 、R 均为常数，且 $R>0$，计算：$\oint\!\!\!\oint_S x^2\mathrm{d}y\mathrm{d}z+y^2\mathrm{d}z\mathrm{d}x+z^2\mathrm{d}x\mathrm{d}y$ 。

第 13 章　常微分方程同步练习

13.1　基本概念

1．验证函数 $y=-6\cos 2x+8\sin 2x$ 是方程 $y''+y'+\dfrac{5}{2}y=25\cos 2x$ 的解，且满足初始条件 $y\big|_{x=0}=-6$，$y'\big|_{x=0}=16$。

2．指出下列各题中的函数是否为所给微分方程的解：

（1）$y''-2y'+y=0$，$y=x^2\mathrm{e}^x$；

（2）$y''-(\lambda_1+\lambda_2)y'+\lambda_1\lambda_2 y=0$，$y=C_1\mathrm{e}^{\lambda_1 x}+C_2\mathrm{e}^{\lambda_2 x}$。

3．写出由下列条件确定的曲线所满足的微分方程：

（1）曲线在点 (x,y) 处的切线斜率等于该点横坐标的平方；

（2）曲线上点 $P(x,y)$ 处的法线与 x 轴的交点为 Q，且线段 PQ 被 y 轴平分。

13.2 可分离变量方程 齐次方程

4．求微分方程 $\frac{dy}{dx}=2xy$ 的通解。

5．求下列微分方程的通解：

（1）$xy'-y\ln y=0$；（2）$\sqrt{1-y^2}dx+y\sqrt{1-x^2}dy=0$；

（3）$\frac{dx}{dy}=10^{x+y}$；（4）$ydx+(x^2-4x)dy=0$。

6．求解方程 $y^2+x^2\frac{dy}{dx}=xy\frac{dy}{dx}$。

7．求下列齐次方程的解：

（1）$x\dfrac{dy}{dx}=y\ln\dfrac{y}{x}$；（2）$y'=\dfrac{x}{y}+\dfrac{y}{x}$，$y\big|_{x=1}=2$；

（3）$(x^2+2xy-y^2)dx+(y^2+2xy-x^2)dy$，$y\big|_{x=1}=1$；（4）$\dfrac{dy}{dx}=\dfrac{2xy}{x^2+y^2}$。

13.3　一阶线性微分方程

8．求下列线性方程的解：

（1）$\dfrac{dy}{dx}-\dfrac{2y}{x+1}=(x+1)^{\frac{5}{2}}$；（2）$y'+\dfrac{1}{x}y=\dfrac{\sin x}{x}$，$y\big|_{x=\pi}=1$；

（3）$\dfrac{dy}{dx}+y\cot x=5e^{\cos x}$，$y\big|_{x=\frac{\pi}{2}}=-4$；（4）$xy'=x\cos x-2\sin x-2y$，$y\big|_{x=\pi}=0$。

9．求下列伯努利方程的解：

（1）$\dfrac{\mathrm{d}y}{\mathrm{d}x}=\dfrac{y^2-x}{2xy}$；（2）$\dfrac{\mathrm{d}y}{\mathrm{d}x}-3xy=xy^2$；（3）$\dfrac{\mathrm{d}y}{\mathrm{d}x}+y=y^2(\cos x-\sin x)$。

13.4　全微分方程

10．求解$(5x^4+3xy^2-y^3)\mathrm{d}x+(3x^2y-3xy^2+y^2)\mathrm{d}y=0$。

11．求解$y\mathrm{d}x-x\mathrm{d}y+y^2x\mathrm{d}x=0$。

12．验证$\dfrac{2x}{y^3}\mathrm{d}x+\dfrac{y^2-3x^3}{y^4}\mathrm{d}y=0$该方程为全微分方程，然后求其解。

13．求$(x\cos y+\cos x)y'-y\sin x+\sin y=0$的通解。

14．求$(xe^{y}+e^{x})y'+e^{y}+ye^{x}=0$的通解。

13.5 可降阶的二阶微分方程

15．求下各微分方程的通解：

（1）$y''=x+\sin x$；（2）$y''=4\cos 2x$，$y|_{x=0}=0$，$y'|_{x=0}=0$；

（3）$y''=\dfrac{1}{1+x^2}$；（4）$y''=1+(y')^2$；（5）$y''x\ln x=y'$；

（6）求微分方程$(1+x^2)y''=2xy'$满足初始条件：$y|_{x=0}=1$，$y'|_{x=0}=3$；

（7）$(1+x^2)y''-2xy'=0$；（8）$yy''-(y')^2=y^4$，$y|_{x=0}=1$，$y'|_{x=0}=0$。

16．试求 $y''=x$ 经过点 $M(0,1)$ 且在此点与直线 $y=\dfrac{\pi}{2}+1$ 相切的积分曲线。

13.6　线性微分方程的一般理论

17．验证 $y_1=\cos\alpha x$ 及 $y_2=\sin\alpha x$ 都是方程 $y''+\alpha^2 y=0$ 的解。

18．验证 x 和 e^x 都是方程 $(x-1)y''-xy'+y=0$ 的解，并写出该方程的通解。

13.7　常系数线性微分方程

19．求方程 $\dfrac{\mathrm{d}^2 s}{\mathrm{d}t^2}+2\dfrac{\mathrm{d}s}{\mathrm{d}t}+s=0$ 满足初始条件 $s\big|_{t=0}=4$，$s'\big|_{t=0}=-2$ 的特解。

20．求下列方程的解：

（1）$y''-4y'+3y=0$；（2）$y''+6y'+13y=0$；（3）$y''-2y'+y=0$；

（4）$y''-5y'+4y=0$，$y\big|_{x=0}=5$，$y'\big|_{x=0}=8$。

21．求下列方程的解：

（1）$y''+y=x\mathrm{e}^{-x}$；（2）$y''+3y'+2y=3x\mathrm{e}^{-x}$；（3）$y''+2y'+y=2\mathrm{e}^{-x}$；

（4）$y''+4y=\cos 2x$，$y\big|_{x=0}=0$，$y'\big|_{x=0}=2$；

（5）$y''-10y'+9y=\mathrm{e}^{2x}$，$y\big|_{x=0}=\dfrac{6}{7}$，$y'\big|_{x=0}=\dfrac{33}{7}$；（6）$y''+4y=x\cos x$。

22．求下列方程的解：

（1）$y''+3y'=2\sin x+\cos x$；（2）$y''+y'=\mathrm{e}^{-x}+\cos x$。

姓名:____________ 学号:____________ 所在院系:____________ 所在班级:____________

第 13 章 常微分方程提高题

1. 求 $y'=\dfrac{y}{2x}+\dfrac{x^2}{2y}$ 的通解。

2. 求 $y''=2yy'$ 满足初始条件 $y(0)=1$，$y'(0)=2$ 的特解。

3. 求 $y\mathrm{d}x-(x+\sqrt{x^2+y^2})\mathrm{d}y=0$ 的通解，其中 $y>0$ 。

4. 求 $(5x^2y^3-2x)\dfrac{\mathrm{d}y}{\mathrm{d}x}=-y$ 的通解。

5. 设$\varphi(x)$有一阶连续的导数，$\varphi(0)=1$，且$(y^2+xy+\varphi(x)y)\mathrm{d}x+(\varphi(x)+2xy)\mathrm{d}y=0$为全微分方程，求$\varphi(x)$及此全微分方程的通解。

6. 求$y''+4y=\cos^2 x$的通解。

7. 设$y=\mathrm{e}^x(C_1\sin x+C_2\cos x)$（$C_1$、$C_2$为任意常数）为某二阶常系数线性齐次微分方程的通解，求该方程。

8. 设函数$y(x)$（$x\geqslant 0$）二阶可导，且$y'(x)>0$，$y(0)=1$，过曲线$y=y(x)$上任意一点$P(x,y)$作该曲线的切线及x轴的垂线，上述两直线与x轴围成的三角形的面积记为S_1，区间$[0,x]$上以$y=y(x)$为曲边的梯形面积记为S_2，并设$2S_1-S_2$恒为1，求此曲线$y=y(x)$的方程。

9．设函数 $f(x)$ 在 $[1,+\infty)$ 上连续，若曲线 $y=f(x)$，直线 $x=1$，$x=t$（$t>1$）与 x 轴围成的平面图形绕 x 轴旋转一周所成的旋转体体积为 $V(t)=\frac{\pi}{3}\left(t^2 f(t)-f(1)\right)$．试求：$y=f(x)$ 所满足的微分方程，并求该微分方程满足 $y\big|_{x=2}=\frac{2}{9}$ 的解。

10．设首项系数为1的某二阶常系数线性微分方程右端自由项为 $A\cos x$，且已知该方程一个特解为 $y^x=\cos x+x\sin x$．求该微分方程和它的通解。

11．设 $y^x=\mathrm{e}^x(C_1\cos x+C_2\sin x)$ 是首项系数为1的某二阶常系数线性齐次微分方程的通解．求该微分方程。

12．设 $f(x)$ 为连续函数，且 $f(x)=\mathrm{e}^{2x}+\int_0^x tf(x-t)\mathrm{d}t$，求 $f(x)$。

13．求微分方程 $y''+2y'+2y=2e^{-x}\cos^2\dfrac{x}{2}$ 的通解。

14．设 $f(x)$ 有二阶连续的导数，且 $f'(x)=f(\pi-x)$，求 $f(x)$。

15．一个半球状的雪堆，其体积融化的速率与半球面的面积 S 成正比，比例系数 $k>0$，假设在融化过程中雪堆始终保持半球体形状，已知半径 r_0 为的雪堆在开始融化的 3 个小时内融化了其体积的 $\dfrac{7}{8}$，问雪堆全部融化需要多少小时？

16．求 $y''-y=e^{|x-1|}$ 的通解。

17．设 $f(x)$ 连续且满足 $\int_1^x \dfrac{f(t)}{f^2(t)+t}dt=f(x)-1$，求 $f(x)$。

18. 设 $f(x)$ 在 $[0,+\infty)$ 上可导，其反函数为 $g(x)$，且 $\int_0^{f(x)} g(t)\mathrm{d}t+\int_0^{f(x)} f(t)\mathrm{d}t=x^2\mathrm{e}^x$，求 $f(x)$。

19. 设函数 $y=y(x)$ 在 $(-\infty,+\infty)$ 内具有二阶导数，且 $y'\neq 0$，$x=x(y)$ 是 $y=y(x)$ 的反函数。

（1）试将 $x=x(y)$ 所满足的微分方程 $\dfrac{\mathrm{d}^2x}{\mathrm{d}y^2}+(y+\sin x)(\dfrac{\mathrm{d}x}{\mathrm{d}y})^3=0$ 变换为 $y=y(x)$ 满足的微分方程；

（2）求变换后的微分方程满足初始条件 $y(0)=0$，$y'(0)=\dfrac{3}{2}$ 的解。

20．已知 $y_1(x)=\mathrm{e}^x$，$y_2(x)=u(x)\mathrm{e}^x$ 是二阶微分方程 $(2x-1)y''-(2x+1)y'+2y=0$ 的两个特解，若 $u(-1)=\mathrm{e}$，$u(0)=-1$，求 $u(x)$，并写出该微分方程的通解。

21．求以 $y=x^2-\mathrm{e}^x$ 和 $y=x^2$ 为特解的一阶非齐次线性微分方程。

22．求微分方程 $y'+y=\mathrm{e}^x\cos x$ 满足条件 $y(0)=0$ 的解。

第 9 章　同步练习解答

1. $-\vec{a}+12\vec{b}+7\vec{c}$ 。
2. $(3,6,2)$ 。
3. 3 ，$\vec{a}^0=\{\frac{2}{3},\frac{2}{3},-\frac{1}{3}\}$ 。
4. $\{\frac{5\sqrt{2}}{2},\frac{5}{2},\pm\frac{5}{2}\}$ 。
5. -61 。
6. 22 。
7. $\frac{3}{4}\pi$ 。
8. $\frac{\sqrt{3}}{2}$ 。
9. $\{16,10,-2\}$ 。
10. $\pm\frac{1}{\sqrt{194}}\{1,-7,12\}$ 。
11. 证略。
12. 1 。
13. 30 。
14. $\arccos\frac{2}{\sqrt{7}}$ 。
15. $y^2+z^2=5x$ 。

16. $x^2+y^2=4$ 在平面直角坐标系中表示圆心在原点，半径为 2 的圆，在空间直角坐标系中表示圆柱面，母线平行于 z 轴，准线为 xy 平面上圆心在原点半径为 2 的圆。

17. $\begin{cases}2(x-\frac{1}{2})^2+y^2=\frac{17}{2}\\ z=0\end{cases}$ 。

18. xy 平面上：$x^2+y^2\leqslant 4$；yz 平面上：$y^2\leqslant z\leqslant 4$；$zx$ 平面上：$x^2\leqslant z\leqslant 4$ 。

19. （1）例如：$x=\frac{3}{\sqrt{2}}\sin\theta$ ，$y=\frac{3}{\sqrt{2}}\sin\theta$ ；

（2）例如：$x=1+\sqrt{3}\cos\theta$ ，$y=\sqrt{3}\sin\theta$ ，$z=0(0\leqslant\theta\leqslant 2\pi)$ ；

（3）例如：$x=\cos\theta$ ，$y=\sin\theta$ ，$z=-\cos\theta-\sin\theta(0\leqslant\theta\leqslant 2\pi)$ 。

20. （1）$3x+2y+4z-6=0$ ；（2）$2x+2y+z-4=0$ ；（3）$x=1$ 。

21. （1）$2x+y-8z+13=0$ ；（2）$3x-y-4z+8=0$ ；（3）$y-2z=0$ ；（4）$x-z-1=0$ 。

22. 1 。

23．$x+2y-2z+16=0$，$x+2y-2z-14=0$。

24．（1）平行；（2）垂直；（3）重合。

25．（1）$\frac{x}{3}=\frac{y}{-1}=\frac{z}{5}$；　　（2）$\frac{x-2}{1}=\frac{y}{3}=\frac{z-1}{-5}$；

（3）$\frac{x-1}{1}=\frac{y-2}{-1}=\frac{z}{3}$；（4）$\frac{x+2}{1}=\frac{y-1}{-2}=\frac{z+1}{3}$。

26．$\frac{x}{-5}=\frac{y+1}{12}=\frac{z-1}{13}$；$x=-5t$，$y=-1+12t$，$z=1+13t$；

27．$\frac{\pi}{6}$。

28．$\frac{x-2}{2}=\frac{y-1}{-1}=\frac{z-5}{1}$。

29．$(-\frac{5}{3},\frac{2}{3},\frac{2}{3})$。

30．$2x+15y+7z+7=0$。

第9章　提高题解答

1．解：设所求平面方程为 $Ax+By+Cz+D=0$。

则其法向量$\vec{n}\perp\{2,3,-5\}$，$\vec{n}\perp\overrightarrow{PQ}=\{-1,3,4\}$。

$\therefore\begin{cases}2A+3B-5C=0\\-A+3B+4C=0\end{cases}\Rightarrow A=-9B$，$C=-3B$。

取$B=-1\Rightarrow\vec{n}=\{9,-1,3\}$，

以点$P(2,-1,-1)$代入方程D得$2A-B-C+D=0\Rightarrow D=-16$，

故所求平面方程$9x-y+3z-16=0$。

2．解：经过直线$L:\begin{cases}x+5y+z=0\\x-z+4=0\end{cases}$的平面束方程可写成$(x+5y+z)+\lambda(x-z+4)=0$，改写成$(1+\lambda)x+5y+(1-\lambda)z+4\lambda=0$，它与另一平面$x-4y-8z+12=0$交成的二面角为$\frac{\pi}{4}$，于是有$\cos\frac{\pi}{4}=\frac{|1\{(1+\lambda),5,(1-\lambda)\}\cdot\{1,-4,8\}|}{\sqrt{(1+\lambda)^2+5^2+(1-\lambda)^2}\cdot\sqrt{1+16+64}}$，即$\frac{\sqrt{2}}{2}=\frac{9|\lambda-3|}{9\sqrt{2\lambda^2+27}}$。解得$\lambda=-\frac{3}{4}$，得平面方程$x+20y+7z-12=0$。按几何意义，这种平面应该有两个，而平面束方程$(x+5y+z)+\lambda(x-z+4)=0$中不包含$x-z+4=0$这个平面，而经过验证，这个平面

恰好与平面$x-4y-8z+12=0$的交角是$\frac{\pi}{4}$，所以所求平面方程为：$x+20y+7z-12=0$，$x-z+4=0$。

3．解：过点M作平面P，它与L：$3(x-2)+2(y-1)-(z-3)=0$垂直，即P：$3x+2y-z-5=0$，P与L的交点$P_1(\frac{2}{7},\frac{13}{7},-\frac{3}{7})$，由两点式得所求直线方程为$\frac{x-2}{2}=\frac{y-1}{-1}=\frac{z-3}{4}$。

4．解：作经过l并垂直于π的平面，与π的交线是l在π上的投影线l_0，l的方程可写成：$\begin{cases}x-y-1=0\\y+z-1=0\end{cases}$，经过$l$的平面束方程为：$x-y-1+\lambda(y+z-1)=0$，即$x+(\lambda-1)y+\lambda z-(1+\lambda)=0$，它与$\pi$垂直，故$1\cdot1-(\lambda-1)+2\lambda=0$，$\lambda=-2$，所求$l_0$为：$\begin{cases}x-y+2z-1=0\\x-3y-2z+1=0\end{cases}$，将$l_0$改写成$\begin{cases}x=2y\\z=-\frac{1}{2}(y-1)\end{cases}$，绕$y$轴旋转，则$y$坐标不变，$\sqrt{x^2+z^2}$为旋转半径，从而有$\sqrt{x^2+z^2}=\sqrt{(2y)^2+\frac{1}{4}(y-1)^2}$，即所求旋转曲面方程为$4x^2-17y^2+4z^2+2y-1=0$。

5．解：经过点M且平行于P的平面方程为P_1：$(x-2)-(y+1)+(z-3)=0$，即$x-y+z-6=0$，所求直线必须在此平面上，并且与L相交，故交点必是P_1与L的交点，将L的参数式代入P_1方程，得$t=5$，故交点坐标$M_1(4,8,10)$，经过M_1，M的直线方程为：$\frac{x-2}{4-2}=\frac{y+1}{8+1}=\frac{z-3}{10-3}$，即所求直线方程为$\frac{x-2}{2}=\frac{y+1}{9}=\frac{z-3}{7}$。

6. 解：两方程消去z即得投影柱面，再与$x=0$联立便得投影于yOz平面的投影曲线方程，两式相减便得$x=(y^2+z^2)/8$，代入第一式便得$\frac{(y^2+z^2+16)^2}{64}-z^2=4$，化简后得$(y^2+z^2)^2+32(y^2-z^2)=0$，所以在$yOz$平面上的投影曲线为双纽线，方程为：$\begin{cases}(y^2+z^2)^2=32(y^2-z^2)\\x=0\end{cases}$。

7. 解法1：所求直线L的方向为：$\vec{v}=\begin{vmatrix}\vec{i}&\vec{j}&\vec{k}\\-1&2&1\\1&2&2\end{vmatrix}=2\vec{i}+3\vec{j}-4\vec{k}$，过$L_1$的平面束方程为$\lambda(2x+y-5)+\mu(y-2z-7)=0$，法向量$\vec{n}_1=\{2\lambda,\lambda+\mu,-2\mu\}$，令$\vec{n}_1\perp\vec{v}$，即$\vec{n}_1\cdot\vec{v}=0$，得：$7\lambda+11\mu=0$，所以$L_1$和$L$所决定的平面为：$11x+2y+7z-3=0$．同理，过$L_2$的平面束方程为$\alpha(2x-y-5)+\beta(y-z+2)=0$，法向量$\vec{n}_2=\{2\alpha,\beta-\alpha,-\beta\}$，令$\vec{n}_2\perp\vec{v}$，即$\vec{n}_2\cdot\vec{v}=0$，得：$-\alpha+7\beta=0$，所以，过$L_2$与$L$的平面为：$14x-8y+z-37=0$，于是$L$的

方程为：$\begin{cases}11x+2y+7z-3=0\\14x-8y+z-37=0\end{cases}$。

解法 2：直线 L 的方向为：$\vec{v}=\vec{v}_1\times\vec{v}_2=\begin{vmatrix}\vec{i} & \vec{j} & \vec{k}\\-1 & 2 & 1\\1 & 2 & 2\end{vmatrix}=2\vec{i}+3\vec{j}-4\vec{k}$，设 L 与 L_1 的交点为 $M(1-t_0,3+2t_0,-2+t_0)$，L 的方程为：$\dfrac{x-(1-t_0)}{2}=\dfrac{y-(3+2t_0)}{3}=\dfrac{z-(-2+t_0)}{-4}$，在 L_2 上取一点 $N(2,-1,1)$，因为 L_2 与 L 相交，所以有 $(\vec{v}_1\times\vec{v}_2)\cdot\overrightarrow{MN}=0$，得：$t_0=-\dfrac{49}{29}$，所以 L 的方程为：$\dfrac{x-\frac{34}{29}}{2}=\dfrac{y+\frac{77}{29}}{3}=\dfrac{z+\frac{19}{29}}{-4}$。

8．解：设球心坐标为 $(t,2t,3t)$，它到两平面的距离相等（等于球的半径 R），$R=\dfrac{|t-4t+6t-3|}{3}=\dfrac{|2t+2t-6t-8|}{3}$，解得：$t=-1$ 或 11，所以，两个球心坐标为 $(-1,-2,-3)$ 和 $(11,22,33)$，而相应的半径 R 分别为：2 和 10，于是两个球面方程分别为：$(x+1)^2+(y+2)^2+(z+3)^2=4$ 和 $(x-11)^2+(y-22)^2+(z-33)^2=100$。

9．解：将直线方程写成参数形式：$\begin{cases}x=t\\y=1-t\\z=1-t\end{cases}$，因为绕 x 轴旋转，所以对曲面上一点 (x,y,z)，有 $y^2+z^2={y_0}^2+{z_0}^2$，$x=x_0$，(x_0,y_0,z_0) 为直线上一点，记 $t_0=x_0=x$，$y_0=1-x$，$z_0=1-x$，代入得所求方程为：$y^2+z^2=2(1-x)^2$。

10．解：（1）消去 x，得 l 的方程：$\begin{cases}y+z=2\\x=0\end{cases}$；

（2）$\pm\sqrt{y^2+z^2}+z=2$，即旋转曲面的方程为：$y^2+x^2=z^2-4z+4$。

11．解：$\overrightarrow{AB}=\{4,9,2\}$，$\overrightarrow{AD}=\{2,5,7\}$，$\overrightarrow{AA'}=\{0,-2,6\}$

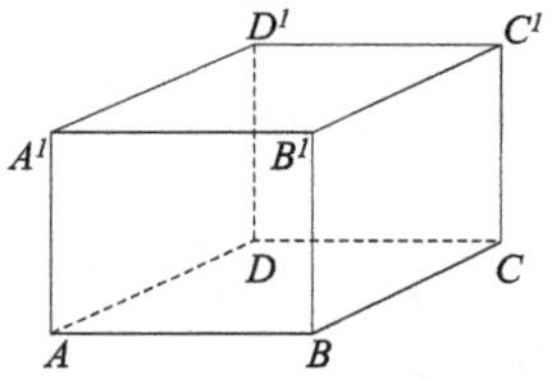

$V=\left|(\overrightarrow{AB}\times\overrightarrow{AD})\cdot\overrightarrow{AA'}\right|=\left\|\begin{matrix}4 & 9 & 2\\2 & 5 & 7\\0 & -2 & 6\end{matrix}\right\|=60$。

12．解：（1）L_1 的方向向量 $\vec{\tau}=\{1,2,-2\}\times\{5,-2,-1\}=-3\{2,3,4\}$，所以 $L_1 /\!/ L_2$。

（2）方法 1：用平面束方程 $(x+2y-2z-5)+\lambda(5x-2y-z)=0$，以 L_2 上的点 $(-3,0,1)$ 代入，得 $\lambda=-\dfrac{5}{8}$，则有平面方程 $17x-26y+11z+40=0$。

方法 2：在 L_1 上任取一点，例如取 $(\frac{5}{6},\frac{25}{12},0)$，它与 L_2 上的点 $(-3,0,1)$ 连接成向量 $\vec{P}=\{\frac{23}{6},\frac{25}{12},-1\}$，所以所求平面的法向量 $\vec{n}=\{2,3,4\}\times\{\frac{23}{6},\frac{25}{12},-1\}=\{-\frac{34}{3},\frac{52}{3},-\frac{22}{3}\}$，由点法式得平面方程为 $-\frac{34}{3}(x+3)+\frac{52}{3}(y-0)-\frac{22}{3}(z-1)=0$，即 $17x-26y+11z+40=0$。

13．解：将球面方程配方成 $(x-a)^2+(y+1)^2+(z-1)^2=4$，球心坐标为 $(a,-1,1)$，它到平面 $x+2y-2z+7=0$ 的距离为：$d=\frac{1}{3}|a-2-2+7|=2$，所以 $a=3$。

14．解：$19=|\vec{a}+\vec{b}|^2=(\vec{a}+\vec{b})\cdot(\vec{a}+\vec{b})=\vec{a}\cdot\vec{a}+2\vec{a}\cdot\vec{b}+\vec{b}\cdot\vec{b}=13+2\vec{a}\cdot\vec{b}$，所以 $\vec{a}\cdot\vec{b}=3$，$|\vec{a}-\vec{b}|^2=13-2\vec{a}\cdot\vec{b}=13-6=7$，所以 $|\vec{a}-\vec{b}|=\sqrt{7}$。

15．解： $(\vec{a}\times\vec{b})\cdot(\vec{a}\times\vec{b})+(\vec{a}\cdot\vec{b})\cdot(\vec{a}\cdot\vec{b})$

$=(|\vec{a}||\vec{b}|\sin(\vec{a},\vec{b}))^2+(|\vec{a}||\vec{b}|\cos(\vec{a},\vec{b}))^2$

$=|\vec{a}|^2|\vec{b}|^2=2^2\cdot3^3=36$

16．解：因为 $L_1:\begin{cases}x+2y=0\\y+z+1=0\end{cases}$ 得 $L_1:\begin{cases}\frac{x}{-2}=\frac{y}{1}\\\frac{y}{1}=\frac{z+1}{-1}\end{cases}$，即 $\frac{x}{-2}=\frac{y}{1}=\frac{z+1}{-1}$，所以 $L_1 // L_2$。

以下求平面方程：

方法 1：设平面束方程 $x+2y+\lambda(y+z+1)=0$，以 L_2 上一点 $(1,0,1)$ 代入，得 $\lambda=-\frac{1}{2}$，故所求平面方程为：$2x+3y-z-1=0$；

方法 2：在 L_1 上取点 $A(0,0,-1)$，L_2 上取点 $B(1,0,1)$，$\overrightarrow{AB}=\{1,0,2\}$，$L_2$ 的方向向量 $\vec{\tau}_2=\{2,-1,1\}$，$\vec{n}=\overrightarrow{AB}\times\vec{\tau}_2=\{1,0,2\}\times\{2,-1,1\}=\{2,3,-1\}$，所以所求平面方程为：$2(x-1)+3y-(z-1)=0$，即 $2x+3y-z-1=0$。

17．L 绕 Oz 轴旋转一周生成的旋转曲面方程为：$x^2+y^2=(az)^2+b^2=a^2z^2+b^2$。

（1）$a=0$，$b\neq0$ 时为柱面 $x^2+y^2=b^2$；

（2）$a\neq0$，$b=0$ 时为锥面 $x^2+y^2=a^2z^2$；

（3）$ab\neq0$ 时为单叶双曲线 $x^2+y^2-a^2z^2=b^2$。

18．已知直线的方向向量可取为：$\vec{\tau}=\{1,2,-3\}\times\{3,-1,5\}=\{7,-14,-7\}$，由对称式，可得 L 的方程为：$\frac{x}{7}=\frac{y}{-14}=\frac{z}{-7}$，即 $x=-\frac{y}{2}=-z$。

19．证明：$\overrightarrow{AC}+\overrightarrow{CB}=\overrightarrow{AB}$，$(\overrightarrow{AC}+\overrightarrow{CB})\cdot(\overrightarrow{AC}+\overrightarrow{CB})=\overrightarrow{AB}\cdot\overrightarrow{AB}$，

$\overrightarrow{AC}\cdot\overrightarrow{AC}+\overrightarrow{CB}\cdot\overrightarrow{CB}+2\overrightarrow{AC}\cdot\overrightarrow{CB}=\overrightarrow{AB}\cdot\overrightarrow{AB}$，所以 $\angle C=90^0$，$\overrightarrow{AC}\cdot\overrightarrow{CB}=0$

得 $\overrightarrow{AC}\cdot\overrightarrow{AC}+\overrightarrow{CB}\cdot\overrightarrow{CB}=\overrightarrow{AB}\cdot\overrightarrow{AB}$，即 $b^2+a^2=c^2$ 或 $a^2+b^2=c^2$。

20．解：（1）相交，相交。

（2）A、B、C三点共线，成为C点分别与L_1、L_2所确定的两平面的交线时，$\triangle ABC$面积的最小值为0，此时$\overrightarrow{CA}//\overrightarrow{CB}$，因为$\overrightarrow{CA}=\{-1,-1,t-1\}$，$\overrightarrow{CB}=\{s-1,3,-1\}$，所以$\dfrac{s-1}{-1}=\dfrac{3}{-1}=\dfrac{-1}{t-1}$，得$s=4$，$t=\dfrac{4}{3}$，故有，点$A(0,0,\dfrac{4}{3})$，点$B(4,4,0)$。

21．解：L_1的方向向量$\vec{\tau}_1=\{-3,1,10\}$，L_2的方向向量$\vec{\tau}_2=\{4,-1,2\}$，L的方向向量可取$\vec{\tau}=\vec{\tau}_1\times\vec{\tau}_1=\{12,46,-1\}$，所以$L$的方程为$\dfrac{x+1}{12}=\dfrac{y+4}{46}=\dfrac{z-3}{-1}$，还有其他方法可做，略。

22．解：共面．因为$\overrightarrow{AB}=-4\vec{i}+0\vec{j}+\vec{k}$，$\overrightarrow{AC}=0\vec{i}+3\vec{j}+\vec{k}$，

$$\overrightarrow{AB}\times\overrightarrow{AC}=\begin{vmatrix} i & j & k \\ -4 & 0 & 1 \\ 0 & 3 & 1 \end{vmatrix}=-3\vec{i}+4\vec{j}-12\vec{k}$$，所以由A、B、C决定的平面方程为：

$-3(x-3)+4(y+1)-12(z-0)=0$，即$-3x+4y-12z+13=0$．以点$D(5,-\dfrac{5}{2},-1)$代入，有$-15-10+12+13=0$，所以D在平面ABC上。

注：证明 4 点共面有很多方法，求平面ABC的方法也很多，例如：平面ABC的方程可用行列式表示：

$$\begin{vmatrix} x-x_1 & y-y_1 & z-z_1 \\ x_2-x_1 & y_2-y_1 & z_2-z_1 \\ x_3-x_1 & y_3-y_1 & z_3-z_1 \end{vmatrix}=0，4 点共面\Leftrightarrow\begin{vmatrix} x_4-x_1 & y_4-y_1 & z_4-z_1 \\ x_2-x_1 & y_2-y_1 & z_2-z_1 \\ x_3-x_1 & y_3-y_1 & z_3-z_1 \end{vmatrix}=0。$$

23．解：利用平面束方程$\lambda(x+y-z-1)+\mu(x-y+z+1)=0$，或者$(\lambda+\mu)x+(\lambda-\mu)y+(-\lambda+\mu)z-\lambda+\mu=0$，由$(\lambda+\mu)\cdot1+(\lambda-\mu)\cdot1+(-\lambda+\mu)\cdot1=0$可得$\mu=-\lambda$，$y-z-1=0$，故：$\begin{cases} x+y-z-1=0 \\ x-y+z+1=0 \end{cases}\Rightarrow\begin{cases} y=z+1 \\ x=-(2z+1) \end{cases}$，旋转曲面方程为：$x^2+y^2=(z+1)^2+\left(-(2z+1)\right)^2$，或$x^2+y^2=5z^2+6z+2$。

第 10 章　同步练习解答

1．（1）$\dfrac{y^2-x^2}{2xy}$；（2）$\dfrac{x^2-y^2}{2xy}$；（3）$\dfrac{y^2-x^2}{2xy}$。

2．$f(x)=x^2-x$。

3．$D=\left\{(x,y)\middle|y^2\leqslant4,0<x^2+y^2<1\right\}$。

4．0。

5. $\lim\limits_{\substack{x\to 0\\ y\to 0}}\dfrac{xy}{\sqrt{x^2+y^2}}=0$。

6. $\dfrac{1}{6}$。

7. 略。

8. (1) 不存在；(2) 0；(3) 0。

9. (1) $\dfrac{\partial z}{\partial x}=\dfrac{1}{2x\sqrt{\ln xy}}$，$\dfrac{\partial z}{\partial y}=\dfrac{1}{2y\sqrt{\ln xy}}$；

(2) $\dfrac{\partial z}{\partial x}=y^2(1+xy)^{y-1}$，$\dfrac{\partial z}{\partial y}=(1+xy)^y(\ln(1+xy)+\dfrac{xy}{1+xy})$；

(3) $\dfrac{\partial u}{\partial x}=\dfrac{z(x-y)^{z-1}}{1+(x-y)^{2z}}$，$\dfrac{\partial u}{\partial y}=\dfrac{z(x-y)^{z-1}}{1+(x-y)^{2z}}$，$\dfrac{\partial u}{\partial z}=\dfrac{(x-y)^z\ln(x-y)}{1+(x-y)^{2z}}$。

10. $f_x'(1,1)=\dfrac{1}{3}\sqrt[3]{2}$，$f_y'(1,2)=\dfrac{4}{15}\sqrt[3]{5}$。

11. 1。

12. 略。

13. $\dfrac{\partial^2 u}{\partial x^2}=\dfrac{2(y-x^2)}{(y+x^2)^2}$，$\dfrac{\partial^2 u}{\partial y^2}=\dfrac{-1}{(y+x^2)^2}$，$\dfrac{\partial^2 u}{\partial x\partial y}=-\dfrac{2x}{(y+x^2)^2}$。

14. $\dfrac{\partial z}{\partial x}=\sin y\cdot x^{\sin y-1}$，$\dfrac{\partial z}{\partial y}=x^{\sin y}\cdot\ln x\cdot\cos y$。

15. $\dfrac{\partial z}{\partial x}=\dfrac{-y}{x^2+y^2}$，$\dfrac{\partial z}{\partial y}=\dfrac{x}{x^2+y^2}$。

16. $f_x'(0,0)=0$，$f_y'(0,0)$ 不存在。

17. $\dfrac{\partial^3 z}{\partial x^2\partial y}=\dfrac{x}{xy}=\dfrac{1}{y}$，$\dfrac{\partial^3 z}{\partial x\partial y^2}=-\dfrac{1}{y^2}$。

18. $\mathrm{d}z=\mathrm{e}^{\frac{y}{x}}((-\dfrac{y}{x^2})\mathrm{d}x+\dfrac{1}{x}\mathrm{d}y)$。

19. $\dfrac{1}{3}\mathrm{d}x+\dfrac{2}{3}\mathrm{d}y$。

20. 2.95。

21. 0.25e。

22. $\mathrm{e}^{ax}\sin x$。

23. (1) $\dfrac{\partial u}{\partial x}=2xf_1'+y\mathrm{e}^{xy}f_2'$，$\dfrac{\partial u}{\partial y}=-2yf_1'+x\mathrm{e}^{xy}f_2'$；

(2) $\dfrac{\partial u}{\partial x}=f_1'+yf_2'+yzf_3'$，$\dfrac{\partial u}{\partial y}=xf_2'+xzf_3'$，$\dfrac{\partial u}{\partial z}=xyf_3'$；

(3) $\dfrac{\partial u}{\partial x}=2xf_1'+2xf_2'+2yf_3'$，$\dfrac{\partial u}{\partial y}=2yf_1'-2yf_2'+2xf_3'$。

24. $\dfrac{\partial^2 u}{\partial x^2}=f''_{11}+2f''_{12}+f''_{22}$，$\dfrac{\partial^2 u}{\partial y^2}=f''_{11}-2f''_{12}+f''_{22}$，$\dfrac{\partial^2 u}{\partial x\partial y}=f''_{11}-f''_{22}$。

25. 略。

26. $\dfrac{\partial f}{\partial x}+2t\dfrac{\partial f}{\partial y}+3t^2\dfrac{\partial f}{\partial z}$。

27. 证略。

28. $\dfrac{\partial z}{\partial x}=\dfrac{3z-x}{z-3x}$，$\dfrac{\partial z}{\partial y}=\dfrac{-y}{z-3x}$。

29. $-\dfrac{\mathrm{e}^z}{(\mathrm{e}^z-1)^3}$。

30. $\dfrac{\partial z}{\partial x}=\dfrac{1}{a-b\varphi'(y-bz)}$，$\dfrac{\partial z}{\partial y}=\dfrac{\varphi'(y-bz)}{b\varphi'(y-bz)-a}$。

31. 略。

32. 略。

33. 略。

34. （1）$\dfrac{\mathrm{d}y}{\mathrm{d}x}=-\dfrac{2x-a}{2y}$，$\dfrac{\mathrm{d}z}{\mathrm{d}x}=\dfrac{-a}{2z}$；

（2）$\dfrac{\partial u}{\partial x}=\dfrac{\partial v+uy}{4uv-xy}$，$\dfrac{\partial v}{\partial x}=\dfrac{-x-2u^2}{4uv-xy}$，$\dfrac{\partial u}{\partial y}=\dfrac{-y-2v^2}{4uv-xy}$，$\dfrac{\partial v}{\partial y}=\dfrac{\partial u+xv}{4uv-xy}$；

（3）$\dfrac{\partial z}{\partial x}=-3uv$，$\dfrac{\partial z}{\partial y}=\dfrac{3}{2}(u+v)$。

35. （1）$\dfrac{1}{6z-y}\left(-2x\mathrm{d}x+(4y+z-1)\mathrm{d}y\right)$；

（2）$\dfrac{1}{\cos x-y\sin z}\left((z\sin x-\cos y)\mathrm{d}x+(x\sin y-\cos z)\mathrm{d}y\right)$；

（3）$\dfrac{1}{2z-cf'}\left((af'-2x)\mathrm{d}x+(bf'-2y)\mathrm{d}y\right)$。

36. $\dfrac{\mathrm{d}y}{\mathrm{d}x}=\dfrac{f'_x+f'_zg'_x}{f'_y+f'_zg'_y}$，$\dfrac{\mathrm{d}z}{\mathrm{d}x}=\dfrac{g'_xf'_y-g'_yf'_x}{f'_y+f'_zg'_y}$。

37. 略。

38. 极小值点$(\dfrac{1}{2},-1)$。

39. （1）最大值4，最小值-4；（2）最大值1，最小值0。

40. $\dfrac{8\sqrt{3}}{9}abc$。

41. 以棱长为$\dfrac{\sqrt{6}}{6}a$的正方体体积为最大，最大体积$V=\dfrac{\sqrt{6}}{36}a^3$。

42. 极小值$f(1,0)=-5$，极大值$f(-3,2)=31$。

43. 极大值$z(\frac{1}{2},\frac{1}{2})=\frac{1}{4}$。

44. （1）切线$\frac{x-\frac{R}{2}}{2}=\frac{y-\frac{R}{2}}{0}=\frac{z-\frac{\sqrt{2}R}{2}}{-\sqrt{2}}$，法平面$\sqrt{2}x-z=0$；

（2）切线$\frac{x-1}{-1}=\frac{y+2}{0}=\frac{z-1}{1}$，法平面$x-z=0$；

（3）切线$\frac{x+2}{27}=\frac{y-1}{28}=\frac{z-6}{4}$，法平面$27x+28y+4z+2=0$。

45. （1）切平面$2x+4y-z-5=0$，法线$\frac{x-1}{2}=\frac{y-2}{4}=\frac{z-5}{-1}$；

（2）切平面$x+2y+3z-14=0$，法线$\frac{x-1}{1}=\frac{y-2}{2}=\frac{z-3}{3}$。

46. $x+4y+6z=\pm 21$。

47. 切平面$x-y+2z=\pm\sqrt{\frac{11}{2}}$。

48. 略。

49. $\frac{98}{13}$。

50. $-2\{\frac{1}{a},\frac{1}{b},-\frac{1}{c}\}$。

51. 5。

52. $\mathrm{grad}\frac{1}{x^2+y^2}=-\frac{2x}{(x^2+y^2)^2}\vec{i}-\frac{2y}{(x^2+y^2)^2}\vec{j}$。

53. $f(0,0,0)=3\vec{i}-2\vec{j}-6\vec{k}$，$\mathrm{grad}f(1,1,1)=6\vec{i}+3\vec{j}$。

54. $\mathrm{grad}u=2\vec{i}-4\vec{j}+\vec{k}$ 是方向导数取最大值的方向，此方向导数的最大值为$|\mathrm{grad}u|=\sqrt{21}$。

第 10 章　提高题解答

1. 解：设$M(x_0,y_0,z_0)$，其中$z_0=\frac{1}{4}(x_0{}^2+y_0{}^2)$，所以平面$\pi$的法向量$\vec{n}=\{2x_0,2y_0,-4\}$，$\pi$的方程为：$2x_0(x-x_0)+2y_0(y-y_0)-4(z-z_0)=0$，又因为曲线在$t=1$（即点$(1,1,0)$）的切线为：$\begin{cases}x=1+2t\\y=1+t\\z=3t\end{cases}$，切向量为：$\vec{\tau}=\{2,1,3\}$，$\vec{n}\perp\vec{\tau}\Rightarrow 4x_0+2y_0-12=0$ （1）

又将$(1,1,0)$代入π，得$2x_0(1-x_0)+2y_0(1-y_0)-4z_0=0$与式（1）联立，解得：$\begin{cases}x_0=2\\y_0=2\end{cases}$或$\begin{cases}x_0=\dfrac{12}{5}\\y_0=\dfrac{6}{5}\end{cases}$，所以点$M$的坐标为$(2,2,2)$或$(\frac{12}{5},\frac{6}{5},\frac{9}{5})$，于是所求平面方程为：$x+y-z-2=0$或$6x+3y-5z-9=0$。

2．解：在M点沿球面外法线方向的单位矢量为：$\vec{n}^0=\{x_0,y_0,z_0\}$，相应的方向导数为：$\frac{\partial u}{\partial \vec{n}^0}\Big|_M=x_0+y_0+z_0$，设$F(x_0,y_0,z_0,\lambda)=(x_0+y_0+z_0)+\lambda(x^2{}_0+y^2{}_0+z^2{}_0-1)$，分别求偏导数，得：$\begin{cases}1+2\lambda x_0=0\\1+2\lambda y_0=0\\1+2\lambda z_0=0\\x^2{}_0+y^2{}_0+z^2{}_0=1\end{cases}$，解方程组得到：$x_0=y_0=z_0=\pm\frac{\sqrt{3}}{3}$，相应的方向导数为$\sqrt{3}$或$-\sqrt{3}$，那么，所求点$M$的坐标为$(\frac{\sqrt{3}}{3},\frac{\sqrt{3}}{3},\frac{\sqrt{3}}{3})$，方向导数的最大值为$\sqrt{3}$。

3．证明：（1）设任意方向$\vec{i}^0=\{\cos\theta,\sin\theta\}$，当$\theta\neq 0$，π时，则有$\frac{\partial f}{\partial \vec{i}^0}\Big|_{(0,0)}=\lim\limits_{\rho\to 0}\dfrac{\dfrac{(\rho\cos\theta)^3}{\rho\cos\theta}-0}{\rho}=\lim\limits_{\rho\to 0}\dfrac{\rho\cos^3\theta}{\sin\theta}$，当$\theta=0$，π时，则有$\frac{\partial f}{\partial \vec{i}^0}\Big|_{(0,0)}=\lim\limits_{\rho\to 0}\frac{0-0}{\rho}=0$。

（2）考察$\lim\limits_{\substack{x\to 0\\y\to 0}}\frac{x^3}{y}$，当$y=x\to 0$时，$\lim\limits_{\substack{x\to 0\\y\to 0}}\frac{x^3}{y}=0$；当$y=x^3\to 0$时，$\lim\limits_{\substack{x\to 0\\y\to 0}}\frac{x^3}{y}=1$，即$\lim\limits_{\substack{x\to 0\\y\to 0}}\frac{x^3}{y}$不存在，所以$f(x,y)$在$(0,0)$处不连续。

4．解：记$F(x,y,z,u)=e^{z+u}-xy-yz-zu$，由$F(1,1,0,u)=0$，得$u=0$，$F'_x=-y$，$F'_y=-x-z$，$F'_z=e^{z+u}-y-u$，$F'_u=e^{z+u}-z$。

$\frac{\partial u}{\partial x}=-\frac{F'_x}{F'_u}=-\frac{-y}{e^{z+u}-z}$，数据代入，得$\frac{\partial u}{\partial x}=1$；

$\frac{\partial u}{\partial y}=-\frac{F'_y}{F'_u}=-\frac{-x-z}{e^{z+u}-z}$，数据代入，得$\frac{\partial u}{\partial y}=1$；

$\frac{\partial u}{\partial z}=-\frac{F'_z}{F'_u}=-\frac{e^{z+u}-y-u}{e^{z+u}-z}$，数据代入，得$\frac{\partial u}{\partial z}=0$。

（1）$du|_P=dx+dy$；（2）u在点P处方向导数的最大值$|\text{grad}u|=\sqrt{2}$。

5．解：直线L的方向向量为：$\vec{\tau}=\{1,-4,6\}$，椭球面上点(x,y,z)处的法向量

$\vec{n}=\{2x,6y,6z\}$，因为条件$\vec{\tau}\ /\!/\ \vec{n}$，所以$\dfrac{2x}{1}=\dfrac{4y}{-4}=\dfrac{6z}{6}=\lambda$，$x=\dfrac{\lambda}{2}$，$y=-\lambda$，$z=\lambda$，则有$(\dfrac{\lambda}{2})^2+2(-\lambda)^2+3\lambda^2=21$，得$\lambda=\pm 2$，得两点坐标为：$(1,-2,2)$与$(-1,2,-2)$，切平面方程分别为：$x-4y+6z-21=0$与$x-4y+6z+21=0$。

6．设所求平面为：$\dfrac{x}{A}+\dfrac{y}{B}+\dfrac{z}{C}=1$，四面体体积为：$V=\dfrac{1}{6}ABC$，$A>0$，$B>0$，$C>0$，约束条件为：$\dfrac{a}{A}+\dfrac{b}{B}+\dfrac{c}{C}=1$，用拉格朗日乘数法，令：

$$F(A,B,C,\lambda)=\frac{1}{6}ABC+\lambda(\frac{a}{A}+\frac{b}{B}+\frac{c}{C}-1)$$

则有：$\dfrac{\partial F}{\partial A}=\dfrac{1}{6}BC-\dfrac{\lambda a}{A^2}=0$，$\dfrac{\partial F}{\partial C}=\dfrac{1}{6}AB-\dfrac{\lambda c}{C^2}=0$，$\dfrac{\partial F}{\partial B}=\dfrac{1}{6}AC-\dfrac{\lambda b}{B^2}=0$，$\dfrac{\partial F}{\partial \lambda}=\dfrac{a}{A}+\dfrac{b}{B}+\dfrac{c}{C}-1=0$，解得$A=3a$，$B=3b$，$C=3c$，平面方程为$\dfrac{x}{a}+\dfrac{y}{b}+\dfrac{z}{c}=3$，$V=\dfrac{9}{2}abc$。

7．证明：先证明$\lim\limits_{\substack{x\to 0\\ y\to 0}}\dfrac{|x-y||\varphi(x,y)|}{\sqrt{x^2+y^2}}=0$，事实上，因为$|x-y|\leqslant|x|+|y|$，所以$\dfrac{|x-y|\varphi(x,y)}{\sqrt{x^2+y^2}}\leqslant\dfrac{|x|+|y|}{\sqrt{x^2+y^2}}\varphi(x,y)\leqslant 2|\varphi(x,y)|$，由$\varphi(x,y)$在原点$O$处的连续性及$\varphi(0,0)=0$可知$\lim\limits_{\substack{x\to 0\\ y\to 0}}\varphi(x,y)=0$，所以$\lim\limits_{\substack{x\to 0\\ y\to 0}}\dfrac{|x-y||\varphi(x,y)|}{\sqrt{x^2+y^2}}=0$成立，则有

$$f(x,y)-f(0,0)=0+o(\sqrt{x^2+y^2})$$

由可微定义可知$f(x,y)$在原点O处可微，且$\mathrm{d}f\big|_{(0,0)}=0$。

8．解：对方程两边关于x求偏导数，有

$$3yz^2\cdot\frac{\partial z}{\partial x}+\mathrm{e}^z+x\cdot\mathrm{e}^z\cdot\frac{\partial z}{\partial x}=0 \tag{1}$$

当$x=0$，$y=1$，由方程可知$z=-1$，代入得$\dfrac{\partial z}{\partial x}\Big|_{\substack{x=0\\ y=-1}}=-\dfrac{1}{3}\mathrm{e}^{-1}$，将式（1）再对$x$求偏导数得：$6yz\cdot(\dfrac{\partial z}{\partial x})^2+3yz^2\cdot\dfrac{\partial^2 z}{\partial x^2}+2\mathrm{e}^z\cdot\dfrac{\partial z}{\partial x}+x\mathrm{e}^z\cdot(\dfrac{\partial z}{\partial x})^2+x\mathrm{e}^z\cdot\dfrac{\partial^2 z}{\partial x^2}=0$，将$\dfrac{\partial z}{\partial x}\Big|_{\substack{x=0\\ y=-1}}=-\mathrm{e}^{-1}$和$x=0$，$y=1$，$z=-1$，代入解得：$\dfrac{\partial^2 z}{\partial x^2}\Big|_{\substack{x=0\\ y=-1}}=2+\dfrac{2}{3}\mathrm{e}^{-2}$。

9．解：曲线$\begin{cases}x^2+y^2+\dfrac{z^2}{4}=1\\ x+y+z=0\end{cases}$上点$(x,y,z)$到$\pi$的距离$d(x,y,z)=\dfrac{|x+y-2|}{\sqrt{2}}$，作拉格

朗日函数：$F(x,y,z,\mu,\lambda)=(x+y-2)^2+\lambda(x+y+z)+\mu(x^2+y^2+\frac{z^2}{4}-1)$。

由$\begin{cases}\frac{\partial F}{\partial x}=0\\ \frac{\partial F}{\partial y}=0\\ \frac{\partial F}{\partial z}=0\\ \frac{\partial F}{\partial \lambda}=0\\ \frac{\partial F}{\partial \mu}=0\end{cases}$，得$\begin{cases}2(x+y-2)+\lambda+2\mu x=0 & (1)\\ 2(x+y-2)+\lambda+2\mu y=0 & (2)\\ \lambda+2\mu y=0 & (3)\\ x+y+z=0 & (4)\\ x^2+y^2+\frac{z^2}{4}=1 & (5)\end{cases}$

由式（1）－式（2）得，$\mu(x-y)=0$，则有$\mu=0$或$x=y$，（1）若$\mu=0$，由式（3）得$\lambda=0$，再由式（1）得$x+y=2$，由式（4）得$y=-2$，代入式（5）得：

$x^2+(2-x)^2=0$，无解；（2）当$x=y$时，由式（4）得$z=-2x$，代入式（5）

$2x^2+y^2=1$，所以解得：$\begin{cases}x=\frac{\sqrt{3}}{3}=y\\ z=\frac{2\sqrt{3}}{3}\end{cases}$或$\begin{cases}x=y=-\frac{\sqrt{3}}{2}\\ z=\frac{2\sqrt{3}}{3}\end{cases}$，因此最大、最小距离分别为：

最大距离：$d(-\frac{\sqrt{3}}{3},-\frac{\sqrt{3}}{3},\frac{2\sqrt{3}}{3})=\frac{2+\frac{2\sqrt{3}}{3}}{\sqrt{2}}=\frac{6\sqrt{2}+2\sqrt{6}}{6}=\sqrt{2}+\frac{1}{3}\sqrt{6}$，最小距离：

$d(\frac{\sqrt{3}}{3},\frac{\sqrt{3}}{3},\frac{2\sqrt{3}}{3})=\frac{2-\frac{2\sqrt{3}}{3}}{\sqrt{2}}=\frac{6\sqrt{2}-2\sqrt{6}}{6}=\sqrt{2}-\frac{1}{3}\sqrt{6}$。

10．证明：设$F(t,s)=t\ln t-t+e^s-ts$，即要证$F(t,s)\geqslant 0$，只需证当$t\geqslant 1$，$s\geqslant 0$时，$F(t,s)$的最小值为0，令$F_s'(t,s)=e^s-t=0$，得$t=e^s$，$s=\ln t$，对固定的t：

当$0\leqslant s\leqslant \ln t$时，$F'(t,s)<0$；

当$s>\ln t$时，$F'(t,s)>0$；

当$s=\ln t$时，$F(t,s)=F(\ln t,t)=t\ln t-t+t-t\ln t=0$。

所以当$s=\ln t$时，$F(t,s)$取最小值，最小值为0，所以$ts\leqslant t\ln t-t+e^s$证毕。

11．解：由L，将x作为自变量，则有：$\begin{cases}4x+6y\frac{dy}{dx}+2z\frac{dz}{dx}=0\\ 6x+2y\frac{dy}{dx}-2z\frac{dz}{dx}=0\end{cases}$，将$(x,y,z)=(1,-1,2)$

代入并求解得出$\frac{dy}{dx}=\frac{5}{4}$，$\frac{dz}{dx}=\frac{7}{8}$，所以切线方程为：$\frac{x-1}{1}=\frac{y+1}{\frac{5}{4}}=\frac{z-2}{\frac{7}{8}}$，法平面方程为：

$(x-1)+\dfrac{5}{4}(y+1)+\dfrac{7}{8}(z-2)=0$，即 $8x+10y+7z-12=0$。

12．解：$\dfrac{\partial z}{\partial x}=-\dfrac{F_x'}{F_z'}=-\dfrac{F_1'-F_2'}{-F_2'+F_3'}$，$\dfrac{\partial z}{\partial y}=-\dfrac{F_y'}{F_z'}=-\dfrac{-F_1'+F_2'}{-F_2'+F_3'}$，$\dfrac{\partial z}{\partial x}+\dfrac{\partial z}{\partial y}=\dfrac{F_3'-F_2'}{F_3'-F_2'}=1$。

13．解：L 上的点到平面 xOy 的距离为 $|z|$，它的最大值、最小值点与 z^2 的一致，用拉格朗日乘数法，作 $F(x,y,z,\lambda,\mu)=z^2+\lambda(x^2+9y^2-2z^2)+\mu(x+3y+3z-5)$，分别求偏导数使其为零：

$$\begin{cases}\dfrac{\partial F}{\partial x}=2\lambda x+\mu=0\\ \dfrac{\partial F}{\partial y}=18\lambda y+3\mu=0\\ \dfrac{\partial F}{\partial z}=2z-4\lambda z+3\mu=0\\ \dfrac{\partial F}{\partial \lambda}=x^2+9y^2-2z=0\\ \dfrac{\partial F}{\partial \mu}=x+3y+3z-5=0\end{cases}$$

解得两组解：$(x,y,z)_1=(1,\dfrac{1}{3},1)$，$(x,y,z)_2=(-5,-\dfrac{5}{3},5)$，所以，当 $x=1$，$y=\dfrac{1}{3}$ 时，$|z|=1$ 最小；当 $x=-5$，$y=-\dfrac{5}{3}$ 时，$|z|=5$ 最大。

14．解：$\dfrac{\partial z}{\partial x}=x^2y^2(1+xy)^{x^2y-1}+(1+xy)^{x^2y}2xy\ln(1+xy)$，

$\dfrac{\partial z}{\partial y}=x^3y(1+xy)^{x^2y-1}+(1+xy)^{x^2y}x^2\ln(1+xy)$。

15．解：$\dfrac{\partial z}{\partial x}=f'\cdot 2+g_1'+g_2'\cdot y$，$\dfrac{\partial^2 z}{\partial x\partial y}=-2f''+g_{12}''\cdot x+g_2'+g_{22}''xy$。

16．解：方法 1：利用微分形式不变性：

$$\mathrm{d}z=f_x'\mathrm{d}x+f_y'\mathrm{d}y \qquad (1)$$

$$\mathrm{d}x=g_y'\mathrm{d}y+g_z'\mathrm{d}z \qquad (2)$$

将式(2)中的 $\mathrm{d}y$ 代入式(1)，得 $\mathrm{d}z=f_x'\mathrm{d}x+f_y'(\dfrac{\mathrm{d}x-g_z'\mathrm{d}z}{g_y'})$，解出：$\mathrm{d}z=\dfrac{g_y'f_x'+f_y'}{g_y'+g_z'f_y'}\mathrm{d}x$，

$\dfrac{\mathrm{d}z}{\mathrm{d}x}=\dfrac{g_y'f_x'+f_y'}{g_y'+g_z'f_y'}$，也可以对于方程组 $\begin{cases}z=f(x,y)\\ x=g(x,y)\end{cases}$ 两边关于 x 求导，将 y 与 z 看成 x 的函数，然后解出 $\dfrac{\mathrm{d}z}{\mathrm{d}x}$，略。

17．解：方法 1：由 L：$\begin{cases}2x^2+3y^2+z^2=9\\ z^2=3x^2+y^2\end{cases}$，有 $\begin{cases}4x+6y\dfrac{\mathrm{d}y}{\mathrm{d}x}+2z\dfrac{\mathrm{d}z}{\mathrm{d}x}=0\\ 6x+2y\dfrac{\mathrm{d}y}{\mathrm{d}x}-2z\dfrac{\mathrm{d}z}{\mathrm{d}x}=0\end{cases}$，解出：

$\dfrac{\mathrm{d}y}{\mathrm{d}x}=-\dfrac{5x}{4y}$，$\dfrac{\mathrm{d}z}{\mathrm{d}x}=\dfrac{7x}{4z}$，将点 $M(1,-1,2)$ 代入，得 $\dfrac{\mathrm{d}y}{\mathrm{d}x}=\dfrac{5}{4}$，$\dfrac{\mathrm{d}z}{\mathrm{d}x}=\dfrac{7}{8}$，所以切线的方向向量 $\vec{\tau}=\{1,\dfrac{5}{4},\dfrac{7}{8}\}$，由点向式得切线方程：$\dfrac{x-1}{1}=\dfrac{y+1}{\frac{5}{4}}=\dfrac{z-2}{\frac{7}{8}}$，即：$\dfrac{x-1}{8}=\dfrac{y+1}{10}=\dfrac{z-2}{7}$。

方法 2：曲面 $2x^2+3y^2+z^2=9$ 在点 $M(1,-1,2)$ 处的法向量 $\vec{n}_1=\{4x,6y,2z\}_M=\{4,-6,4\}$，切平面方程为：$4(x-1)-6(y+1)+4(z-2)=0$，即 $2x-3y+2z-9=0$，曲面 $z^2=3x^2+y^2$ 在点 $M(1,-1,2)$ 处的法向量 $\vec{n}_2=\{-6x,-2y,2z\}_M=\{-6,2,4\}$，切平面方程为：$-6(x-1)+2(y+1)+4(z-2)=0$，即 $3x-y-2z=0$，联立得切线方程

$$\begin{cases}2x-3y+2z-9=0\\ 3x-y-2z=0\end{cases}$$

方法 3：由方法 2，切线方向向量 $\vec{\tau}=\vec{n}_1\times\vec{n}_2=\{4,-6,4\}\times\{-6,2,4\}=-4\{8,10,7\}$，切线方程为：$\dfrac{x-1}{8}=\dfrac{y+1}{10}=\dfrac{z-2}{7}$。

18．解：（1）$\dfrac{\partial u}{\partial x}=1$，$\dfrac{\partial u}{\partial y}=1$，$\dfrac{\partial u}{\partial z}=1$，$S$ 的外法线方向向量：$\vec{n}=\{2x_0,2y_0,2z_0\}$，$\vec{n}^0=\{x_0,y_0,z_0\}$，$\dfrac{\partial u}{\partial \vec{n}}=x_0+y_0+z_0$。

（2）令 $F(x,y,z,\lambda)=x+y+z+\lambda(x^2+y^2+z^2-1)$，由拉格朗日乘数法，有

$$\begin{cases}\dfrac{\partial F}{\partial x}=1+2\lambda x=0\\ \dfrac{\partial F}{\partial y}=1+2\lambda y=0\\ \dfrac{\partial F}{\partial z}=1+2\lambda z=0\\ \dfrac{\partial F}{\partial \lambda}=x^2+y^2+z^2-1=0\end{cases}$$

解得：$\lambda=\pm\dfrac{\sqrt{3}}{2}$，且 $x=y=z=\mp\dfrac{1}{\sqrt{3}}$，则有 $\max\{\dfrac{\partial u}{\partial \vec{n}}\}=\sqrt{3}$，相应的 $x_0=y_0=z_0=\dfrac{\sqrt{3}}{3}$。

19．解：（1）略，

（2）$f_x'(0,0)=\lim\limits_{x\to 0}\dfrac{0-0}{x-0}=0$，$f_y'(0,0)=0$，$f(x,y)$ 在点 $(0,0)$ 处的两个偏导数均存在，以下证明 $f(x,y)$ 在点 $(0,0)$ 不可微，用反证法，若可微，则：

$$\Delta f = f(\Delta x,\Delta y)-f(0,0)=\frac{\Delta x\Delta y}{\sqrt{(\Delta x)^2+(\Delta y)^2}}=0\Delta x+0\Delta y+0(\rho)$$

即 $\lim\limits_{(\Delta x,\Delta y)\to(0,0)}\dfrac{\Delta x\Delta y}{\sqrt{(\Delta x)^2+(\Delta y)^2}}=0$，但此式并不成立的，故不可微。

20．解：因为 $\dfrac{\partial^2 u}{\partial x\partial y}=\dfrac{\partial}{\partial x}\left(\dfrac{ay}{(x+ay)^2}\right)=\dfrac{-2ay}{(x+ay)^3}$，

$$\frac{\partial^2 u}{\partial y\partial x}=\frac{\partial}{\partial y}\left(\frac{x+2y}{(x+ay)^2}\right)=\frac{(2-2a)x-2ay}{(x+ay)^3},$$

由 $u(x,y)$ 具有二阶连续偏导数，则有 $\dfrac{\partial^2 u}{\partial x\partial y}=\dfrac{\partial^2 u}{\partial y\partial x}$，得 $a=1$。

21．解：$\dfrac{\partial z}{\partial x}=\dfrac{\partial z}{\partial u}\cdot\dfrac{\partial u}{\partial x}+\dfrac{\partial z}{\partial v}\cdot\dfrac{\partial v}{\partial x}=\dfrac{\partial z}{\partial u}+\dfrac{\partial z}{\partial v}$，$\dfrac{\partial^2 z}{\partial x^2}=\dfrac{\partial^2 z}{\partial u^2}+2\dfrac{\partial^2 z}{\partial u\partial v}+\dfrac{\partial^2 z}{\partial v^2}$，

$\dfrac{\partial z}{\partial y}=\dfrac{\partial z}{\partial u}\cdot\dfrac{\partial u}{\partial y}+\dfrac{\partial z}{\partial v}\cdot\dfrac{\partial v}{\partial y}=-2\dfrac{\partial z}{\partial u}+b\dfrac{\partial z}{\partial v}$，$\dfrac{\partial^2 z}{\partial y^2}=4\dfrac{\partial^2 z}{\partial u^2}-4b\dfrac{\partial^2 z}{\partial u\partial v}+b^2\dfrac{\partial^2 z}{\partial v^2}$，

$\dfrac{\partial^2 z}{\partial x\partial y}=-2\dfrac{\partial^2 z}{\partial u^2}+(b-2)\dfrac{\partial^2 z}{\partial u\partial v}+b\dfrac{\partial^2 z}{\partial v^2}$，所以方程 $4\dfrac{\partial^2 z}{\partial x^2}+12\dfrac{\partial^2 z}{\partial x\partial y}+5\dfrac{\partial^2 z}{\partial y^2}=0$，化为

$-8(b+2)\dfrac{\partial^2 z}{\partial u\partial v}+(4+12b+5b^2)\dfrac{\partial^2 z}{\partial v^2}=0$，令 $4+12b+5b^2=0$，解得 $b=-2$ 或 $b=-\dfrac{2}{5}$，

若取 $b=-2$，则 $\dfrac{\partial^2 z}{\partial u\partial v}$ 的系数也为0，舍弃；取 $b=-\dfrac{2}{5}$，原式化为 $\dfrac{\partial^2 z}{\partial u\partial v}=0$。

22．解：（1）$\vec{n}_p=\{2x,2y-z,2z-y\}_P$，$\vec{n}_p\cdot\vec{k}=0\Leftrightarrow 2z-y=0$，所以，$C$ 的方程为：

$\begin{cases}2z-y=0\\ x^2+y^2+z^2-yz=1\end{cases}$ 或写成 $\begin{cases}2z-y=0\\ x^2+\dfrac{3}{4}y^2=0\end{cases}$；

（2）C 在 xOy 平面上的投影方程为：$\begin{cases}x^2+\dfrac{3}{4}y^2=0\\ z=0\end{cases}$；

（3）由 C 的方程可表示为：$\begin{cases}2z-y=0\\ x^2+\dfrac{3}{4}y^2=0\end{cases}$，可知 C 在平面 $2z-y=0$ 上，是一条平面曲线，它在 xOy 平面上的投影是个椭圆，其围成的面积 $\sigma=\pi\cdot1\cdot\dfrac{2}{\sqrt3}=\dfrac{2}{\sqrt3}\pi$，而平面 $2z-y=0$ 的法向量 $\vec{n}=\{0,-1,2\}$，$\cos\gamma=\dfrac{2}{\sqrt5}$，所以 C 在平面 $2z-y=0$ 上围成的面积 $A=\dfrac{\sigma}{\cos\gamma}=\sqrt{\dfrac{5}{3}}\pi$。

23．解：设$F=\ln x+\ln y+3\ln z+\lambda(x^2+y^2+z^2-5R^2)$，求偏导数，并令其为零，

有：$$\begin{cases}\dfrac{\partial F}{\partial x}=\dfrac{1}{x}+2\lambda x=0\\ \dfrac{\partial F}{\partial y}=\dfrac{1}{y}+2\lambda y=0\\ \dfrac{\partial F}{\partial z}=\dfrac{3}{z}+2\lambda z=0\\ \dfrac{\partial F}{\partial \lambda}=x^2+y^2+z^2-5R^2=0\end{cases}$$

解得$x=R$，$y=R$，$z=\sqrt{3}R$，在约束条件下，当x接近于$x=0$时，$w\to-\infty$，所以$\max w$在第一卦限内部达到，必在极大值点处达到，所以必在某驻点处达到，而且驻点唯一，所以$\max w=w|_{x=R,y=R,z=\sqrt{3}R}=\ln\sqrt{27}R^5$，即有：$xyz^3\leqslant\sqrt{27}R^5=\sqrt{27}(\dfrac{x^2+y^2+z^2}{5})^{\frac{5}{2}}$，$x^2y^2z^6\leqslant(\dfrac{x^2+y^2+z^2}{5})^5$，令$x^2=a$，$y^2=b$，$z^2=c$，有$abc^3\leqslant 27(\dfrac{a+b+c}{5})^5$。

24．解：方法1：取$\ln z=\dfrac{x}{y}\ln(1+\dfrac{x}{y})=\dfrac{x}{y}(\ln(y+x)-\ln y)$，则

$\dfrac{1}{z}\mathrm{d}z=\dfrac{1}{y^2}\left(y\big(\ln(y+x)-\ln y\big)\mathrm{d}x+x(\dfrac{\mathrm{d}x+\mathrm{d}y}{x+y}-\dfrac{\mathrm{d}y}{y})-x\big(\ln(y+x)-\ln y\big)\mathrm{d}y\right)$，由$x=1$，$y=1$，得$z=2$，代入得：$\dfrac{1}{2}\mathrm{d}z\Big|_{\substack{x=1\\y=1}}=(\ln z)\mathrm{d}x+\dfrac{\mathrm{d}x+\mathrm{d}y}{2}-\mathrm{d}y-(\ln 2)\mathrm{d}y$

$$=\frac{1}{2}(\mathrm{d}x-\mathrm{d}y)+(\ln 2)(\mathrm{d}x-\mathrm{d}y)=(\frac{1}{2}+\ln 2)(\mathrm{d}x-\mathrm{d}y)$$

所以$\mathrm{d}z|_{\substack{x=1\\y=1}}=(1+2\ln 2)(\mathrm{d}x-\mathrm{d}y)$；

方法2：令$u=\dfrac{x}{y}$，则$z=(1+u)^u$，那么

$$\mathrm{d}z=\left((1+u)^u\right)'_u\mathrm{d}u=\left(u(1+u)^{u-1}+(1+u)^u\ln(1+u)\right)\frac{y\mathrm{d}x-x\mathrm{d}y}{y^2}$$

由$x=1$，$y=1$，得$z=2$，代入得：$\mathrm{d}z|_{\substack{x=1\\y=1}}=(1+2\ln 2)(\mathrm{d}x-\mathrm{d}y)$。

25．解：设点(x,y,z)为曲面S：$4z=3x^2-2xy+3y^2$上的任意一点，该点到平面$x+y-4z-1=0$的距离为：$d=\dfrac{|x+y-4z-1|}{\sqrt{1^2+1^2+(-4)^2}}$，讨论在约束条件：$3x^2-2xy+3y^2-4z=0$下，$(x+y-4z-1)^2=(\sqrt{18}d)^2$的最小值，令$F(x,y,z,\lambda)=(x+y-4z-1)^2+\lambda(3x^2-2xy+3y^2-4z)$，求偏导数，并令其为零，有：

$$\begin{cases}\dfrac{\partial F}{\partial x}=2(x+y-4z-1)+\lambda(6x-2y)=0\\ \dfrac{\partial F}{\partial y}=2(x+y-4z-1)+\lambda(-2x+6y)=0\\ \dfrac{\partial F}{\partial z}=-8(x+y-4z-1)+\lambda(-4)=0\\ \dfrac{\partial F}{\partial \lambda}=3x^2-2xy+3y^2-4z=0\end{cases}$$

解得 $x=\dfrac{1}{4}$，$y=\dfrac{1}{4}$，$z=\dfrac{1}{16}$，得唯一驻点，曲面 S 到平面总存在最短距离，因此，当 S 上的点为 $(x,y,z)=(\dfrac{1}{4},\dfrac{1}{4},\dfrac{1}{16})$ 时，d 最小，$\min d=\dfrac{1}{\sqrt{18}}\left|\dfrac{1}{4}+\dfrac{1}{4}-\dfrac{1}{4}-1\right|=\dfrac{\sqrt{2}}{8}$。

26．解：（1）$\dfrac{\partial u}{\partial x}\Big|_{(0,0)}$ 不存在，理由：$\dfrac{\partial u}{\partial x}\Big|_{(0,0)}=\lim\limits_{x\to 0}\dfrac{\sqrt{x^2-0}}{x}=\lim\limits_{x\to 0}\dfrac{|x|}{x}$ 不存在；

（2）$\dfrac{\partial u}{\partial \vec{l}}\Big|_{(0,0)}=\lim\limits_{\rho\to 0}\dfrac{\sqrt{(\rho\cos\alpha)^2+2(\rho\sin\alpha)^2}-0}{\rho}=\sqrt{\sin^2\alpha+2\sin^2\alpha}$ 存在。

27．解：设所求平面为 π，平面 π 不经过原点，但过点 $(10,0,0)$ 和点 $(0,10,0)$，故平面方程取 $x+y+cz-10=0$，因为平面 π 与球面 $x^2+y^2+z^2=4$ 相切，所以原点到平面 π 的距离为 2，即 $\dfrac{10}{\sqrt{1+1+c^2}}=2$，解得：$c=\pm\sqrt{23}$，则所求平面方程为：$x+y+\sqrt{23}z-10=0$ 或 $x+y-\sqrt{23}z-10=0$。

28．解：因为 $f_x'(0,0)=\lim\limits_{\Delta x\to 0}\dfrac{f(0+\Delta x,0)-f(0,0)}{\Delta x}=\lim\limits_{\Delta x\to 0}\dfrac{0-0}{\Delta x}=0$，所以

$$f_x'(x,y)=\begin{cases}\dfrac{y(x^4+4x^2y^2-y^4)}{(x^2+y^2)^2} & 当(x,y)\neq 0时\\ 0 & 当(x,y)=0时\end{cases}$$

从而 $f_{xy}''(0,0)=\lim\limits_{\Delta y\to 0}\dfrac{f_x'(0,0+\Delta y)-f_x'(0,0)}{\Delta y}=\lim\limits_{\Delta y\to 0}\dfrac{-\Delta y-0}{\Delta y}=-1$。

29．解：$\begin{cases}\xi=2x+y\\ \eta=x+y\end{cases}$，$\dfrac{\partial \xi}{\partial x}=2$，$\dfrac{\partial \eta}{\partial x}=1$，$\dfrac{\partial u}{\partial x}=\dfrac{\partial u}{\partial \xi}\cdot 2+\dfrac{\partial u}{\partial \eta}\cdot 1$，

$\dfrac{\partial^2 u}{\partial x^2}=\dfrac{\partial^2 u}{\partial \xi^2}\cdot 2^2+\dfrac{\partial^2 u}{\partial \xi\partial \eta}\cdot 2+\dfrac{\partial^2 u}{\partial \eta\partial \xi}\cdot 2+\dfrac{\partial^2 u}{\partial \eta^2}\cdot 1=4\dfrac{\partial^2 u}{\partial \xi^2}+4\dfrac{\partial^2 u}{\partial \xi\partial \eta}+\dfrac{\partial^2 u}{\partial \eta^2}$

$\dfrac{\partial \xi}{\partial y}=1$，$\dfrac{\partial \eta}{\partial y}=1$，$\dfrac{\partial u}{\partial y}=\dfrac{\partial u}{\partial \xi}+\dfrac{\partial u}{\partial \eta}$，$\dfrac{\partial^2 u}{\partial y^2}=\dfrac{\partial^2 u}{\partial \xi^2}+2\dfrac{\partial^2 u}{\partial \xi\partial \eta}+\dfrac{\partial^2 u}{\partial \eta^2}$，

$\dfrac{\partial^2 u}{\partial x\partial y}=\dfrac{\partial}{\partial y}(\dfrac{\partial u}{\partial \xi}\cdot 2+\dfrac{\partial u}{\partial \eta}\cdot 1)=2\dfrac{\partial^2 u}{\partial \xi^2}+3\dfrac{\partial^2 u}{\partial \xi\partial \eta}+\dfrac{\partial^2 u}{\partial \eta^2}$，代入原方程得：$\dfrac{\partial^2 u}{\partial \xi^2}+\dfrac{\partial u}{\partial \xi}+u=0$。

30．解：抛物面上，点 $P(x_0,y_0,z_0)$ 处的切平面方程为：

$2x_0(x-x_0)+2y_0(y-y_0)-(z-z_0)=0$ 或 $z=2x_0x+2y_0y-{x_0}^2-{y_0}^2+1$，由题中提出的三者围成的立体的体积是：

$$\begin{aligned}V&=\iint_D (Z_{\text{抛物面}}-Z_{\text{切平面}})\mathrm{d}x\mathrm{d}y\\&=\iint_D\big((1+x^2+y^2)-(2x_0x+2y_0y-{x_0}^2-{y_0}^2+1)\big)\mathrm{d}x\mathrm{d}y\\&=\iint_D(x^2+y^2-2x_0x)\mathrm{d}x\mathrm{d}y+\iint_D({x_0}^2+{y_0}^2)\mathrm{d}x\mathrm{d}y-2y_0\iint_D y\mathrm{d}x\mathrm{d}y\\&=2\int_0^{\frac{\pi}{2}}\int_0^{2\cos\theta}(r^2-2x_0r\cos\theta)r\mathrm{d}r\mathrm{d}\theta+({x_0}^2+{y_0}^2)\pi-0\\&=(\frac{3}{2}-2x_0+{x_0}^2+{y_0}^2)\pi=(\frac{1}{2}+(x_0-1)^2+{y_0}^2)\pi\end{aligned}$$

其中 $D=\left\{(x,y)\middle|(x-1)^2+y^2\leqslant 1\right\}$，所以，当 $x_0=1$，$y_0=0$ 时，该立体体积最小，$V_{\min}=\dfrac{\pi}{2}$。

31．解：u 的梯度 $\operatorname{grad}(u)=\dfrac{\partial u}{\partial x}\vec{i}+\dfrac{\partial u}{\partial y}\vec{j}+\dfrac{\partial u}{\partial z}\vec{k}=\vec{i}+\vec{j}+\vec{k}$，单位球面上点 $P(x_0,y_0,z_0)$ 处的单位外法向量 $\vec{n}$ 的方向，就是点 P 的位置向量，即，$\vec{n}=x_0\vec{i}+y_0\vec{j}+z_0\vec{k}$，从而函数 $u(x,y,z)$ 在点 $P(x_0,y_0,z_0)$ 处，沿单位球面的外法向量 $\vec{n}$ 的方向导数为 $\dfrac{\partial u}{\partial \vec{n}}=\operatorname{grad}(u,x,y,z)\cdot\vec{n}=(\vec{i}+\vec{j}+\vec{k})(x_0\vec{i}+y_0\vec{j}+z_0\vec{k})=x_0+y_0+z_0$，运用拉格朗日乘数法，求其限制在单位球面上的最大值、最小值，作辅助函数：$F(x_0,y_0,z_0,\lambda)=x_0+y_0+z_0+\lambda({x_0}^2+{y_0}^2+{z_0}^2-1)$，令：$F'_{x_0}=1+2\lambda x_0=0$，$F'_{y_0}=1+2\lambda y_0=0$，$F'_{z_0}=1+2\lambda z_0=0$，$F'_{\lambda}={x_0}^2+{y_0}^2+{z_0}^2-1=0$，得：$x_0=y_0=z_0=\pm\dfrac{1}{\sqrt{3}}$，从而可知，在点 $(\dfrac{\sqrt{3}}{3},\dfrac{\sqrt{3}}{3},\dfrac{\sqrt{3}}{3})$ 处，$\dfrac{\partial u}{\partial \vec{n}}$ 取最大值，最大值为 $\dfrac{\partial u}{\partial \vec{n}}=\sqrt{3}$，在点 $(\dfrac{-\sqrt{3}}{3},\dfrac{-\sqrt{3}}{3},\dfrac{-\sqrt{3}}{3})$ 处，$\dfrac{\partial u}{\partial \vec{n}}$ 取最小值，最小值为 $\dfrac{\partial u}{\partial \vec{n}}=-\sqrt{3}$。

32．解：$\dfrac{\partial u}{\partial x}=f'(r)\dfrac{\partial r}{\partial x}=\dfrac{x}{r}f'(r)$，$\dfrac{\partial^2 u}{\partial x^2}=\dfrac{1}{r}f'(r)-\dfrac{x^2}{r^3}f'(r)+\dfrac{x^2}{r^2}f''(r)$，同理，$\dfrac{\partial^2 u}{\partial y^2}=\dfrac{1}{r}f'(r)-\dfrac{y^2}{r^3}f'(r)+\dfrac{y^2}{r^2}f''(r)$，$\dfrac{\partial^2 u}{\partial z^2}=\dfrac{1}{r}f'(r)-\dfrac{z^2}{r^3}f'(r)+\dfrac{z^2}{r^2}f''(r)$，所以，$\dfrac{\partial^2 u}{\partial x^2}+\dfrac{\partial^2 u}{\partial y^2}+\dfrac{\partial^2 u}{\partial z^2}=\dfrac{3}{r}f'(r)-\dfrac{1}{r}f'(r)+f''(r)=\dfrac{2}{r}f'(r)+f''(r)$。

33．解：$\dfrac{\mathrm{d}}{\mathrm{d}x}\varphi^3(x)=3\varphi^2(x)\varphi'(x)$

$$\begin{aligned}\varphi'(x)&=f_1'(x,f(x,2x))+f_2'(x,f(x,2x))\frac{\mathrm{d}}{\mathrm{d}x}\cdot f(x,2x)\\&=f_1'(x,f(x,2x))+f_2'(x,f(x,2x))(f_1'(x,2x)+f_2'(x,2x)\cdot 2)\end{aligned}$$

$$\begin{aligned}\varphi'(1)&=f_1'(1,f(1,2))+f_2'(1,f(1,2))(f_1'(1,2)+f_2'(1,2)\cdot 2)\\&=f_1'(1,2)+f_2'(1,2))(f_1'(1,2)+f_2'(1,2)\cdot 2)\\&=3+4(3+8)=47\end{aligned}$$

34．解：设该长方体在第一象限中且在抛物面上的一个顶点坐标为(x_0,y_0,z_0)，于是$V=4x_0y_0(c-z_0)$，且$\frac{z_0}{c}-(\frac{x_0^{\ 2}}{a^2}+\frac{y_0^{\ 2}}{b^2})=0$。

方法1：去掉下角，考虑$F(x,y,z,\lambda)=4xy(c-z)+\lambda(\frac{z}{c}-\frac{x^2}{a^2}-\frac{y^2}{b^2})$，由拉格朗日乘数，令$\frac{\partial F}{\partial x}=0$，$\frac{\partial F}{\partial y}=0$，$\frac{\partial F}{\partial z}=0$，$\frac{\partial F}{\partial \lambda}=0$，即：

$$\begin{cases}4y(c-z)-\dfrac{2\lambda}{a^2}x=0\\4x(c-z)-\dfrac{2\lambda}{a^2}y=0\\-4xy+\dfrac{\lambda}{c}=0\\\dfrac{z}{c}-\dfrac{x^2}{a^2}-\dfrac{y^2}{b^2}=0\end{cases}$$

解得$x_0=\frac{a}{2}$，$y_0=\frac{b}{2}$，$z_0=\frac{c}{2}$，在Ω中的解唯一，且当点$(x_0,y_0,z_0)\to\Omega$的边界时，$v\to 0$，所以当$x_0=\frac{a}{2}$，$y_0=\frac{b}{2}$，$z_0=\frac{c}{2}$时，V最大，$\max V=\frac{1}{2}abc$。

方法2：写成无条件的最值问题，$V=4c(xy-\frac{x^3y}{a^2}-\frac{xy^3}{b^2})$，$\begin{cases}\dfrac{\partial V}{\partial x}=4c(y-\dfrac{3x^2y}{a^2}-\dfrac{y^3}{b^2})=0\\\dfrac{\partial V}{\partial y}=4c(x-\dfrac{x^2}{a^2}-\dfrac{3xy^2}{b^2})=0\end{cases}$

解得$x_0=\frac{a}{2}$，$y_0=\frac{b}{2}$，于是$z_0=\frac{c}{2}$（下略）。

35．（1）按定义，$f_x'(0,0)=\lim\limits_{x\to 0}\frac{f(x,0)-f(0,0)}{x}=\lim\limits_{x\to 0}\frac{0}{x^3}=0$，同理，$f_y'(0,0)=0f(x,y)$。

（2）$\Delta f=f(0+\Delta x,0+\Delta y)-f(0,0)=\frac{(\Delta x)^2(\Delta y)^2}{\left[(\Delta x)^2+(\Delta y)^2\right]^{\frac{3}{2}}}$，$f(x,y)$在点$(0,0)$处可微的充要条件是：$\lim\limits_{(\Delta x,\Delta y)\to(0,0)}\frac{\Delta f}{\left[(\Delta x)^2+(\Delta y)^2\right]^{\frac{1}{2}}}=0$，即$\lim\limits_{(\Delta x,\Delta y)\to(0,0)}\frac{(\Delta x)^2(\Delta y)^2}{\left[(\Delta x)^2+(\Delta y)^2\right]^2}$，取$\Delta y=k(\Delta x)$，令$\Delta x\to x$，$\lim\limits_{(\Delta x,\Delta y)\to(0,0)}\frac{(\Delta x)^2(\Delta y)^2}{\left[(\Delta x)^2+(\Delta y)^2\right]^2}=\frac{k^2}{(1+k^2)^2}$，随$k$而变，即

$\lim\limits_{(\Delta x,\Delta y)\to(0,0)}\dfrac{(\Delta x)^2(\Delta y)^2}{\left[(\Delta x)^2+(\Delta y)^2\right]^2}$ 不存在，所以 $f(x,y)$ 在点 $(0,0)$ 处不可微。

36．解：两式分别对 x 求导数，有：$\begin{cases} yz+xz\dfrac{\mathrm{d}y}{\mathrm{d}x}+xy\dfrac{\mathrm{d}z}{\mathrm{d}x}=0 \\ 2x+2y\dfrac{\mathrm{d}y}{\mathrm{d}x}-2a\dfrac{\mathrm{d}z}{\mathrm{d}x}=0 \end{cases}$，将 $x=a$，$y=a$，$z=a$

代入得 $\begin{cases} y'(a)+z'(a)=-1 \\ y'(a)-z'(a)=-1 \end{cases}$，所以 $y'(a)=-1$，$z'(a)=0$，所以切线的方向向量可取 $\{1,-1,0\}$，

切线方程 $\dfrac{x-a}{1}=\dfrac{y-a}{-1}$ 且 $z-a=0$，即 $\begin{cases} x+y-2a=0 \\ z=a \end{cases}$。

37．解：设 $u=xy$，$v=\dfrac{1}{2}(x^2-y^2)$，$g(x,y)=f(u,v)$，$\dfrac{\partial g}{\partial x}=y\dfrac{\partial f}{\partial u}+x\dfrac{\partial f}{\partial v}$，

$\dfrac{\partial g}{\partial y}=x\dfrac{\partial f}{\partial u}-y\dfrac{\partial f}{\partial v}$，$\dfrac{\partial^2 g}{\partial x^2}=y(y\dfrac{\partial^2 f}{\partial u^2}+x\dfrac{\partial^2 f}{\partial u\partial v})+x(x\dfrac{\partial^2 f}{\partial v^2}+y\dfrac{\partial^2 f}{\partial u\partial v})+\dfrac{\partial f}{\partial v}$，

$\dfrac{\partial^2 g}{\partial y^2}=x(x\dfrac{\partial^2 f}{\partial u^2}-y\dfrac{\partial^2 f}{\partial u\partial v})+y(y\dfrac{\partial^2 f}{\partial v^2}-x\dfrac{\partial^2 f}{\partial u\partial v})-\dfrac{\partial f}{\partial v}$，

所以 $\dfrac{\partial^2 g}{\partial x^2}+\dfrac{\partial^2 g}{\partial y^2}=(x^2+y^2)(\dfrac{\partial^2 f}{\partial u^2}+\dfrac{\partial^2 f}{\partial v^2})=x^2+y^2$。

38．解：令 $v=u^2=x^2+y^2+z^2$，则有

$$F(x,y,z,\lambda,\mu)=x^2+y^2+z^2+\lambda(x^2+y^2-z)+\mu(x+y+z-4)$$

由拉格朗日乘数，令 $\dfrac{\partial F}{\partial x}=\dfrac{\partial F}{\partial y}=\dfrac{\partial F}{\partial z}=\dfrac{\partial F}{\partial \lambda}=\dfrac{\partial F}{\partial \mu}=0$，得。

$$\begin{cases} 2x+2\lambda x+\mu=0 & (1) \\ 2y+2\lambda x+\mu=0 & (2) \\ 2z-\lambda+\mu=0 & (3) \\ x^2+y^2-z=0 & (4) \\ x+y+z-4=0 & (5) \end{cases}$$

由式（1）－式（2）得：$2(\lambda+1)(x-y)=0$，解得：$\lambda=-1$ 或 $x=y$，若 $\lambda=-1$，则由式（1）得 $\mu=0$，由式（3）$\Rightarrow z=-\dfrac{1}{2}$ 与式（4）矛盾，所以取 $x=y$，由式（4）和式（5）可得 $z=2x^2$ 和 $z-4+2x=0\Rightarrow(x+2)(x-1)=0$，于是得 $(x,y,z)=(-2,-2,8)$ 或 $(1,1,2)$，所以 $u=\sqrt{72}$ 或 $u=\sqrt{6}$。讨论：约束条件 $x^2+y^2-z=0$，$x+y+z-4=0$ 表示旋转抛物面 $x^2+y^2-z=0$ 与平面 $x+y+z-4=0$ 的交线，是空间从一个椭圆 C：$u=\sqrt{x^2+y^2+z^2}$ 为原点到 C 上的点的距离，所以存在最大距离和最小距离，现在求得仅此两点，得 $u_{\max}=\sqrt{72}$，$u_{\min}=\sqrt{6}$.

39. 解：由全微分的表达式可知：$xy(x+y)-y=\dfrac{\partial u(x,y)}{\partial x}$，$f(x)+x^2y=\dfrac{\partial u(x,y)}{\partial y}$，

方法 1：由 $f'(x)$ 连续，所以 $\dfrac{\partial^2 u}{\partial x\partial y}=x^2+2xy-1=\dfrac{\partial^2 u}{\partial x\partial y}=f'(x)+2xy$，且 $f'(x)=x^2-1$，

$f(x)=\dfrac{x^3}{3}-x+C_1$，所给表达式为：

$$(xy(x+y)-y)\mathrm{d}x+(\frac{1}{3}x^3-x+C_1+x^2y)\mathrm{d}y=x^2y\mathrm{d}x+xy^2\mathrm{d}x-y\mathrm{d}x+\frac{1}{3}x^3\mathrm{d}y-x\mathrm{d}y+C_1\mathrm{d}y+x^2y\mathrm{d}y$$

$$=(x^2y\mathrm{d}x+\frac{1}{3}x^3\mathrm{d}y)+(xy^2\mathrm{d}x+x^2y\mathrm{d}y)-(y\mathrm{d}x+x\mathrm{d}y)+C_1\mathrm{d}y$$

$$=\frac{1}{3}\mathrm{d}(x^3y)+xy\mathrm{d}(xy)-\mathrm{d}(xy)+C_1\mathrm{d}y$$

$$=\mathrm{d}(\frac{1}{3}x^3y+\frac{1}{2}(xy)^2-xy+C_1y)$$

所以 $u(x,y)=\dfrac{1}{3}x^3y+\dfrac{1}{2}x^2y^2-xy+C_1y+C_2$。

（利用微分形式不变性求微分方程）

方法 2：由 $\dfrac{\partial u}{\partial y}=f(x)+x^2y$，所以 $u=f(x)y+\dfrac{1}{2}x^2y^2+C_1x$，再由 $\dfrac{\partial u}{\partial x}=xy(x+y)-y$，有

$f'(x)y+xy^2+C_1'(x)=(x^2-1)y+xy^2$，$f'(x)=x^2-1$，$C_1'(x)=0$，$f(x)=\dfrac{1}{3}x^3-x+C_2$，

$C_1(x)=C_1$。

方法 3：由 $\dfrac{\partial u}{\partial x}=xy(x+y)-y=x^2y+xy^2-y$，有 $u=\dfrac{1}{3}x^3y+\dfrac{1}{2}x^2y^2-yx+C_1(y)$，

$\dfrac{\partial u}{\partial y}=\dfrac{1}{3}x^3y+x^2y-x+C_1'(y)=f(x)+x^2y$，$f(x)=\dfrac{1}{3}x^3-x+C_1'(y)$，因为 $f(x)$ 仅为 x 的

函数，所以 $C_1'(y)$ 只是常数，$C_1'(y)\equiv C_1$，$C_1(y)=C_1y+C_2$，$f(x)=\dfrac{1}{3}x^3-x+C_1$，所以

$u(x,y)=\dfrac{1}{3}x^3y+\dfrac{1}{2}x^2y^2-xy+C_1y+C_2$。

40. 解：记 $F(x,y,z)=x^2+3y^2+z^2-1$，$F_x'=2x$，$F_y'=6y$，$F_z'=2z$，

$\vec{n}=\{F_x',F_y',F_z'\}\big|_M=\{\dfrac{2\sqrt{3}}{3},2,\dfrac{2\sqrt{3}}{3}\}$ 或 $\{\dfrac{\sqrt{3}}{3},1,\dfrac{\sqrt{3}}{3}\}$，切平面方程为

$\dfrac{\sqrt{3}}{3}(x-\dfrac{\sqrt{3}}{3})+(y-\dfrac{1}{3})+\dfrac{\sqrt{3}}{3}(z-\dfrac{\sqrt{3}}{3})=0$，$\dfrac{\sqrt{3}}{3}x+y+\dfrac{\sqrt{3}}{3}z=1$，$\sqrt{3}x+3y+\sqrt{3}z=3$

又因为 $A(\sqrt{3},0,0)$，$B(0,1,0)$，$C(0,0,\sqrt{3})$，$\overrightarrow{AB}=\{-\sqrt{3},1,0\}$，$\overrightarrow{AC}=\left\{\sqrt{3},0,\sqrt{3}\right\}$。

41．解：

$$\frac{\partial z}{\partial x}=\frac{\partial z}{\partial u}\cdot\frac{\partial u}{\partial x}+\frac{\partial z}{\partial v}\cdot\frac{\partial v}{\partial x}=\frac{\partial z}{\partial u}+\frac{\partial z}{\partial v}$$

$$\frac{\partial z}{\partial y}=\frac{\partial z}{\partial u}\cdot\frac{\partial u}{\partial y}+\frac{\partial z}{\partial v}\cdot\frac{\partial v}{\partial y}=\frac{a}{2\sqrt{y}}\cdot\frac{\partial z}{\partial u}+\frac{2}{2\sqrt{y}}\cdot\frac{\partial z}{\partial v}=\frac{1}{\sqrt{y}}\cdot(\frac{a}{2}\cdot\frac{\partial z}{\partial u}+\frac{\partial z}{\partial v})$$

$$\frac{\partial^2 z}{\partial x^2}=\frac{\partial^2 z}{\partial u^2}+2\cdot\frac{\partial^2 z}{\partial u\partial v}+\frac{\partial^2 z}{\partial v^2}$$

$\frac{\partial^2 z}{\partial y^2}=-\frac{1}{2}y^{-\frac{3}{2}}\cdot(\frac{a}{2}\cdot\frac{\partial z}{\partial u}+\frac{\partial z}{\partial v})+\frac{1}{\sqrt{y}}\cdot(\frac{a^2}{4\sqrt{y}}\cdot\frac{\partial^2 z}{\partial u^2}+\frac{a}{\sqrt{y}}\cdot\frac{\partial^2 z}{\partial u\partial v}+\frac{1}{\sqrt{y}}\cdot\frac{\partial^2 z}{\partial v^2})$ 代入方程，有

$\frac{\partial^2 z}{\partial x^2}-y\cdot\frac{\partial^2 z}{\partial y^2}-\frac{1}{2}\cdot\frac{\partial z}{\partial y}=(1-\frac{a^2}{4})\cdot\frac{\partial^2 z}{\partial u^2}+(2-a)\cdot\frac{\partial^2 z}{\partial u\partial v}=0$，$\begin{cases}2-a\neq 0\\ 1-\frac{a^2}{4}=0\end{cases}$，解得 $a=-2$，

$\overrightarrow{AB}\times\overrightarrow{AC}=\begin{vmatrix}\vec{i} & \vec{j} & \vec{k}\\ -\sqrt{3} & 1 & 0\\ -\sqrt{3} & 0 & \sqrt{3}\end{vmatrix}=\{\sqrt{3},3,\sqrt{3}\}$，$S_{\triangle ABC}=\frac{1}{2}\left|\overrightarrow{AB}\times\overrightarrow{AC}\right|=\frac{1}{2}\sqrt{15}$。

42．解：$f_x'(x,y)=2x+y+1$，得 $f(x,y)=x^2+xy+x+\varphi(y)$，$f_y'(x,y)=x+\varphi'(y)$，$\varphi'(y)=2y+3$，$\varphi(y)=y^2+3y+C$，故 $f(x,y)=x^2+xy+x+y^2+3y+C$，由于 $f(0,0)=1$，得 $C=1$，所以 $f(x,y)=x^2+xy+x+y^2+3y+1$。由 $\begin{cases}f_x'(x,y)=2x+y+1=0\\ f_y'(x,y)=x+2y+3=0\end{cases}$，得驻点 $P(\frac{1}{3},-\frac{5}{3})$，$f_{xx}''(x,y)=2$，$f_{xy}''(x,y)=1$，$f_{yy}''(x,y)=2$，$B^2-AC=1^2-2\times 2=-3<0$，且 $A=2>0$，$P(\frac{1}{3},-\frac{5}{3})$ 为极小值点，且极小值为 $f(\frac{1}{3},-\frac{5}{3})=-\frac{4}{3}$。

43．解：$\vec{l}=\{\frac{\sqrt{2}}{2},-\frac{\sqrt{2}}{2},0\}$，则 $f(x,y,z)$ 在点 $M(x,y,z)$ 处的方向导数 $\frac{\partial f}{\partial l}\Big|_M=\frac{\partial f}{\partial x}\cos\alpha+\frac{\partial f}{\partial y}\cos\beta+\frac{\partial f}{\partial z}\cos\gamma=\sqrt{2}(x-y)$，

记：$L(x,y,z,\lambda)=x-y+\lambda(2x^2+2y^2+z^2-1)$，求偏导数并令其为零，则有

$$\begin{cases}L_x'=1+4\lambda x=0\\ L_y'=-1+4\lambda y=0\\ L_z'=2\lambda z=0\\ L_\lambda'=2x^2+2y^2+z^2-1=0\end{cases}$$

解得：$M_1(\frac{1}{2},-\frac{1}{2},0)$，$M_2(-\frac{1}{2},\frac{1}{2},0)$，$\frac{\partial f}{\partial \vec{l}}\Big|_{M_1}=\sqrt{2}$，$\frac{\partial f}{\partial \vec{l}}\Big|_{M_2}=-\sqrt{2}$，所求点 $M_1(\frac{1}{2},-\frac{1}{2},0)$。

第 11 章　同步练习解

1. $\dfrac{2\pi}{3}$。

2. （1）$\iint\limits_D (x+y)^2\mathrm{d}\sigma \geqslant \iint\limits_D (x+y)^3\mathrm{d}\sigma$；

（2）$\iint\limits_D (x+y)^3\mathrm{d}\sigma \geqslant \iint\limits_D (x+y)^2\mathrm{d}\sigma$；

（3）$\iint\limits_D \ln(x+y)\mathrm{d}\sigma \geqslant \iint\limits_D \ln(x+y)^2\mathrm{d}\sigma$；

（4）$\iint\limits_D \left(\ln(x+y)\right)^2\mathrm{d}\sigma \geqslant \iint\limits_D \ln(x+y)\mathrm{d}\sigma$。

3. $\dfrac{9}{4}$。

4. $-\dfrac{45}{8}$。

5. （1）$1-\sin 1$；（2）$\dfrac{1}{2}(\dfrac{3}{4}\mathrm{e}-\mathrm{e}^{\frac{1}{2}})$。

6. （1）$\int_0^1 \mathrm{d}y\int_{-\sqrt{1-y^2}}^{\sqrt{1-y^2}} f(x,y)\mathrm{d}x$；（2）$\int_{-a}^0 \mathrm{d}y\int_{-\sqrt{a^2-y^2}}^{x+a} f(x,y)\mathrm{d}x$。

7. $\dfrac{11}{15}$。

8. （1）0；（2）0；（31）0。

9. $I=\dfrac{\pi}{4}a^4+4\pi a^2$。

10. $\dfrac{1}{2}(1-\mathrm{e}^{-1})$。

11. $\dfrac{3}{2}\pi$。

12. $\dfrac{41\pi}{2}$。

13. πR^3。

14. $\dfrac{1}{2}\ln 2-\dfrac{5}{16}$。

15. $\dfrac{21}{2}\pi$。

16. $\dfrac{8}{3}\pi$。

17. $\dfrac{\pi^2}{8}$。

18. （1）πa^3；（2）$\dfrac{\pi}{6}$。

19. $\dfrac{1}{48}$。

20. $\dfrac{4}{15}\pi abc^3$。

21. $\dfrac{64}{3}\pi$。

22. $4\pi a^2$。

23. πa^2。

第 11 章　提高题解答

1. 证法 1：令 $F(x)=\int_0^x f(y)\mathrm{d}y$，$F'(x)=f(x)$，则

$$
\begin{aligned}
\int_0^1 \mathrm{d}x\int_0^x f(x)f(y)\mathrm{d}y &= \int_0^1 f(x)F(x)\mathrm{d}x \\
&= \int_0^1 F(x)\mathrm{d}F(x)=\frac{1}{2}F^2(x)\Big|_0^1 \\
&= \frac{1}{2}(F^2(1)-F^2(0))=\frac{1}{2}F^2(1)=\frac{1}{2}(\int_0^1 f(y)\mathrm{d}y)^2
\end{aligned}
$$

因为$0\leqslant(\int_0^1 f(y)\mathrm{d}y)^2\leqslant 1$，所以，$0\leqslant\int_0^1\mathrm{d}x\int_0^x f(x)f(y)\mathrm{d}y\leqslant\dfrac{1}{2}$得证。

证法 2：$\int_0^1\mathrm{d}x\int_0^x f(x)f(y)\mathrm{d}y=\int_0^1\mathrm{d}x\int_x^1 f(x)f(y)\mathrm{d}y$，而后

$$\int_0^1\mathrm{d}x\int_x^1 f(x)f(y)\mathrm{d}y+\int_0^1\mathrm{d}x\int_0^x f(x)f(y)\mathrm{d}y=\int_0^1\mathrm{d}x\int_0^1 f(x)f(y)\mathrm{d}y$$

所以$\int_0^1\mathrm{d}x\int_0^x f(x)f(y)\mathrm{d}y=\dfrac{1}{2}\int_0^1\mathrm{d}x\int_0^1 f(x)f(y)\mathrm{d}y=\dfrac{1}{2}(\int_0^1 f(x)\mathrm{d}x)^2$。

所以$0\leqslant\int_0^1\mathrm{d}x\int_0^x f(x)f(y)\mathrm{d}y\leqslant\dfrac{1}{2}$得证。

2. 解：$\iint\limits_D \mathrm{e}^{\frac{y}{x}}\mathrm{d}\sigma=\int_0^1\mathrm{d}x\int_{x^2}^x \mathrm{e}^{\frac{y}{x}}\mathrm{d}y=\int_0^1 x\mathrm{e}^{\frac{y}{x}}\Big|_{x^2}^x\mathrm{d}x=\int_0^1(\mathrm{e}x-x\mathrm{e}^x)\mathrm{d}x=\dfrac{\mathrm{e}}{2}-1$。

3. 解：积分区域D，化为极坐标：

$$\int_0^a \mathrm{d}x\int_{-x}^{-a+\sqrt{a^2-x^2}}\frac{\mathrm{d}y}{\sqrt{(x^2+y^2)(4a^2-x^2-y^2)}}$$

$$=\iint_D\frac{1}{\sqrt{4a^2-r^2}}\mathrm{d}r\mathrm{d}\theta=\int_{-\frac{\pi}{4}}^0\mathrm{d}\theta\int_0^{-2a\sin\theta}\frac{\mathrm{d}r}{\sqrt{4a^2-r^2}}$$

$$=\int_{-\frac{\pi}{4}}^0\arcsin\frac{r}{2a}\Big|_0^{-2a\sin\theta}\mathrm{d}\theta=\int_{-\frac{\pi}{4}}^0(-\theta)\mathrm{d}\theta=-\frac{\theta^2}{2}\Big|_{-\frac{\pi}{4}}^0=\frac{\pi^2}{32}$$

4. $\int_{-1}^1\mathrm{d}x\int_0^{\sqrt{1-x^2}}\frac{1+y+xy^2}{1+x^2+y^2}\mathrm{d}y$

$$=\iint_D\frac{1+y+xy^2}{1+x^2+y^2}\mathrm{d}\sigma=\iint_D\frac{1+y}{1+x^2+y^2}\mathrm{d}\sigma+\iint_D\frac{xy^2}{1+x^2+y^2}\mathrm{d}\sigma$$

$$=\iint_D\frac{1+y}{1+x^2+y^2}\mathrm{d}\sigma+0=\int_0^\pi\mathrm{d}\theta\int_0^1\frac{1+r\sin\theta}{1+r^2}r\mathrm{d}r$$

$$=\int_0^\pi\mathrm{d}\theta\int_0^1\frac{r}{1+r^2}\mathrm{d}r+\int_0^\pi\mathrm{d}\theta\int_0^1\frac{r^2\sin\theta}{1+r^2}\mathrm{d}r$$

$$=\frac{\pi}{2}\ln 2+2(1-\frac{\pi}{4})$$

5. 解：交换积分次序得：

$$\int_0^1\mathrm{d}x\int_0^{\frac{\sqrt{x}}{2}}\mathrm{e}^{-2y^2}\mathrm{d}y=\int_0^{\frac{1}{2}}\mathrm{d}y\int_{4y^2}^1\mathrm{e}^{-2y^2}\mathrm{d}x=\int_0^{\frac{1}{2}}\mathrm{e}^{-2y^2}(1-4y^2)\mathrm{d}y=\int_0^{\frac{1}{2}}\mathrm{e}^{-2y^2}\mathrm{d}y-\int_0^{\frac{1}{2}}4y^2\mathrm{e}^{-2y^2}\mathrm{d}y$$

$$=\int_0^{\frac{1}{2}}\mathrm{e}^{-2y^2}\mathrm{d}y+\int_0^{\frac{1}{2}}y\mathrm{d}\mathrm{e}^{-2y^2}=\int_0^{\frac{1}{2}}\mathrm{e}^{-2y^2}\mathrm{d}y+y\mathrm{e}^{-2y^2}\Big|_0^{\frac{1}{2}}-\int_0^{\frac{1}{2}}\mathrm{e}^{-2y^2}\mathrm{d}y=\frac{1}{2}\mathrm{e}^{-\frac{1}{2}}$$

6. 解：设 $\iint_D\frac{af(x)+bf(y)}{f(x)+f(y)}\mathrm{d}\sigma=I$， $I=\iint_D\frac{af(x)+bf(y)}{f(x)+f(y)}\mathrm{d}\sigma=\iint_D\frac{af(y)+bf(x)}{f(y)+f(x)}\mathrm{d}\sigma$，

所以 $2I=\iint_D(a+b)\mathrm{d}\sigma=a+b$， $I=\frac{1}{2}(a+b)$。

7. 解： $\int_0^2\mathrm{d}x\int_0^{x^2-2x}f(x,y)\mathrm{d}y=\int_{-1}^0\mathrm{d}y\int_{1+\sqrt{1+y}}^{1-\sqrt{1+y}}f(x,y)\mathrm{d}x$ ；

$$或=-\int_{-1}^0\mathrm{d}y\int_{1-\sqrt{1+y}}^{1+\sqrt{1+y}}f(x,y)\mathrm{d}x\ ;$$

$$或=\int_0^{-1}\mathrm{d}y\int_{1-\sqrt{1+y}}^{1+\sqrt{1+y}}f(x,y)\mathrm{d}x\ 。$$

8. 解：将分成两块， $\frac{1}{4}$ 的圆记为 D_1，另一块记为 D_2。则有

$$\iint_D|x^2+y^2-1|\mathrm{d}\sigma=\iint_{D_1}(1-x^2-y^2)\mathrm{d}\sigma+\iint_{D_2}(x^2+y^2-1)\mathrm{d}\sigma$$

$$=\iint_{D_1}(1-x^2-y^2)\mathrm{d}\sigma+\iint_D(x^2+y^2-1)\mathrm{d}\sigma-\iint_{D_1}(x^2+y^2-1)\mathrm{d}\sigma$$

$$=2\iint_{D_1}(1-x^2-y^2)\mathrm{d}\sigma+\iint_{D}(x^2+y^2-1)\mathrm{d}\sigma$$

$$=2\int_0^{\frac{\pi}{2}}\mathrm{d}\theta\int_0^1(1-r^2)r\mathrm{d}r+\int_0^1\mathrm{d}y\int_0^1(x^2+y^2-1)\mathrm{d}x$$

$$=\frac{\pi}{4}+(-\frac{2}{3}+\frac{1}{3})=\frac{\pi}{4}-\frac{1}{3}$$

9. 解：积分区域如图 11-2 所示。

方法 1：$\iint_D(x-y)\mathrm{d}\sigma=\iint_{D_1}(x-y)\mathrm{d}\sigma+\iint_{D_2}(x-y)\mathrm{d}\sigma$

$$\iint_{D_1}(x-y)\mathrm{d}\sigma=\int_{1-\sqrt{2}}^{0}\mathrm{d}x\int_{1-\sqrt{2-(x-1)^2}}^{1+\sqrt{2-(x-1)^2}}(x-y)\mathrm{d}y$$

$$=\int_{1-\sqrt{2}}^{0}2(x-1)\sqrt{2-(x-1)^2}\mathrm{d}x$$

$$=-\frac{2}{3}(\sqrt{2-(x-1)^2})^3\Big|_{1-\sqrt{2}}^{0}=-\frac{2}{3}$$

$$\iint_{D_2}(x-y)\mathrm{d}\sigma=\int_0^2\mathrm{d}x\int_x^{1+\sqrt{2-(x-1)^2}}(x-y)\mathrm{d}y$$

$$=-\frac{1}{2}\int_0^2\left(2-2(x-1)\sqrt{2-(x-1)^2}\right)\mathrm{d}x=-2$$

所以$\iint_D(x-y)\mathrm{d}\sigma=-\frac{8}{3}$。

方法 2：用极坐标圆 $(x-1)^2+(y-1)^2=2$ 化为极坐标为 $r=2(\sin\theta+\cos\theta)$，其中 $\frac{\pi}{4}\leqslant\theta\leqslant\frac{3\pi}{4}$，$\iint_D(x-y)\mathrm{d}\sigma=\int_{\frac{\pi}{4}}^{\frac{3\pi}{4}}\mathrm{d}\theta\int_0^{2(\sin\theta+\cos\theta)}r^2(\cos\theta-\sin\theta)\mathrm{d}r$

$$=\frac{8}{3}\int_{\frac{\pi}{4}}^{\frac{3\pi}{4}}(\sin\theta+\cos\theta)^3\mathrm{d}(\sin\theta+\cos\theta)$$

$$=\frac{2}{3}(\sin\theta+\cos\theta)^4\Big|_{\frac{\pi}{4}}^{\frac{3\pi}{4}}=-\frac{8}{3}$$

方法 3：作坐标变换 $x-1=r\cos\theta$，$y-1=r\sin\theta$，其中 $\frac{\pi}{4}\leqslant\theta\leqslant\frac{5\pi}{4}$，

$$\iint_D(x-y)\mathrm{d}\sigma=\iint_D\big((x-1)-(y-1)\big)\mathrm{d}\sigma$$

$$=\int_{\frac{\pi}{4}}^{\frac{5\pi}{4}}\mathrm{d}\theta\int_0^{\sqrt{2}}r(\cos\theta-\sin\theta)r\mathrm{d}r=\int_{\frac{\pi}{4}}^{\frac{5\pi}{4}}(\cos\theta-\sin\theta)\mathrm{d}\theta\int_0^{\sqrt{2}}r^2\mathrm{d}r$$

$$=(\sin\theta+\cos\theta)\Big|_{\frac{\pi}{4}}^{\frac{5\pi}{4}}\cdot(\frac{r^3}{3})\Big|_0^{\sqrt{2}}=-2\sqrt{2}\cdot\frac{2}{3}\sqrt{2}=-\frac{8}{3}$$

10. 解：积分区域如图 11-3 所示：

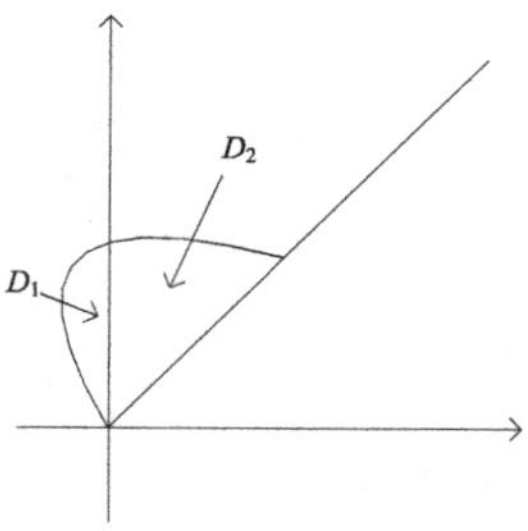

图 11-2

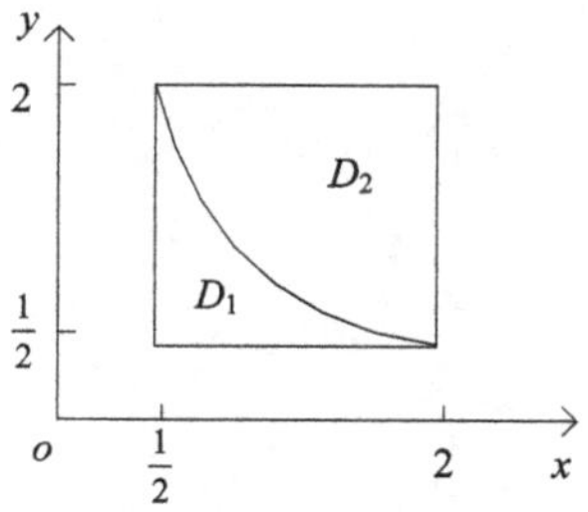

图 11-3

$$\iint\limits_D |xy-1|\mathrm{d}\sigma=\iint\limits_{D_1}|xy-1|\mathrm{d}\sigma+\iint\limits_{D_2}|xy-1|\mathrm{d}\sigma$$

$$=\int_{\frac{1}{2}}^{2}\mathrm{d}x\int_{\frac{1}{2}}^{\frac{1}{x}}(1-xy)\mathrm{d}y+\int_{\frac{1}{2}}^{2}\mathrm{d}x\int_{\frac{1}{x}}^{2}(xy-1)\mathrm{d}y$$

$$=\int_{\frac{1}{2}}^{2}(\frac{1}{2x}-\frac{1}{2}+\frac{x}{8})\mathrm{d}x+\int_{\frac{1}{2}}^{2}(2x-2+\frac{1}{2x})\mathrm{d}x$$

$$=\frac{1}{2}(\ln 2-\ln\frac{1}{2})-\frac{1}{2}(2-\frac{1}{2})+\frac{1}{16}(2^2-(\frac{1}{2})^2)+$$

$$(4-\frac{1}{4})-2(2-\frac{1}{2})+\frac{1}{2}(\ln 2-\ln\frac{1}{2})=2\ln 2+\frac{15}{64}$$

11. 解：$\int_0^1\mathrm{d}y\int_{\sqrt{y}}^1\sqrt{x^4-y^2}\mathrm{d}x=\int_0^1\mathrm{d}x\int_0^{x^2}\sqrt{x^4-y^2}\mathrm{d}y$，由于$\int_0^{x^2}\sqrt{x^4-y^2}\mathrm{d}y$是半径为$x^2$的圆面积的$\frac{1}{4}$，等于$\frac{\pi}{4}x^4$，所以，$\int_0^1\mathrm{d}y\int_{\sqrt{y}}^1\sqrt{x^4-y^2}\mathrm{d}x=\int_0^1\frac{\pi}{4}x^4\mathrm{d}x=\frac{\pi}{20}$，其中$\int_0^{x^2}\sqrt{x^4-y^2}\mathrm{d}y$也可作变换$y=x^2\sin t$计算，当$y=0$时$t=0$，且当$y=x^2$时，$t=\frac{\pi}{2}$，$\mathrm{d}y=x^2\cos t\mathrm{d}t$，所以，$\int_0^{x^2}\sqrt{x^4-y^2}\mathrm{d}y=\pi^4\int_0^{\frac{\pi}{2}}\cos^2 t\mathrm{d}t=\frac{\pi}{4}$。

12. 解：$V=\iint\limits_D\sqrt{x^2+y^2}\mathrm{d}\sigma=\int_0^{\frac{\pi}{4}}\mathrm{d}\theta\int_0^{2\cos\theta}r^2\mathrm{d}r=\frac{10}{9}\sqrt{2}$。

13. 解：$I=\iint\limits_D y\sqrt{1-x^2+y^2}\mathrm{d}\sigma$

$$=\frac{1}{2}\int_0^1\mathrm{d}x\int_0^x\sqrt{1-x^2+y^2}\mathrm{d}(1-x^2+y^2)$$

$$=\frac{1}{3}\int_0^1(1-x^2+y^2)^{\frac{3}{2}}\Big|_0^x\mathrm{d}x=\frac{1}{3}\int_0^1(1-(1-x^2)^{\frac{3}{2}})\mathrm{d}x$$

$$=\frac{1}{3}-\frac{1}{3}\int_0^{\frac{\pi}{2}}\cos^4 t\mathrm{d}t=\frac{1}{3}-\frac{\pi}{16}$$

（注：其中$D=\{(x,y)\big|0\leqslant x\leqslant 1,0\leqslant y\leqslant x\}$，且令$x=\sin t$）。

14. 解：（1）将D分成3部分：$D_1=\{(x,y)\Big|0\leqslant x\leqslant\frac{1}{2},0\leqslant y\leqslant 2\}$；

$D_2=\{(x,y)\big|\frac{1}{2}\leqslant x\leqslant 2,0\leqslant y\leqslant\frac{1}{x}\}$； $D_3=\{(x,y)\big|\frac{1}{2}\leqslant x\leqslant 2,\frac{1}{x}\leqslant y\leqslant 2\}$。

$$A=\iint_{D_1}(1-xy)\mathrm{d}x\mathrm{d}y+\iint_{D_2}(1-xy)\mathrm{d}x\mathrm{d}y+\iint_{D_3}(xy-1)\mathrm{d}x\mathrm{d}y=\frac{3}{2}+2\ln 2。$$

（2）$I=\left|\iint_D(xy-1)f(x,y)\mathrm{d}x\mathrm{d}y\right|\leqslant\iint_D|xy-1||f(x,y)|\mathrm{d}x\mathrm{d}y\leqslant M\iint_D|xy-1|\mathrm{d}x\mathrm{d}y=MA$。

其中 $M=\max\limits_{(x,y)\in D}|f(x,y)|$，由闭区域上连续函数性质可知：存在 $(\xi,\eta)\in D$，使 $f(\xi,\eta)=M$，所以存在 $(\xi,\eta)\in D$ 使 $f(\xi,\eta)A\geqslant 1$，证毕。

15. 解：方法 1：交换积分次序：

$$\int_0^1\mathrm{d}x\int_{x^2}^1\frac{xy}{\sqrt{1+y^3}}\mathrm{d}y=\int_0^1\mathrm{d}y\int_0^{\sqrt{y}}\frac{xy}{\sqrt{1+y^3}}\mathrm{d}x=\frac{1}{2}\int_0^1\frac{y^2}{\sqrt{1+y^3}}\mathrm{d}y$$

$$=\frac{1}{2}\cdot\frac{2}{3}\sqrt{1+y^3}\Big|_0^1=\frac{1}{3}(\sqrt{2}-1)$$

方法 2：利用分部积分法：

$$\int_0^1\mathrm{d}x\int_{x^2}^1\frac{xy}{\sqrt{1+y^3}}\mathrm{d}y=\int_0^1\left(\int_{x^2}^1\frac{y}{\sqrt{1+y^3}}\mathrm{d}y\right)\mathrm{d}\left(\frac{x^2}{2}\right)$$

$$=\left(\frac{x^2}{2}\int_{x^2}^1\frac{y}{\sqrt{1+y^3}}\mathrm{d}y\right)\Big|_0^1-\int_0^1\frac{x^2}{2}\mathrm{d}\left(\int_{x^2}^1\frac{y}{\sqrt{1+y^3}}\mathrm{d}y\right)$$

$$=0+\int_0^1\frac{x^2}{2}\cdot\frac{x^2}{\sqrt{1+x^6}}\cdot 2x\mathrm{d}x=\frac{1}{6}\cdot 2\sqrt{1+x^6}\Big|_0^1=\frac{1}{3}(\sqrt{2}-1)$$

16. 解：如图 11-4 所示，将 D 分成 3 部分：$D_1\cup D_2\cup D_3$。

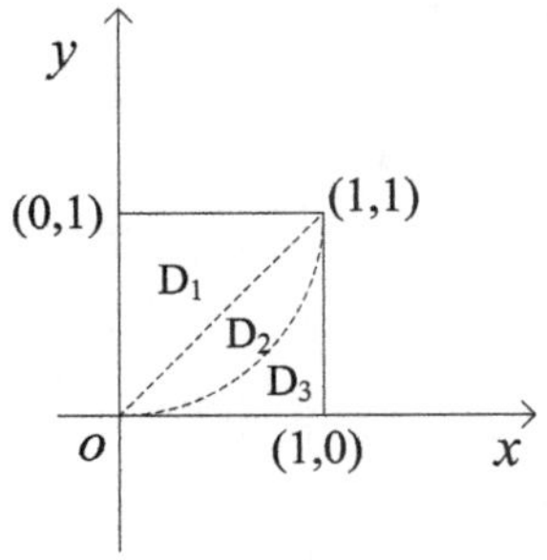

图 11-4

$$\iint_D f(x,y)|y-x^2|\mathrm{d}\sigma=\iint_{D_1}y(y-x^2)\mathrm{d}\sigma+\iint_{D_2}x(y-x^2)\mathrm{d}\sigma+\iint_{D_3}x(x^2-y)\mathrm{d}\sigma$$

$$=\int_0^1\mathrm{d}x\int_x^1(y^2-yx^2)\mathrm{d}y+\int_0^1\mathrm{d}x\int_{x^2}^x(xy-x^3)\mathrm{d}y+\int_0^1\mathrm{d}x\int_0^{x^2}(x^3-xy)\mathrm{d}y=\frac{11}{40}$$

17. 解：利用极坐标法：

$$\iint_D\mathrm{e}^{\frac{y}{x+y}}\mathrm{d}\sigma=\int_0^{\frac{\pi}{4}}\mathrm{d}\theta\int_{\frac{1}{\cos\theta+\sin\theta}}^{\frac{2}{\cos\theta+\sin\theta}}\mathrm{e}^{\frac{\sin\theta}{\cos\theta+\sin\theta}}r\mathrm{d}r$$

$$=\frac{1}{2}\int_0^{\frac{\pi}{4}} e^{\frac{\sin\theta}{\cos\theta+\sin\theta}} \frac{3}{(\cos\theta+\sin\theta)^2}d\theta$$

$$=\frac{3}{2}\int_0^{\frac{\pi}{4}} e^{\frac{\sin\theta}{\cos\theta+\sin\theta}} d(\frac{\sin\theta}{\cos\theta+\sin\theta})$$

$$=\frac{3}{2}e^{\frac{\sin\theta}{\cos\theta+\sin\theta}}\Big|_0^{\frac{\pi}{4}}=\frac{3}{2}(e^{\frac{1}{2}}-1)$$

18. 解：$0<R_1\leqslant x^2+y^2\leqslant R_2$，且$x,y\geqslant 0$，则有

$$\iint_{\Omega} e^{x^2+y^2+\ln\frac{x+y}{\sqrt{x^2+y^2}}}dxdy=\int_0^{\frac{\pi}{2}}\int_{R_1}^{R_2} e^{r^2+\ln(\cos\theta+\sin\theta)}rdrd\theta$$

$$=\int_0^{\frac{\pi}{2}}(\cos\theta+\sin\theta)d\theta\int_{R_1}^{R_2}e^{r^2}rdr=e^{R_2^{\ 2}}-e^{R_1^{\ 2}}$$

19. 解：$\int_0^1 dy\int_{y^{\frac{2}{3}}}^1 y\sin x^2dx=\int_0^1 dx\int_0^{x^{\frac{3}{2}}} y\sin x^2dy=\frac{1}{2}\int_0^1 x^3\sin x^2dx=\frac{1}{4}\int_0^1 t\sin tdt$

$$=\frac{1}{4}(-t\cos t\big|_0^1+\int_0^1\cos tdt)=\frac{1}{4}(\sin 1-\cos 1)$$

20. 解：抛物面上，点处$P(x_0,y_0,z_0)$的切平面方程为

$$2x_0(x-x_0)+2y_0(y-y_0)-(z-z_0)=0\text{或}z=2x_0x+2y_0y-x_0^{\ 2}-y_0^{\ 2}+1$$

于是由题中提出的三者围成的立体的体积是：其中$D=\{(x,y)\big|(x-1)^2+y^2\leq 1\}$，则有

$$V=\iint_D(Z_{\text{抛物面}}-Z_{\text{切平面}})dxdy$$

$$=\iint_D\left((1+x^2+y^2)-(2x_0x+2y_0y-x_0^{\ 2}-y_0^{\ 2}+1)\right)dxdy$$

$$=\iint_D(x^2+y^2-2x_0x)dxdy+\iint_D(x_0^{\ 2}+y_0^{\ 2})dxdy-2y_0\iint_D ydxdy$$

$$=2\int_0^{\frac{\pi}{2}}\int_0^{2\cos\theta}(r^2-2x_0r\cos\theta)rdrd\theta+(x_0^{\ 2}+y_0^{\ 2})\pi-0$$

$$=(\frac{3}{2}-2x_0+x_0^{\ 2}+y_0^{\ 2})\pi=(\frac{1}{2}+(x_0-1)^2+y_0^{\ 2})\pi.$$

所以当$x_0=1$，$y_0=0$时，该立体体积最小，$V_{\min}=\frac{\pi}{2}$。

21. 解：$D=\{(x,y)\big||x|\leqslant y\leqslant\sqrt{2-x^2},-1\leqslant x\leqslant 1\}$，$D$关于$y$轴对称，则有

$$\int_{-1}^1 dx\int_{|x|}^{\sqrt{2-x^2}}(xy+1)\sin(x^2+y^2)dy=\iint_D(xy+1)\sin(x^2+y^2)d\sigma=\iint_D\sin(x^2+y^2)d\sigma$$

$$=\int_{-\frac{\pi}{4}}^{\frac{\pi}{4}}d\theta\int_0^{\sqrt{2}}r\sin r\,dr=\frac{\pi}{4}(-\cos r^2)\Big|_0^{\sqrt{2}}=\frac{\pi}{4}(1-\cos 2)$$

22. 解: $\iint\limits_D (y^2+(xy)^{2013})\mathrm{d}x\mathrm{d}y=\int_{-1}^1\mathrm{d}x\int_{x^3}^1 y^2\mathrm{d}y+\int_{-1}^1 x^{2013}\mathrm{d}x\int_{x^3}^1 y^{2013}\mathrm{d}y$

$$=\int_{-1}^1(\frac{1}{3}-\frac{1}{3}x^9)\mathrm{d}x+\int_{-1}^1(\frac{x^{2013}}{2014}-\frac{y^{8055}}{2014})\mathrm{d}x$$

$$=\frac{2}{3}+0=\frac{2}{3}$$

23. 解: $V=\iint\limits_D y\sqrt{1+2x+y^2}\mathrm{d}x\mathrm{d}y=\int_0^4\mathrm{d}x\int_0^x y\sqrt{1+2x+y^2}\mathrm{d}y=\int_0^4\frac{1}{3}(1+2x+y^2)^{\frac{3}{2}}\Big|_0^x\mathrm{d}x$

$$=\frac{1}{3}\int_0^4\left((1+x)^3-(1+2x)^{\frac{3}{2}}\right)\mathrm{d}x=\frac{1}{12}(1+x)^4\Big|_0^4-\frac{1}{15}(1+2x)^{\frac{5}{2}}\Big|_0^4=\frac{1221}{5}$$

24. 解: 令 $D_1=\{(x,y)\big|-2\leqslant x\leqslant 0,0\leqslant y\leqslant 2\}$, $D_2=\{(x,y)\big|-\sqrt{2y-y^2}\leqslant x\leqslant 0\}$,

$$\iint\limits_D y\mathrm{d}\sigma=\iint\limits_{D_1}y\mathrm{d}\sigma-\iint\limits_{D_2}y\mathrm{d}\sigma=\int_{-2}^0\mathrm{d}x\int_0^2 y\mathrm{d}y-\int_{\frac{\pi}{2}}^{\pi}\mathrm{d}\theta\int_0^{2\sin\theta}r^2\sin\theta\mathrm{d}r$$

$$=4-\frac{8}{3}\int_{\frac{\pi}{2}}^{\pi}\sin^4\theta\mathrm{d}\theta=4-\frac{8}{3}\cdot\frac{3}{4}\cdot\frac{1}{2}\cdot\frac{\pi}{2}=4-\frac{\pi}{2}$$

25. 解: D 关于 x 轴对称, $\sin(xy)$ 是 y 的奇函数, $1+x$ 是 y 的偶函数, 取 $D_1=\{(x,y)\big|x^2+y^2\leqslant 1,x\geqslant,y\geqslant 0\}$, 则有

$$\iint\limits_D\frac{1+x+\sin(xy)}{1+x^2+y^2}\mathrm{d}\sigma=2\iint\limits_{D_1}\frac{1+x}{1+x^2+y^2}\mathrm{d}\sigma=2\int_0^{\frac{\pi}{2}}\mathrm{d}\theta\int_0^1\frac{1+r\cos\theta}{1+r^2}r\mathrm{d}r$$

$$=2\int_0^{\frac{\pi}{2}}\mathrm{d}\theta\int_0^1\frac{r}{1+r^2}\mathrm{d}r+2\int_0^{\frac{\pi}{2}}\mathrm{d}\theta\int_0^1\frac{r^2\cos\theta}{1+r^2}\mathrm{d}r$$

$$=\frac{\pi}{2}\ln 2+2\int_0^{\frac{\pi}{2}}\cos\theta\mathrm{d}\theta\int_0^1(1-\frac{r^2}{1+r^2})\mathrm{d}r$$

$$=\frac{\pi}{2}\ln 2+2(1-\frac{\pi}{4})=\frac{\pi}{2}(\ln 2-1)+2$$

26. 解: $\int_0^1\mathrm{d}y\int_0^1\sqrt{\mathrm{e}^{2x}-y^2}\mathrm{d}x+\int_1^{\mathrm{e}}\mathrm{d}y\int_{\ln y}^1\sqrt{\mathrm{e}^{2x}-y^2}\mathrm{d}x=\int_0^1\mathrm{d}x\int_0^{\mathrm{e}^x}\sqrt{\mathrm{e}^{2x}-y^2}\mathrm{d}y$, 内含积分, 令 $y=\mathrm{e}^x\sin t$ (x 视为常数), $\int_0^{\mathrm{e}^x}\sqrt{\mathrm{e}^{2x}-y^2}\mathrm{d}y=\int_0^{\frac{\pi}{2}}\mathrm{e}^{2x}\cos^2 t\mathrm{d}t=\mathrm{e}^{2x}\cdot\frac{1}{2}\cdot\frac{\pi}{2}=\frac{\pi}{4}\mathrm{e}^{2x}$, 所以, $\int_0^1\mathrm{d}x\int_0^{\mathrm{e}^x}\sqrt{\mathrm{e}^{2x}-y^2}\mathrm{d}y=\frac{\pi}{4}\int_0^1\mathrm{e}^{2x}\mathrm{d}x=\frac{\pi}{8}(\mathrm{e}^2-1)$。

注: 也可以由几何意义得 $\int_0^{\mathrm{e}^x}\sqrt{\mathrm{e}^{2x}-y^2}\mathrm{d}y=\frac{\pi}{4}(\mathrm{e}^x)^2=\frac{\pi}{4}\mathrm{e}^{2x}$。

27. 解: 由对称性, 则有

$$\iint\limits_D\frac{|x|y}{\sqrt{1+y^3}}\mathrm{d}\sigma=2\int_0^1\mathrm{d}y\int_0^{\sqrt{y}}\frac{xy}{\sqrt{1+y^3}}\mathrm{d}x=2\int_0^1\frac{y}{\sqrt{1+y^3}}\mathrm{d}y\int_0^{\sqrt{y}}x\mathrm{d}x$$

$$=\int_0^1\frac{y^2}{\sqrt{1+y^3}}\mathrm{d}y=\frac{2}{3}\sqrt{1+y^3}\Big|_0^1=\frac{2}{3}(\sqrt{2}-1)$$

28. 解：交换积分次序：

$$\int_{\frac{1}{4}}^{\frac{1}{2}}\mathrm{d}y\int_{\frac{1}{2}}^{\sqrt{y}}\mathrm{e}^{\frac{y}{x}}\mathrm{d}x=\int_{\frac{1}{2}}^{1}\mathrm{d}y\int_{y}^{\sqrt{y}}\mathrm{e}^{\frac{y}{x}}\mathrm{d}x=\int_{\frac{1}{2}}^{1}\mathrm{d}x\int_{x^2}^{x}\mathrm{e}^{\frac{y}{x}}\mathrm{d}y=\int_{\frac{1}{2}}^{1}x(\mathrm{e}-\mathrm{e}^x)\mathrm{d}x=\frac{3}{8}\mathrm{e}-\frac{1}{2}\sqrt{\mathrm{e}}$$

29. 解：$\begin{cases}x=r\cos\theta\\x=r\sin\theta\end{cases}$，$0\le\theta\leqslant\dfrac{\pi}{2}$，$0\leqslant r\leqslant\dfrac{1}{\cos\theta+\sin\theta}$，则有

$$\iint_D\cos(\frac{x-y}{x+y})\mathrm{d}\sigma=\int_0^{\frac{\pi}{2}}\mathrm{d}\theta\int_0^{\frac{1}{\cos\theta+\sin\theta}}\cos(\frac{\cos\theta-\sin\theta}{\cos\theta+\sin\theta})r\mathrm{d}r$$

$$=\frac{1}{2}\int_0^{\frac{\pi}{2}}\cos(\frac{\cos\theta-\sin\theta}{\cos\theta+\sin\theta})\frac{1}{(\cos\theta+\sin\theta)^2}\mathrm{d}\theta$$

$$=-\frac{1}{4}\sin(\frac{\cos\theta-\sin\theta}{\cos\theta+\sin\theta})\Big|_0^{\frac{\pi}{2}}$$

$$=-\frac{1}{4}(\sin(-1)-\sin1)=\frac{1}{2}\sin1$$

注：$$\frac{1}{2}\int_0^{\frac{\pi}{2}}\cos(\frac{\cos\theta-\sin\theta}{\cos\theta+\sin\theta})\frac{1}{(\cos\theta+\sin\theta)^2}\mathrm{d}\theta=\frac{1}{2}\int_0^{\frac{\pi}{2}}\cos(\frac{1-\tan\theta}{1+\tan\theta})\frac{1}{(\sqrt{2}\cos(\frac{\pi}{4}-\theta)^2}\mathrm{d}\theta$$

$$=-\frac{1}{4}\int_0^{\frac{\pi}{2}}\cos(\tan(\frac{\pi}{4}-\theta))\mathrm{d}\tan(\frac{\pi}{4}-\theta)$$

$$=-\frac{1}{4}\sin(\tan(\frac{\pi}{4}-\theta))\Big|_0^{\frac{\pi}{2}}=\frac{1}{2}\sin1$$

30. 解：$D=\{(x,y)\big|0\leqslant x\leqslant1,0\leqslant y\leqslant1\}$，$D_1=\{(x,y)\big|x^2+y^2\leqslant1\}$，

（1）$\left|x^2+y^2-1\right|=\begin{cases}1-(x^2+y^2)\text{，} & (x,y)\in D\\x^2+y^2-1\quad\text{，} & (x,y)\in D\setminus D_1\end{cases}$

$$\iint_D\left|x^2+y^2-1\right|\mathrm{d}\sigma=\iint_{D_1}\left|x^2+y^2-1\right|\mathrm{d}\sigma+\iint_{D\setminus D_1}\left|x^2+y^2-1\right|\mathrm{d}\sigma$$

$$=2\iint_{D_1}(1-(x^2+y^2))\mathrm{d}\sigma+\iint_D(x^2+y^2-1)\mathrm{d}\sigma$$

$$2\int_0^{\frac{\pi}{2}}\mathrm{d}\theta\int_0^1(1-r^2)\mathrm{d}r+\int_0^1\mathrm{d}x\int_0^1(x^2+y^2-1)\mathrm{d}y=\frac{\pi}{4}-\frac{1}{3}$$

（2）$\dfrac{\pi}{4}-\dfrac{1}{3}=\iint_D f(x,y)(x^2+y^2)\mathrm{d}\sigma-\iint_D f(x,y)\mathrm{d}\sigma=\left|\iint_D f(x,y)(x^2+y^2-1)\mathrm{d}\sigma\right|\leqslant$

$\iint_D|f(x,y)|\left|x^2+y^2-1\right|\mathrm{d}\sigma\leqslant M\iint_D\left|x^2+y^2-1\right|\mathrm{d}\sigma=M(\dfrac{\pi}{4}-\dfrac{1}{3})$，所以 $M\geqslant1$，其中

$M=\max\limits_{(x,y)\in D}|f(x,y)|$，因为$|f(x,y)|$在闭区域$D$上连续，所以，$\exists(\xi,\eta)\in D$使得$|f(\xi,\eta)|=M$，即$\exists(\xi,\eta)\in D$，使$|f(\xi,\eta)|\geqslant 1$。

31. 解：$\int_0^{\pi}\mathrm{d}\theta\int_0^{\frac{\pi}{4}}\mathrm{d}\varphi\int_{\frac{1}{\cos\varphi}}^{2\cos\varphi}f(\rho\cos\theta\sin\varphi,\rho\sin\theta\sin\varphi,\rho\cos\varphi)\rho^2\sin\varphi\mathrm{d}\rho$。

32. 证明：（1）利用柱面坐标：（先对r积分再对θ积分，然后再对z积分）

$$\iiint_{\Omega}f(z)\mathrm{d}V=\int_{-1}^{1}\mathrm{d}z\int_0^{2\pi}\mathrm{d}\theta\int_0^{\sqrt{1-z^2}}f(z)r\mathrm{d}r=2\pi\int_{-1}^{1}f(z)(\frac{1}{2}r^2)\Big|_0^{\sqrt{1-z^2}}\mathrm{d}z$$
$$=\pi\int_{-1}^{1}f(z)(1-z^2)\mathrm{d}z$$

（2）解：由（1）可知，所求质量为：

$$M=\pi\int_{-1}^{1}z^4(1-z^2)\mathrm{d}z=\pi(\frac{2}{5}-\frac{2}{7})=\frac{4\pi}{35}$$

33. 解：用柱面坐标，先z后(r,θ)，则有

$$\iiint_{\Omega}(x^2+y^2)\mathrm{d}V=\iint_D\mathrm{d}\sigma\int_{\frac{1}{2}(x^2+y^2)}^{8}(x^2+y^2)\mathrm{d}z=\iint_D(x^2+y^2)(\frac{1}{8}-\frac{1}{2}(x^2+y^2))\mathrm{d}\sigma$$
$$=\int_0^{2\pi}\mathrm{d}\theta\int_0^4 r^2(8-\frac{1}{2}r^2)r\mathrm{d}r=\frac{1024}{3}\pi$$

其中$D=\left\{(x,y)\middle|x^2+y^2\leqslant 16\right\}$，用柱面坐标，先$(r,\theta)$后$z$，则有

$$\iiint_{\Omega}(x^2+y^2)\mathrm{d}V=\int_0^8\mathrm{d}z\int_0^{2\pi}\mathrm{d}\theta\int_0^{\sqrt{2z}}r^3\mathrm{d}\theta r=\frac{1024}{3}\pi$$

34. 解：$I_t=\iiint_{V(t)}(x^2+y^2+z^2)^{\frac{b}{2}}\mathrm{d}x\mathrm{d}y\mathrm{d}z=\int_0^{2\pi}\mathrm{d}\theta\int_0^{\pi}\mathrm{d}\varphi\int_0^t\rho^b\rho^2\sin\varphi\mathrm{d}\varphi=\frac{4\pi}{3+b}t^{b+3}$

$$\lim_{t\to0^+}\frac{I_t}{t^a}=\lim_{t\to0^+}\frac{4\pi}{3+b}t^{b+3-a}=\begin{cases}\frac{4\pi}{3+b}, & a=b+3\\ 0\ , & a<b+3\end{cases}$$

35. 解：化成柱面坐标：

$$\int_{-1}^{1}\mathrm{d}x\int_0^{\sqrt{1-x^2}}\mathrm{d}y\int_0^{1+\sqrt{1-x^2-y^2}}\frac{\mathrm{d}z}{\sqrt{x^2+y^2}}=\int_0^{\pi}\mathrm{d}\theta\int_0^1\mathrm{d}r\int_1^{1+\sqrt{1-r^2}}\mathrm{d}z=\pi\int_0^1\sqrt{1-r^2}\mathrm{d}r=\frac{\pi^2}{4}$$

36. 解：方法1：先(x,y)后z，记：$D_z=\{(x,y)|\frac{x^2}{a^2}+\frac{y^2}{b^2}\leqslant z\}$，则有

$$\iiint_{\Omega}z\mathrm{d}V=\int_0^1\mathrm{d}z\iint_{D_z}z\mathrm{d}\sigma=\int_0^1z\mathrm{d}z\iint_{D_z}\mathrm{d}\sigma=\int_0^1\pi a\sqrt{z}b\sqrt{z}z\mathrm{d}z=\pi ab\int_0^1z^2\mathrm{d}z=\frac{\pi}{3}ab$$

方法2：先z后(x,y)，记：$D=\{(x,y)|\frac{x^2}{a^2}+\frac{y^2}{b^2}\leqslant 1\}$，则有

$$\iiint_{\Omega}z\mathrm{d}V=\iint_D\mathrm{d}\sigma\int_{\frac{x^2}{a^2}+\frac{y^2}{b^2}}^{1}z\mathrm{d}z=\frac{1}{2}\iint_D(1-(\frac{x^2}{a^2}+\frac{y^2}{b^2})^2)\mathrm{d}\sigma$$

再用广义极坐标，令$x=ra\cos\theta$，$y=rb\sin\theta$，$\mathrm{d}\sigma=abr\mathrm{d}r\mathrm{d}\theta$，则有

$$\iiint_{\Omega} z\mathrm{d}V=\frac{1}{2}\int_0^{2\pi}\mathrm{d}\theta\int_0^1(1-r^4)rab\mathrm{d}r=\frac{ab}{2}\int_0^{2\pi}\mathrm{d}\theta\int_0^1(r-r^5)\mathrm{d}r=\pi ab(\frac{1}{2}-\frac{1}{6})=\frac{1}{3}\pi ab$$

方法 3：由方法 2，有

$$\iiint_{\Omega} z\mathrm{d}V=\frac{1}{2}\iint_D(1-\frac{x^4}{a^4}-2\frac{x^2y^2}{a^2b^2}-\frac{y^4}{b^4})\mathrm{d}\sigma$$

$$=2\int_0^a\mathrm{d}x\int_0^{\frac{b}{a}\sqrt{a^2-x^2}}(1-\frac{x^4}{a^4}-2\frac{x^2y^2}{a^2b^2}-\frac{y^4}{b^4})\mathrm{d}y$$

$$=2\int_0^a(\frac{b}{a}(a^2-x^2)^{\frac{1}{2}}-\frac{b}{a^5}x^4(a^2-x^2)^{\frac{1}{2}}-\frac{2x^2}{3a^2b^2}\cdot\frac{b^3}{a^3}(a^2-x^2)^{\frac{3}{2}}-\frac{1}{5b^4}\cdot\frac{b^5}{a^5}(a^2-x^2)^{\frac{5}{2}})\mathrm{d}x$$

再作变量变换 $x=a\sin t$，有

$$\iiint_{\Omega} z\mathrm{d}V=2\int_0^{\frac{\pi}{2}}(b\cos t-b\sin^4 t\cos t-\frac{2}{3}b\sin^2 t\cos^3 t-\frac{1}{5}b\cos^5 t)a\cos t\mathrm{d}t$$

$$=2ab\int_0^{\frac{\pi}{2}}(\cos^2 t-\sin^4 t\cos^2 t-\frac{2}{3}\sin^2 t\cos^4 t-\frac{1}{5}\cos^6 t)\mathrm{d}t$$

$$=2ab\int_0^{\frac{\pi}{2}}(\cos^2 t-\sin^4 t+\sin^6 t-\frac{2}{3}\cos^4 t+\frac{2}{3}\cos^6 t-\frac{1}{5}\cos^6 t)\mathrm{d}t$$

$$=2ab(\frac{1}{2}\cdot\frac{\pi}{2}-\frac{3}{4}\cdot\frac{1}{2}\cdot\frac{\pi}{2}+\frac{5}{6}\cdot\frac{3}{4}\cdot\frac{1}{2}\cdot\frac{\pi}{2}-\frac{2}{3}\cdot\frac{3}{4}\cdot\frac{1}{2}\cdot\frac{\pi}{2}+\frac{2}{3}\cdot\frac{5}{6}\cdot\frac{3}{4}\cdot\frac{1}{2}\cdot\frac{\pi}{2}-\frac{1}{5}\cdot\frac{5}{6}\cdot\frac{3}{4}\cdot\frac{1}{2}\cdot\frac{\pi}{2})$$

$$=\frac{1}{3}\pi ab$$

37. 解：原式 $=\iiint_{\Omega}\sqrt{x^2+y^2+z^2}\mathrm{d}V$，其中 $\Omega=\{(x,y,z)|\sqrt{x^2+y^2}\leqslant z\leqslant 1\}$，

改用球面坐标原式 $=\int_0^{2\pi}\mathrm{d}\theta\int_0^{\frac{\pi}{4}}\mathrm{d}\varphi\int_0^{\sec\varphi}\rho^3\sin\varphi\mathrm{d}\rho=\frac{1}{4}\int_0^{2\pi}\mathrm{d}\theta\int_0^{\frac{\pi}{4}}\frac{\sin\varphi}{\cos^4\varphi}\mathrm{d}\varphi$

$$=\frac{1}{12}\int_0^{2\pi}\mathrm{d}\theta\cdot(\frac{1}{\cos^3\varphi})\Big|_0^{\frac{\pi}{4}}=\frac{\pi}{6}(2\sqrt{2}-1)$$

38. 解：$\iiint_{\Omega} z\mathrm{d}V=\int_0^1\mathrm{d}x\int_0^{1-x}\mathrm{d}y\int_0^{\sqrt{1-x-y}}z\mathrm{d}z=\frac{1}{2}\int_0^1\mathrm{d}x\int_0^{1-x}(1-x-y)\mathrm{d}y$

$$=\frac{1}{2}\cdot\frac{1}{2}\int_0^1(1-x)^2\mathrm{d}x=\frac{1}{12}$$

39. 解：用球面坐标 $x=\rho\sin\varphi\cos\theta$，$y=\rho\sin\varphi\sin\theta$，$z=\rho\cos\varphi$，$z=\sqrt{2-(x^2+y^2)}$，化为 $\rho=\sqrt{2}$，则有：

$$\int_{-1}^1\mathrm{d}x\int_{-\sqrt{1-x^2}}^{\sqrt{1-x^2}}\mathrm{d}y\int_{\sqrt{x^2+y^2}}^{\sqrt{2-(x^2+y^2)}}\sqrt{x^2+y^2+z^2}\mathrm{d}z=\int_0^{2\pi}\mathrm{d}\theta\int_0^{\frac{\pi}{4}}\mathrm{d}\varphi\int_0^{\sqrt{2}}\rho\cdot\rho^2\sin\varphi\mathrm{d}\rho$$

$$=\frac{4}{4}\cdot 2\pi(-\cos\varphi)\Big|_0^{\frac{\pi}{4}}=2\pi(1-\frac{\sqrt{2}}{2})=\pi(2-\sqrt{2})$$

40. 解：截面法：$\iiint\limits_{\Omega} z^2 \mathrm{d}V = \int_0^c z^2 \mathrm{d}z \iint\limits_{D_z} \mathrm{d}\sigma$，其中 $D_z = \{(x,y) | \frac{x^2}{a^2} + \frac{y^2}{b^2} \leqslant 1 + \frac{z^2}{c^2}\}$，

$$\iint\limits_{D_z} \mathrm{d}\sigma = \pi a \sqrt{1+\frac{z^2}{c^2}} \cdot \sqrt{1+\frac{z^2}{c^2}} = \pi ab(1+\frac{z^2}{c^2})$$

$$\iiint\limits_{\Omega} z^2 \mathrm{d}V = \pi ab \int_0^c (1+\frac{z^2}{c^2}) z^2 \mathrm{d}z = \pi ab(\frac{c^3}{3}+\frac{c^3}{5}) = \frac{8}{15}\pi abc^3$$

41. 解：$\iiint\limits_{\Omega} f(x)f(y)f(z)\mathrm{d}V = \int_0^1 f(x)\mathrm{d}x \int_0^x f(y)\mathrm{d}y \int_0^y f(z)\mathrm{d}z$

$$= \int_0^1 f(x)\mathrm{d}x \int_0^x f(y)F(y)\mathrm{d}y$$

$$= \int_0^1 f(x)\mathrm{d}x \int_0^x (\frac{1}{2}F^2(y))\mathrm{d}x$$

$$= \frac{1}{2}\int_0^1 f(x)F^2(x)\mathrm{d}x$$

$$= \frac{1}{6}F^3(x)\Big|_0^1 = \frac{a^3}{6}$$

42. 解：解法 1：$\iiint\limits_{\Omega} \mathrm{e}^z \mathrm{d}V = \int_0^1 \mathrm{e}^z \mathrm{d}z \iint\limits_{x^2+y^2 \leq 1-z^2} \mathrm{d}\sigma = \int_0^1 \mathrm{e}^z \pi(1-z^2)\mathrm{d}z = \pi$

解法 2：$\iiint\limits_{\Omega} \mathrm{e}^z \mathrm{d}V = \int_0^{2\pi} \mathrm{d}\theta \int_0^{\frac{\pi}{2}} \mathrm{d}\varphi \int_0^1 \mathrm{e}^{\rho\cos\varphi} \rho^2 \sin\varphi \mathrm{d}\rho$

$$= \int_0^{2\pi} \mathrm{d}\theta \int_0^1 \rho \mathrm{d}\rho \int_0^{\frac{\pi}{2}} \mathrm{e}^{\rho\cos\varphi} \rho \sin\varphi \mathrm{d}\varphi$$

$$= -\int_0^{2\pi} \mathrm{d}\theta \int_0^1 \rho \mathrm{e}^{\rho\cos\varphi}\Big|_0^{\frac{\pi}{2}} \mathrm{d}\rho$$

$$= -2\pi \int_0^1 \rho(1-\mathrm{e}^{\rho})\mathrm{d}\rho = \pi$$

解法 3：$\iiint\limits_{\Omega} \mathrm{e}^z \mathrm{d}V = \int_0^{2\pi} \mathrm{d}\theta \int_0^1 r\mathrm{d}r \int_0^{\sqrt{1-r^2}} \mathrm{e}^z \mathrm{d}z = 2\pi \int_0^1 (\mathrm{e}^{\sqrt{1-r^2}} - 1) r\mathrm{d}r = \pi$

43. 证明：区域 Ω 为 $\Omega: \begin{cases} 0<v<x \\ 0<u<v \\ 0<t<u \end{cases}$，$\Omega$ 是有 4 个平面 $t=0$，$t=u$，$u=v$，$v=x$ 所包围的四面体，则有

$$\int_0^x \mathrm{d}v \int_0^v \mathrm{d}u \int_0^u f(t)\mathrm{d}t = \int_0^x \mathrm{d}t \int_t^x \mathrm{d}v \int_t^v f(t)\mathrm{d}u$$

$$= \int_0^x f(t)\mathrm{d}t \int_t^x \mathrm{d}v \int_t^v \mathrm{d}u = \int_0^x f(t)\mathrm{d}t \int_t^x (v-t)\mathrm{d}v$$

$$= \frac{1}{2}\int_0^x f(t)(x-t)^2 \mathrm{d}t$$

44. 解: $\Omega_1=\{(x,y,z)\big|x^2+y^2+z^2\leqslant 1,z\geqslant\sqrt{x^2+y^2}\}$

$\Omega_2=\{(x,y,z)\big|x^2+y^2+z^2\geqslant 1,\sqrt{x^2+y^2}\leqslant z\leqslant 1\}$

$$\iiint\limits_{\Omega}\left|\sqrt{x^2+y^2+z^2}-1\right|\mathrm{d}V=\iiint\limits_{\Omega_1}(1-\sqrt{x^2+y^2+z^2})\mathrm{d}V+\iiint\limits_{\Omega_2}(\sqrt{x^2+y^2+z^2}-1)\mathrm{d}V$$

$$=\int_0^{\frac{\pi}{2}}\mathrm{d}\theta\int_0^{\frac{\pi}{4}}\mathrm{d}\varphi\int_0^1(1-\rho)\rho^2\sin\varphi\mathrm{d}\rho+\int_0^{2\pi}\mathrm{d}\theta\int_0^{\frac{\pi}{4}}\mathrm{d}\varphi\int_0^{\frac{1}{\cos\varphi}}(1-\rho)\rho^2\sin\varphi\mathrm{d}\rho$$

$$=-\int_0^{2\pi}\mathrm{d}\theta\int_0^{\frac{\pi}{4}}(\frac{1}{6}+\frac{1}{4\cos^4\varphi}-\frac{1}{3\cos^3\varphi})\mathrm{d}\cos\varphi=\frac{\pi}{6}(\sqrt{2}-1)$$

45. 解:(1)交换积分次序: $\int_0^1\mathrm{d}z\int_0^z F(y)\mathrm{d}y=\int_0^1\mathrm{d}z\int_y^1 F(y)\mathrm{d}z=\int_0^1(1-y)F(y)\mathrm{d}y$

(2) $\iiint\limits_{\Omega}f(z)\mathrm{d}V=\int_0^1\mathrm{d}z\int_0^z\mathrm{d}y\int_0^y f(x)\mathrm{d}x$,将 $\int_0^y f(x)\mathrm{d}x$ 记为 $F(y)$,由(1)得

$$\int_0^1\mathrm{d}z\int_0^z\mathrm{d}y\int_0^y f(x)x\mathrm{d}z=\int_0^1\mathrm{d}z\int_0^z F(y)\mathrm{d}y=\int_0^1(1-y)F(y)\mathrm{d}y$$

$$=\int_0^1(1-y)(\int_0^y f(x)\mathrm{d}x)\mathrm{d}y=\int_0^1\mathrm{d}y\int_0^y(1-y)f(x)\mathrm{d}x$$

$$=\int_0^1\mathrm{d}x\int_x^1(1-y)f(x)\mathrm{d}y$$

46.解:利用柱面坐标 $\mathrm{d}v=r\mathrm{d}r\mathrm{d}\theta\mathrm{d}z$

$$\iiint\limits_{\Omega}\frac{1}{\sqrt{x^2+y^2+z}}\mathrm{d}V=\int_1^4\mathrm{d}z\int_0^{2\pi}\mathrm{d}\theta\int_0^{\sqrt{3z}}\frac{r}{\sqrt{r^2+z}}\mathrm{d}r=2\pi\int_1^4\sqrt{r^2+z}\Big|_{r=0}^{r=\sqrt{3z}}\mathrm{d}z$$

$$=2\pi\int_1^4(2\sqrt{z}-\sqrt{z})\mathrm{d}z=2\pi\int_1^4\sqrt{z}\mathrm{d}z=\frac{4}{3}\pi z^{\frac{3}{2}}\Big|_1^4=\frac{28\pi}{3}.$$

47. 解:方法一: 用球面坐标,由于对称性

$$\iiint\limits_{\Omega}(x+z)\mathrm{d}V=\iiint\limits_{\Omega}z\mathrm{d}V$$

$$=\int_0^{2\pi}\mathrm{d}\theta\int_0^{\frac{\pi}{4}}\mathrm{d}\varphi\int_0^{\sqrt{2}}\rho\cos\rho\cdot\rho^2\sin\varphi\mathrm{d}\rho=2\pi\cdot\frac{1}{4}(\sqrt{2})^4\frac{1}{2}\sin^2\frac{\pi}{4}=\frac{\pi}{2}.$$

方法二:用直角坐标系,并由对称性

$\iiint\limits_{\Omega}(x+z)\mathrm{d}V=\iiint\limits_{\Omega}z\mathrm{d}V=\iint\limits_{D}\mathrm{d}\sigma\int_{\sqrt{x^2+y^2}}^{\sqrt{2-(x^2+y^2)}}z\mathrm{d}z$,其中 $D=\{(x,y)\big|x^2+y^2\leqslant 1\}$,从而

$$\iiint\limits_{\Omega}(x+z)\mathrm{d}V=\frac{1}{2}\iint\limits_{D}[2-(x^2+y^2)-(x^2+y^2)]\mathrm{d}\sigma=\frac{\pi}{2}。$$

48. 解:利用球面坐标 $\Omega=\{(\rho,\varphi,\theta)\Big|\frac{1}{\cos\varphi}\leqslant\rho\leqslant 2\cos\varphi,0\leqslant\varphi\leqslant\frac{\pi}{4},0\leqslant\theta\leqslant\pi\}$

$$\iiint\limits_{\Omega}\frac{\mathrm{d}V}{\sqrt{x^2+y^2+z^2}}=\iiint\limits_{\Omega}\frac{\rho^2\sin\varphi\mathrm{d}\rho\mathrm{d}\varphi\mathrm{d}\theta}{\rho}=\int_0^{\pi}\mathrm{d}\theta\int_0^{\frac{\pi}{4}}\sin\varphi\mathrm{d}\varphi\int_{\frac{1}{\cos\varphi}}^{2\cos\varphi}\rho\mathrm{d}\rho$$

$$=\pi\frac{1}{2}\int_0^{\frac{\pi}{4}}[4\cos^2\varphi-\frac{1}{\cos^2\varphi}]\sin\varphi\mathrm{d}\varphi=\frac{\pi}{6}(7-4\sqrt{2})$$

第 12 章　同步练习解答

1. （1）$\sqrt{5}\ln 2$；（2）$2\pi a^5$（3）$\dfrac{\sqrt{a^2+b^2}}{ab}\arctan\dfrac{2\pi b}{a}$；（4）$\dfrac{\pi}{2}a^3$。

2. $e(2+\dfrac{\pi}{4})-2$。

3. $R^3(\alpha-\sin\alpha\cos\alpha)$。

4. $\dfrac{4}{5}$。

5. （1）$-\dfrac{4}{3}a^3$；（2）0。

6. （1）1；（2）1；（3）1。

7. $-\dfrac{87}{4}$。

8. （1）$-\dfrac{56}{15}$；（2）$-\dfrac{\pi}{2}a^3$；（3）0；（4）-2π；（5）$\dfrac{k^3\pi^3}{3}-a\pi^2$；（6）$-\dfrac{14}{15}$。

9. $\int_\Gamma \dfrac{P+2xQ+3yR}{\sqrt{1+4x^2+9y^2}}\mathrm{d}S$。

10. 2π。

11. （1）$\dfrac{1}{30}$；（2）8。

12. （1）$\dfrac{3}{8}\pi a^2$；（2）12π；（3）πa^2。

13. $-\pi$。

14. （1）$\dfrac{1}{2}\pi a^4$；（2）12；（3）0；（4）$-\dfrac{1}{28}$；（5）$4-\dfrac{\pi}{2}$；（6）$\dfrac{\pi^2}{4}$；（7）$\dfrac{\sin 2}{4}-\dfrac{6}{7}$。

15. （1）$\dfrac{1}{2}x^2+2xy+\dfrac{1}{2}y^2$；（2）$x^2y$；（3）$y^2\sin x+x^2\cos y$；
（4）$\dfrac{1}{3}x^3+x^2y-xy^2-\dfrac{1}{3}y^3$；（5）$\dfrac{1}{2}\int_0^{x^2+y^2} f(\sqrt{u})\mathrm{d}u$。

16. （1）$\dfrac{1+\sqrt{2}}{2}\pi$；（2）9π；（3）$\dfrac{149}{30}\pi$。

17. $\pi a(a^2-h^2)$。

18. $\dfrac{64}{15}\sqrt{2}a^4$。

19. $\dfrac{\pi}{60}(25\sqrt{5}+1)$。

20. 8π。

21. $\frac{1}{8}$。

22. $-\frac{1}{2}\pi R^4$。

23. $-\frac{9\pi}{2}$。

24. $-\frac{1}{2}\pi h^4$。

25. $3a^4$。

26. $\frac{12}{5}\pi a^5$。

27. 81π。

28. 2π。

29. $2\pi R^2 h$。

30. （1）$\mathrm{div}A = 2x + 2y + 2z$；

（2）$\mathrm{div}A = 2x$。

31. $\frac{3}{2}$。

32. $-\frac{9}{2}$。

33. -4π。

第 12 章　提高题解答

1. 解：$I = \int_L \frac{x\mathrm{d}y + (1-y)\mathrm{d}x}{x^2(1-y)^2} \triangleq \int_L P\mathrm{d}x + Q\mathrm{d}y$，则有 $\frac{\partial P}{\partial y} = \frac{(1-y)^2}{(x^2+(1-y^2))^2} = \frac{\partial Q}{\partial x}$，因此积分与路径无关。

（1）当 $k>1$ 时，取路径 $MM'N'N$ 得

$$I = \int_{MM'} + \int_{M'N'} + \int_{N'N} = \int_0^k \frac{\mathrm{d}y}{1+(1-y)^2} + \int_1^{-1} \frac{(1-k)\mathrm{d}x}{x^2+(1-k)^2} + \int_k^0 \frac{-\mathrm{d}y}{1+(1-y)^2}$$

$$= 2(\arctan(k-1) + \arctan\frac{1}{k-1}) + \frac{\pi}{2} = 2\cdot\frac{\pi}{2} + \frac{\pi}{2} = \frac{3\pi}{2}$$

（2）当 $k<1$ 时，取路径 MN 得：

$$I = \int_{MN} = \int_1^{-1} \frac{\mathrm{d}x}{x^2+1} = \arctan x\Big|_1^{-1} = -\frac{\pi}{4}$$

2. 解：要使 l 的重心落在 yOz 平面上，只需重心坐标 (x^*, y^*, z^*) 中的 $x^* = 0$，也就是 $\int_l x\cdot u\mathrm{d}l = 0$（其中 $u=1$），即 $\int_{AB+\overline{BC}} x\mathrm{d}l = 0$。

而$\int_{AB} x\mathrm{d}l=\int_0^{\frac{\pi}{2}}\cos t\cdot\sqrt{\sin^2 t+\cos^2 t+(2\sqrt{2})^2}\mathrm{d}t=3$。直线段$\overline{BC}$的方程为

$$\begin{cases}x=-3t\\ y=1-4t\quad(0\leqslant t\leqslant t_0)\\ z=\sqrt{2}\pi\end{cases}$$

C点的坐标为$(-3t_0,1-4t_0,\sqrt{2}\pi)$，所以，则有

$$\int_{\overline{BC}} x\mathrm{d}l=-\int_0^{t_0}3t\cdot\sqrt{9+16+0}\mathrm{d}t=-\frac{15}{2}t_0^2$$

于是由$3-\frac{15}{2}t_0^2=0$　得$t_0=\sqrt{\frac{2}{5}}$。

因此$\overline{BC}$的长度为：$\sqrt{(3\sqrt{\frac{2}{5}})^2+(4\sqrt{\frac{2}{5}})^2+0^2}=\sqrt{10}$。

3. 方法 1：取S为$z=\sqrt{x^2+y^2}$被柱面$x^2+y^2=2x$截下的有限部分上侧，由斯托克斯公式：

$$\oint_L y^2\mathrm{d}x+x^2\mathrm{d}y+z^2\mathrm{d}z=\iint_S(2x-2y)\mathrm{d}x\mathrm{d}y=\iint_D(2x-2y)\mathrm{d}x\mathrm{d}y$$

其中D为S在xOy平面上的投影域，由对称性，可得

$$\iint_D(2x-2y)\mathrm{d}x\mathrm{d}y=\iint_D 2x\mathrm{d}x\mathrm{d}y=\int_{-\frac{\pi}{2}}^{\frac{\pi}{2}}\mathrm{d}\theta\int_0^{2\cos\theta}2r^2\cos\theta\mathrm{d}r$$

$$=\frac{32}{3}\int_0^{\frac{\pi}{2}}\cos^4\theta\mathrm{d}\theta=\frac{32}{3}\cdot\frac{3}{4}\cdot\frac{1}{2}\cdot\frac{\pi}{2}=2\pi$$

方法 2（参数法）：令$x=1+\cos t$，$y=\sin t$，$z=\sqrt{x^2+y^2}=2\cos\frac{t}{2}$，$t$从$-\pi$到$\pi$，

$$\oint_L y^2\mathrm{d}x+x^2\mathrm{d}y+z^2\mathrm{d}z=\int_{-\pi}^{\pi}(-\sin^3 t+(1+\cos t)^2\cos t-4\cos^2\frac{t}{2}\sin\frac{t}{2})\mathrm{d}t$$

$$=2\int_0^{\pi}(\cos t+2\cos^2 t+\cos^3 t)\mathrm{d}t=2\pi$$

4. 解：经计算，有$\frac{\partial Q}{\partial x}\equiv\frac{\partial P}{\partial y}$，且$(x,y)\neq(0,0)$，取$4x^2+y^2=4$上半部分，自点$A(-1,0)$至点$C(1,0)$及$\overline{CB}$，$I=\int_l\frac{x\mathrm{d}y-y\mathrm{d}x}{4x^2+y^2}=\frac{1}{4}\int_{\pi}^{0}2\mathrm{d}t+0=-\frac{\pi}{2}$。

5. 解：添加直线$\overline{BA}$，有：$\int_l=\int_{l\cup\overline{BA}}-\int_{\overline{BA}}=-\iint_D(-2)\mathrm{d}\sigma-0=2\iint_D\mathrm{d}\sigma=2\times\frac{\pi}{2}(\sqrt{2})^2=2\pi$。

6. 解：$\oint_L(x^2+y)\mathrm{d}S=\oint_{L_1}(x^2+y)\mathrm{d}S+\oint_{L_2}(x^2+y)\mathrm{d}S$，其中

$$\oint_{L_1}(x^2+y)\mathrm{d}S=\int_{-1}^{1}(x^2+x)\sqrt{2}\mathrm{d}x=\frac{2\sqrt{2}}{3}$$

$$\oint_{L_2}(x^2+y)\mathrm{d}S=\int_{-1}^{1}(x^2+x^3)\sqrt{1+9x^4}\mathrm{d}x=\frac{2}{27}(2\sqrt{2}-1)$$

所以，$\oint_L (x^2+y)\mathrm{d}S=\dfrac{2\sqrt{2}}{3}+\dfrac{2}{27}(2\sqrt{2}-1)=\dfrac{22}{27}\sqrt{2}-\dfrac{2}{27}$。

7. 解：方法 1：因为$\dfrac{\partial P}{\partial y}=\dfrac{\partial Q}{\partial x}=\dfrac{xy\mathrm{e}^{xy}-x^2-\mathrm{e}^{xy}}{x^2y^2}$，所以积分与路径无关，取折线，则：

$$\int_l \frac{x^2+\mathrm{e}^{xy}}{x^2y}\mathrm{d}x+\frac{\mathrm{e}^{xy}-x^2}{xy^2}\mathrm{d}y=\int_5^3\frac{x^2+\mathrm{e}^{x\cdot\frac{2}{5}}}{x^2\cdot\frac{2}{5}}\mathrm{d}x+\int_{\frac{2}{5}}^{\frac{2}{3}}\frac{\mathrm{e}^{3y}-9}{3y^2}\mathrm{d}y$$

$$=\frac{5}{2}\int_5^3\mathrm{d}x+\frac{5}{2}\int_5^3\frac{\mathrm{e}^{x\cdot\frac{2}{5}}}{x^2\cdot\frac{2}{5}}\mathrm{d}x-3\int_{\frac{2}{5}}^{\frac{2}{3}}\frac{1}{y^2}\mathrm{d}y+\frac{1}{3}\int_{\frac{2}{5}}^{\frac{2}{3}}\frac{\mathrm{e}^{3y}}{y^2}\mathrm{d}y$$

$$=-5+\int_2^6\frac{\mathrm{e}^t}{t^2}\mathrm{d}t-3+\int_{\frac{6}{5}}^{2}\frac{\mathrm{e}^t}{t^2}\mathrm{d}t=-8$$

方法 2：因为$\dfrac{\partial P}{\partial y}=\dfrac{\partial Q}{\partial x}=\dfrac{xy\mathrm{e}^{xy}-x^2-\mathrm{e}^{xy}}{x^2y^2}$，所以积分与路径无关，取路径$L$：$xy=2$

$$\int_L\frac{x^2+\mathrm{e}^{xy}}{x^2y}\mathrm{d}x+\frac{\mathrm{e}^{xy}-x^2}{xy^2}\mathrm{d}y=\int_L\frac{x^2+\mathrm{e}^2}{x\cdot 2}\mathrm{d}x+\frac{\mathrm{e}^2-x^2}{2y}\mathrm{d}y$$

$$=\frac{1}{2}\int_5^3 x\mathrm{d}x+\frac{1}{2}\mathrm{e}^2\int_5^3\frac{1}{x}\mathrm{d}x+\frac{1}{2}\mathrm{e}^2\int_{\frac{2}{5}}^{\frac{2}{3}}\frac{1}{y}\mathrm{d}y-\frac{1}{2}\int_{\frac{2}{5}}^{\frac{2}{3}}\frac{x^2}{y}\mathrm{d}y$$

$$=\frac{1}{4}x^2\Big|_5^3+\frac{1}{2}\mathrm{e}^2\ln x\Big|_5^3+\frac{1}{2}\mathrm{e}^2\ln y\Big|_{\frac{2}{5}}^{\frac{2}{3}}+\frac{1}{4}x^2\Big|_5^3=-8$$

8. 解：令$P=\dfrac{x-y}{x^2+y^2}$，$Q=\dfrac{x+y}{x^2+y^2}$，易知：$\dfrac{\partial Q}{\partial x}=\dfrac{\partial P}{\partial y}$，当$(x,y)\neq(0,0)$，则有

方法 1：改取上半圆弧AC：$x^2+y^2=1$，$y\geqslant 0$，点$A(-1,0)$至点$C(1,0)$，直线段$\overline{CB}$，$y=0$，$x=1$至$x=3$，则

$$\int_L\frac{(x-y)\mathrm{d}x+(x+y)\mathrm{d}y}{x^2+y^2}=\int_L=\int_{AC}+\int_{\overline{CB}}$$

$$=\int_\pi^0\big((\cos t-\sin t)(-\sin t)+(\cos t+\sin t)\cos t\big)\mathrm{d}t+\int_1^3\frac{\mathrm{d}x}{x}=-\pi+\ln 3$$

方法 2：改取折线：$A(-1,0)\to D(-1,1)\to E(3,1)\to B(3,0)$，那么

$$\int_L=\int_{\overline{AD}}+\int_{\overline{DE}}+\int_{\overline{EB}}=\int_0^1\frac{y-1}{1+y^2}\mathrm{d}y+\int_{-1}^3\frac{x-1}{x^2+1}\mathrm{d}y+\int_1^0\frac{y+3}{9+y^2}\mathrm{d}y$$

$$=\frac{1}{2}\ln(1+y^2)\Big|_0^1-\arctan y\Big|_0^1+\frac{1}{2}\ln(x^2+1)\Big|_{-1}^3-\arctan x\Big|_{-1}^3+\frac{1}{2}\ln(9+y^2)\Big|_1^0+\arctan\frac{y}{3}\Big|_1^0$$

$$=\frac{1}{2}\ln(-\frac{\pi}{4})+\frac{1}{2}\ln 10-\frac{1}{2}\ln 2-\arctan 3-\frac{\pi}{4}+\frac{1}{2}\ln 9-\frac{1}{2}\ln 10-\arctan\frac{1}{3}$$

$$=-\frac{\pi}{4}-\frac{\pi}{4}-(\arctan 3+\arctan\frac{1}{3})+\ln 3=-\pi+\ln 3$$

9. 解：方法 1：添加直线段 $\overline{BA}$，则有

$$\int_L=\int_{L_{AO}}+\int_{L_{OB}}=\int_{L_{OA}\cup\overline{AO}}-\int_{\overline{OA}}+\int_{L_{OB}\cup\overline{BO}}-\int_{\overline{OB}}$$

$$=+\iint_{D_2}(\sin y-3-\sin y)\mathrm{d}\sigma-\int_0^{-\pi}(\mathrm{e}^{-x^2}\sin x-1)\mathrm{d}x-$$

$$\iint_{D_2}(\sin y-3-\sin y)\mathrm{d}\sigma-\int_{\pi}^{0}(\mathrm{e}^{-x^2}\sin x-1)\mathrm{d}x$$

$$=0+\int_0^{\pi}(\mathrm{e}^{-x^2}\sin(-x)-1)\mathrm{d}x-\int_{\pi}^{0}(\mathrm{e}^{-x^2}\sin x-1)\mathrm{d}x$$

$$=-\int_0^{\pi}\mathrm{d}x-\int_0^{\pi}\mathrm{d}x=-2\pi$$

方法 2：$I=\int_L \mathrm{e}^{-x^2}\sin x\mathrm{d}x-\int_L\cos y\mathrm{d}x+\int_L 3y\mathrm{d}x-\int_L y^4\mathrm{d}y$

$$=\int_{-\pi}^{\pi}\mathrm{e}^{-x^2}\sin x\mathrm{d}x-x\cos y\Big|_{(-\pi,0)}^{(\pi,0)}+\int_{-\pi}^{\pi}3\sin x\mathrm{d}x-\frac{1}{5}y^5\Big|_{y=0}^{y=0}$$

$$=0-(\pi-(-\pi))+0-0=-2\pi$$

10. 方法 1：

$$\int_L\frac{1}{y}(1+y^2f(xy))\mathrm{d}x+\frac{x}{y^2}(y^2f(xy)-1)\mathrm{d}y$$

$$=\int_L\frac{y\mathrm{d}x-x\mathrm{d}y}{y^2}+\int_L f(xy)(y\mathrm{d}x+x\mathrm{d}y)$$

$$=\frac{x}{y}\Big|_{(3,\frac{2}{3})}^{(1,2)}+F(x,y)\Big|_{(3,\frac{2}{3})}^{(1,2)}=\frac{1}{2}-\frac{9}{2}+F(2)-F(2)=-4$$

其中 $F'(u)=f(u)$。

方法 2：AB 的直线方程为：$y=-\frac{2}{3}x+\frac{8}{3}$，代入积分曲线，得

$$\int_L=\int_3^1\Big(\frac{1}{-\frac{2}{3}x+\frac{8}{3}}(1+(-\frac{2}{3}x+\frac{8}{3})^2f(x(-\frac{2}{3}x+\frac{8}{3})))+$$

$$\frac{x}{(-\frac{2}{3}x+\frac{8}{3})^2}((-\frac{2}{3}x+\frac{8}{3})^2f(x(-\frac{2}{3}x+\frac{8}{3}))-1)(-\frac{2}{3})\Big)\mathrm{d}x$$

$$=\int_3^1\Big(\frac{(-\frac{2}{3}x+\frac{8}{3})+\frac{2}{3}x}{(-\frac{2}{3}x+\frac{8}{3})^2}\mathrm{d}x+\int_3^1((-\frac{2}{3}x+\frac{8}{3})-\frac{2}{3}x)f(x(-\frac{2}{3}x+\frac{8}{3}))\mathrm{d}x$$

$$=\frac{4}{-\frac{2}{3}x+\frac{8}{3}}\Big|_3^1+F(x(-\frac{2}{3}x+\frac{8}{3}))\Big|_3^1=-4+0=-4$$

其中 $F'(u)=f(u)$。

11. 解：$\int_L e^{zy}\mathrm{d}S=\int_1^7 x^2\sqrt{1+(\frac{1}{x})^2}\mathrm{d}x=\int_1^7 x\sqrt{1+x^2}\mathrm{d}x=\frac{1}{3}(1+x^2)^{\frac{3}{2}}\Big|_1^7$

$$=\frac{1}{3}(50^{\frac{3}{2}}-2^{\frac{3}{2}})=\frac{124}{3}2^{\frac{3}{2}}=248\sqrt{2}$$

12. 解：$\int_l y\mathrm{d}S=\int_0^{\pi} r\sin\theta\sqrt{r^2+r'^2}\mathrm{d}\theta=\int_0^{\pi} a^2(1+\cos\theta)\cdot\sqrt{2+2\cos\theta}\mathrm{d}\theta$

$$=-a^2\sqrt{2}\int_0^{\pi}(1+\cos\theta)^{\frac{3}{2}}\mathrm{d}(1+\cos\theta)=-\frac{2\sqrt{2}}{5}a^2(1+\cos\theta)^{\frac{5}{2}}\Big|_0^{\pi}=\frac{16}{5}a^2$$

13. 解：$I=\int_l(yu(x,y)+xyu'_x(x,y))\mathrm{d}x+(xu(x,y)+xyu'_y(x,y))\mathrm{d}y+$

$$\int_l(y+\sin x)\mathrm{d}x+(\mathrm{e}^{y^2}-x)\mathrm{d}y$$

$$=xyu(x,y)\Big|_{(0,0)}^{(\pi,0)}+\int_{l+\overline{AO}}(y+\sin x)\mathrm{d}x+(\mathrm{e}^{y^2}-x)\mathrm{d}y-\int_{\overline{AO}}(y+\sin x)\mathrm{d}x+(\mathrm{e}^{y^2}-x)\mathrm{d}y$$

把$l+\overline{AO}$围成的有界闭区域为D，于是对上述第二个积分用格林公式：

$$I=0-\iint_D(-1-1)\mathrm{d}\sigma-\int_{\pi}^{0}\sin x\mathrm{d}x=2\int_0^{\pi}\mathrm{d}x\int_0^{\sin x}\mathrm{d}y+\int_0^{\pi}\sin x\mathrm{d}x=3\int_0^{\pi}\sin x\mathrm{d}x=6$$

14. 解：方法 1（参数法）：设：$x=\cos t$，$y=\sin t$，$z=-\cos t-\sin t$，从$t=0$到$t=2\pi$。

$$I=\oint_L y\mathrm{d}x+2z\mathrm{d}y+3x\mathrm{d}z$$

$$=\int_0^{2\pi}(-\sin^2 t-2(\cos t+\sin t)\cos t+3\cos t(\sin t-\cos t))\mathrm{d}t$$

$$=\int_0^{2\pi}(-\sin^2 t-5\cos^2 t+\sin t\cos t)\mathrm{d}t=-6\pi$$

方法 2：由斯托克斯公式，取S为平面$x+y+z=0$上L围成的平面片，指向与L的指向构成右手法则，于是，有：

$$I=\oint_L y\mathrm{d}x+2z\mathrm{d}y+3x\mathrm{d}z=\iint_S\begin{vmatrix}\mathrm{d}y\mathrm{d}z & \mathrm{d}z\mathrm{d}x & \mathrm{d}x\mathrm{d}y\\ \frac{\partial}{\partial x} & \frac{\partial}{\partial y} & \frac{\partial}{\partial z}\\ y & 2z & 3x\end{vmatrix}$$

$$=\iint_S(-2)\mathrm{d}y\mathrm{d}z+(-3)\mathrm{d}z\mathrm{d}x+(-1)\mathrm{d}x\mathrm{d}y$$

$$=-\frac{6}{\sqrt{3}}\iint_S\mathrm{d}S=-\frac{6}{\sqrt{3}}\iint_D\sqrt{1+(\frac{\partial z}{\partial x})^2+(\frac{\partial z}{\partial y})^2}\mathrm{d}\sigma=-6\iint_D\mathrm{d}\sigma$$

$$=-6\pi$$

其中$D=\{(x,y)\big|x^2+y^2\leqslant 1\}$。

15. （1）用反证法：设在点$M(x_0,y_0)\in D$处$\frac{\partial Q}{\partial x}-\frac{\partial P}{\partial y}\neq 0$，例如：$\frac{\partial Q}{\partial x}-\frac{\partial P}{\partial y}>0$，由$\frac{\partial Q}{\partial x}$与$\frac{\partial P}{\partial y}$的连续性可知，存在$\delta>0$，当$(x,y)\in U_\delta(x_0,y_0)$闭区域时，仍有$\frac{\partial Q}{\partial x}-\frac{\partial P}{\partial y}>0$，取圆

周 $(x-x_0)^2+(y-y_0)^2=\delta^2$，正向一周 l，记：$D=\{(x,y)\big|(x-x_0)^2+(y-y_0)^2\leqslant\delta^2\}$，由格林公式，有：$\oint_l P(x,y)\mathrm{d}x+\theta(x,y)\mathrm{d}y=\iint\limits_D(\frac{\partial Q}{\partial x}-\frac{\partial P}{\partial y})\mathrm{d}\sigma>0$，与题设矛盾，证毕。

（2）取 l：$x^2+y^2=\delta^2$，$\delta>0$，正向一周，将 l 写成参数形式：$x=\delta\cos t$，$y=\delta\sin t$，t 从 0 到 2π，$\oint_l\frac{y\mathrm{d}x-x\mathrm{d}y}{x^2+y^2}=\frac{1}{\delta^2}\int_0^{2\pi}\delta^2(-\sin^2 t-\cos^2 t)\mathrm{d}t=-2\pi\neq0$。

方法（1）中的下述 2 种证法是正确的。

①设同（1），$0=\oint_{l_1}P\mathrm{d}x+Q\mathrm{d}y=\iint\limits_{D_1}(\frac{\partial Q}{\partial x}-\frac{\partial P}{\partial y})\mathrm{d}\sigma=(\frac{\partial Q}{\partial x}-\frac{\partial P}{\partial y})_{(\xi,\eta)}\pi\delta^2$，则

$$0=\lim_{\delta\to0}\frac{\iint\limits_{D_1}(\frac{\partial Q}{\partial x}-\frac{\partial P}{\partial y})\mathrm{d}\sigma}{\pi\delta^2}=\lim_{\delta\to0}(\frac{\partial Q}{\partial x}-\frac{\partial P}{\partial y})_{(\xi,\eta)}=(\frac{\partial Q}{\partial x}-\frac{\partial P}{\partial y})_{(x_0,y_0)}$$

所以，当 $(x,y)\in D$，$\frac{\partial Q}{\partial x}-\frac{\partial P}{\partial y}\equiv0$。

②设同上，由①可得存在某点 $(\xi,\eta)\in D_1$，$(\frac{\partial Q}{\partial x}-\frac{\partial P}{\partial y})_{(\xi,\eta)}=0$，如果 $(\frac{\partial Q}{\partial x}-\frac{\partial P}{\partial y})_{(x,y)}\neq0$，（例如 >0），则由保号性及连续性可知，当 $\delta>0$ 足够小时，当 $(x,y)\in D_1$ 时，与 $(\frac{\partial Q}{\partial x}-\frac{\partial P}{\partial y})>0$ 矛盾，当 $(x,y)\in D_1$ 时，与 $(\frac{\partial Q}{\partial x}-\frac{\partial P}{\partial y})_{(x,y)}>0$ 矛盾，所以 $(\frac{\partial Q}{\partial x}-\frac{\partial P}{\partial y})_{(x_0,y_0)}=0$，因为点 (x_0,y_0) 为 D 内任意一点，所以当 $(x,y)\in D$ 时，$\frac{\partial Q}{\partial x}-\frac{\partial P}{\partial y}\equiv0$。

16. 解：方法 1：用直角坐标，取上半圆周 $y=\sqrt{2x-x^2}$，则有

$$\frac{\mathrm{d}y}{\mathrm{d}x}=\frac{1-x}{\sqrt{2x-x^2}},\quad \mathrm{d}l=\frac{1}{\sqrt{2x-x^2}}\mathrm{d}x$$

$$I=2\int_0^2\sqrt{2}x\cdot\frac{1}{\sqrt{2x-x^2}}\mathrm{d}x=2\sqrt{2}\int_0^2\frac{\mathrm{d}x}{\sqrt{2-x}}=8$$

方法 2：参数法：$x=1+\cos t$，$y=\sin t$，t 从 0 到 2π，$\mathrm{d}l$=$\mathrm{d}t$，则有

$$I=\int_0^{2\pi}\sqrt{2(1+\cos t)}\mathrm{d}t=2\int_0^{2\pi}\left|\cos\frac{t}{2}\right|\mathrm{d}t=4\int_0^{\pi}\cos\frac{t}{2}\mathrm{d}t=8$$

方法 3：极坐标法：l：$r=2\cos\theta$，θ 从 $-\frac{\pi}{2}$ 到 $\frac{\pi}{2}$，则有

$$I=\int_{-\frac{\pi}{2}}^{\frac{\pi}{2}}r\sqrt{(-\sin\theta)^2+(2\cos\theta)^2}\mathrm{d}\theta=4\int_0^{\frac{\pi}{2}}2\cos\theta\mathrm{d}\theta=8$$

17. 解：由格林公式：$I=\iint\limits_D y^2\mathrm{d}\sigma=\int_1^{-1}\mathrm{d}x\int_{-1}^{1}y^2\mathrm{d}y=\frac{4}{3}$。

18. 解：$I=\int_l(5x^2y^3+x-4)\mathrm{d}x-(3x^5+\sin y)\mathrm{d}y$

方法 1：加减弧段格林公式法，添加 $\overline{BA}$，则有

$$I=\int_{l\cup\overline{BA}}-\int_{\overline{BA}}=-\iint_D(-15x^4-15x^2y^2)\mathrm{d}\sigma-\int_1^{-1}(x-4)\mathrm{d}x$$

$$=15\iint_D x^2(x^2+y^2)\mathrm{d}\sigma+\int_{-1}^{1}(x-4)\mathrm{d}x$$

$$=15\int_0^{\pi}\mathrm{d}\theta\int_0^1 r^5\cos^2\theta\mathrm{d}r-8=\frac{5}{4}\pi-8$$

方法 2：直接利用直角坐标计算，将 $y=\sqrt{1-x^2}$ 代入，则有

$$I=\int_{-1}^{1}(5x^2(1-x^2)^{3/2}+x-4-(3x^5+\sin(\sqrt{1-x^2})(-\frac{x}{\sqrt{1-x^2}}))\mathrm{d}x$$

$$=2\int_0^1(5x^2(1-x^2)^{3/2}-4+\frac{3x^6}{\sqrt{1-x^2}})\mathrm{d}x$$

$$=2\int_0^{\frac{\pi}{2}}(5\sin^2t\cos^4t+3\sin^6t)\mathrm{d}t-8=\frac{5}{4}\pi-8$$

方法 3：用参数式计算：$x=\cos t$，$y=\sin t$，t 从 π 到 0，则有

$$I=\int_{\pi}^{0}(-5\cos^2t\sin^4t-\cos t\sin t+4\sin t-3\cos^6t-\sin(\sin t)\cdot\cos t)\mathrm{d}t$$

$$=10\int_0^{\frac{\pi}{2}}\cos^2t\sin^4t\mathrm{d}t-8+6\int_0^{\frac{\pi}{2}}\cos^6t\mathrm{d}t=\frac{5}{4}\pi-8.$$

19. $I=\int_l-\frac{y}{x^2}(\frac{y}{x})\mathrm{d}x+\frac{1}{x}f(\frac{y}{x})\mathrm{d}y+\int_l\frac{1}{x}\mathrm{d}y=\int_l f(\frac{y}{x})\mathrm{d}(\frac{y}{x})+\int_l\frac{1}{x}\mathrm{d}y$

因为 $f(u)$ 连续，所以存在原函数，记其中之一为 $F(u)$，则有

$$\int_l f(\frac{y}{x})\mathrm{d}(\frac{y}{x})=F(u)\Big|_{(1,1)}^{(2,2)}=F(1)-F(1)=0$$

$$\int_l\frac{1}{x}\mathrm{d}y=\int_1^2\frac{2x-2}{x}\mathrm{d}x=\int_1^2(2-\frac{2}{x})\mathrm{d}x=2-2\ln2=2(1-\ln2)$$

所以 $I=\int_l-\frac{y}{x^2}f(\frac{y}{x})\mathrm{d}x+\frac{1}{x}(f(\frac{y}{x})+1)\mathrm{d}y=2(1-\ln2)$。

20. 解：易知：$\frac{\partial Q}{\partial x}=\frac{\partial}{\partial x}(\frac{2xy}{2x^2+y^4})$，$\frac{\partial P}{\partial y}=\frac{\partial}{\partial y}(-\frac{y^2}{2x^2+y^4})$，当 $(x,y)\neq(0,0)$ 时，有 $\frac{\partial Q}{\partial x}=\frac{\partial P}{\partial y}$。

（1）若 l 不围绕点 O，$\oint_l\frac{-y^2\mathrm{d}x+2xy\mathrm{d}y}{2x^2+y^4}=0$；

（2）取一条 l_1：$x=\cos t$，$y=\sin t$，t 从 0 到 2π（或 $-\pi$ 到 π），则有

$$\oint_l\frac{-y^2\mathrm{d}x+2xy\mathrm{d}y}{2x^2+y^4}=\oint_{l_1}\frac{-y^2\mathrm{d}x+2xy\mathrm{d}y}{2x^2+y^4}=\int_{-\pi}^{\pi}\frac{\sin^3t+2\cos^2t\cdot\sin t}{2\cos^2t+\sin^4t}\mathrm{d}t=0$$

其中，被积函数 $f(t)=\frac{\sin^3t+2\cos^2t\cdot\sin t}{2\cos^2t+\sin^4t}$ 为奇函数。

21. 解：$\int_l \left|\sin\frac{\theta}{2}\right| \mathrm{d}l = 2\int_0^{\pi} \sin\frac{\theta}{2}\cdot\sqrt{r^2+r'^2}\mathrm{d}\theta = 2a\int_0^{\pi}\sin\frac{\theta}{2}\cdot\sqrt{2+2\cos\theta}\mathrm{d}\theta$

$$= 4a\int_0^{\pi}\sin\frac{\theta}{2}\cdot\cos\frac{\theta}{2}\mathrm{d}\theta = 2a\int_0^{\pi}\sin\theta\mathrm{d}\theta = 4a$$

22. L 的参数式：$x=x$，$y=-2x+1$，$z=3x-5$，$\mathrm{d}l=\sqrt{1+4+9}\mathrm{d}x=\sqrt{14}\mathrm{d}x$，则

$$\int_L (x+y+z)\mathrm{d}x = \int_{-2}^{0}(2x-4)\sqrt{14}\mathrm{d}x = \sqrt{14}(x-2)^2\Big|_{-2}^{0} = \sqrt{14}(4-16) = -12\sqrt{14}$$

23. 解：因为 $\frac{\partial}{\partial y}(ay^2-2xy)=2ay-2x$，$\frac{\partial}{\partial x}(by^2+2xy)=2by+2y$

由 $2ay-2x\equiv 2by+2y$，得 $a=1$，$b=-1$，取 $a=1$，$b=-1$。则

$$\begin{aligned}(ay^2-2xy)\mathrm{d}x+(by^2+2xy)\mathrm{d}y &= (y^2-2xy)\mathrm{d}x+(-x^2+2xy)\mathrm{d}y\\ &= y^2\mathrm{d}x+2xy\mathrm{d}y-(2xy\mathrm{d}y+x^2\mathrm{d}y)\\ &= \mathrm{d}(xy^2)-\mathrm{d}(x^2y)=\mathrm{d}(xy^2-x^2y)\end{aligned}$$

所以 $u(x,y)=xy^2-x^2y+C$，由 $u(1,1)=1-1+C=2$，得 $C=2$，则

$$u(x,y)=xy^2-x^2y+2$$

24. 解：设 $P=\frac{x-y}{x^2+y^2}$，$Q=\frac{x+y}{x^2+y^2}$，有 $\frac{\partial Q}{\partial x}\equiv\frac{\partial P}{\partial y}$，当 $(x,y)\neq(0,0)$。改取 $l_1\cup l_2$，l_1：

$\begin{cases}x=\cos t\\ y=\sin t\end{cases}$，$t$ 从 π 到 0，l_2：$y=0$，x 从 1 到 3，则

$$\begin{aligned}\int_l\frac{(x-y)\mathrm{d}x+(x+y)\mathrm{d}y}{x^2+y^2} &= \int_{\pi}^{0}((\cos t-\sin t)(-\sin t)+(\cos t+\sin t)\cos t)\mathrm{d}t+\int_1^3\frac{x\mathrm{d}x}{x^2}\\ &= -\pi+\ln 3\end{aligned}$$

25. 解：设 $P=\frac{x-y-z}{(x^2+y^2+z^2)^{3/2}}$，$Q=\frac{y-z+x}{(x^2+y^2+z^2)^{3/2}}$，$R=\frac{z-x+y}{(x^2+y^2+z^2)^{3/2}}$，

有 $\frac{\partial P}{\partial x}+\frac{\partial Q}{\partial y}+\frac{\partial R}{\partial z}\equiv 0$（当 $(x,y,z)\neq(0,0,0)$），取 S_1：$x^2+y^2+z^2=1$ 的外侧，则

$$\begin{aligned}I &= \iint_S\frac{(x-y-z)\mathrm{d}y\mathrm{d}z+(y-z+x)\mathrm{d}z\mathrm{d}x+(z-x+y)\mathrm{d}x\mathrm{d}y}{(x^2+y^2+z^2)^{3/2}}\\ &= \iint_{S_1}(x-y-z)\mathrm{d}y\mathrm{d}z+(y-z+x)\mathrm{d}z\mathrm{d}x+(z-x+y)\mathrm{d}x\mathrm{d}y\\ &= \iiint_{\Omega}3\mathrm{d}V = 3\times\frac{4}{3}\pi = 4\pi\end{aligned}$$

其中 $\Omega=\{(x,y,z)\,|\,x^2+y^2+z^2\leqslant 1\}$。

26. 解：取 L 在 xOy 平面上部分，记为：L_1：$x=\cos t, y=\sin t, z=0, t$ 从 $\frac{\pi}{2}$ 到 0，则

$$\int_{L_1}(y^2-z^2)\mathrm{d}x+(z^2-x^2)\mathrm{d}y+(x^2-y^2)\mathrm{d}z = \int_{L_1}y^2\mathrm{d}x-x^2\mathrm{d}y$$

$$=\int_{\frac{\pi}{2}}^{0}(\sin^2 t\cdot(-\sin t)-\cos^2 t\cdot\cos t)\mathrm{d}t=\int_0^{\frac{\pi}{2}}(\sin^3 t+\cos^3 t)\mathrm{d}t=\frac{2}{3}+\frac{2}{3}=\frac{4}{3}$$

所以，$\oint_L (y^2-z^2)\mathrm{d}x+(z^2-x^2)\mathrm{d}y+(x^2-y^2)\mathrm{d}z=3\times\frac{4}{3}=4$。

本题也可用斯托克斯公式，如下：取 S 为球面 $x^2+y^2+z^2=1$ 在第一象限部分，法向量指向球心，于是，$\oint_L=-2\iint_S (y+z)\mathrm{d}y\mathrm{d}z+(x+z)\mathrm{d}z\mathrm{d}x+(x+y)\mathrm{d}x\mathrm{d}y$，以计算 $\iint_S (x+y)\mathrm{d}x\mathrm{d}y$ 为例，则

$$\iint_S (x+y)\mathrm{d}x\mathrm{d}y=-\iint_D (x+y)\mathrm{d}\sigma$$

$$=-\int_0^{\frac{\pi}{2}}\mathrm{d}\theta\int_0^1 r^2(\cos\theta+\sin\theta)\mathrm{d}r=-\frac{2}{3}$$

所以，$\oint_L (y^2-z^2)\mathrm{d}x+(z^2-x^2)\mathrm{d}y+(x^2-y^2)\mathrm{d}z=-2(-\frac{2}{3}-\frac{2}{3}-\frac{2}{3})=4$。

27. 解：$y'(x)=\sqrt{3+x^4}$，$\mathrm{d}l=\sqrt{1+y'^2(x)}\mathrm{d}x=\sqrt{4+x^4}\mathrm{d}x$，因为 $y(x)=\int_0^x\sqrt{1+t^4}\mathrm{d}t$ 为 x 的奇函数，所以 $\int_l y\mathrm{d}l=\int_{-1}^1 y(x)\sqrt{4+x^4}\mathrm{d}x=0$。因为

$$\int_l |x|^3\mathrm{d}l=2\int_0^1 x^3\sqrt{4+x^4}\mathrm{d}x=\frac{1}{3}(4+x^4)^{\frac{3}{2}}\Big|_0^1=\frac{1}{3}(5^{\frac{3}{2}}-8)$$

所以 $\int_l (y+|x|^3)\mathrm{d}l=\frac{1}{3}(5^{\frac{3}{2}}-8)$。

28. 解：记：$D=\{(x,y)\,|\,4x^2+y^2\leqslant 8x\}$，由格林公式，则有

$$\oint_l \mathrm{e}^{y^2}\mathrm{d}x+(x+y^2)\mathrm{d}y=\iint_D (1-2y\mathrm{e}^{y^2})\mathrm{d}\sigma$$

因为 $2y\mathrm{e}^{y^2}$ 为 y 的奇函数，所以 $\iint_D 2y\mathrm{e}^{y^2}\mathrm{d}\sigma=0$。

$\iint_D (1-2y\mathrm{e}^{y^2})\mathrm{d}\sigma=\iint_D \mathrm{d}\sigma=D$ 的面积是 $4x^2+y^2-8x=4(x-1)^2+y^2-4=0$。

$\frac{(x-1)^2}{1}+\frac{y^2}{4}=1$ 是一个椭圆，长、短半轴分别为 2 及 1，所以 D 的面积等于 2π，即 $\oint_l \mathrm{e}^{y^2}\mathrm{d}x+(x+y^2)\mathrm{d}y=2\pi$。

29. 解：$P=\frac{x+2y}{x^2+4y^2}$，$Q=\frac{4y-2x}{x^2+4y^2}$，$\frac{\partial Q}{\partial x}=\frac{2x^2-8y^2-8xy}{(x^2+4y^2)^2}$，$\frac{\partial P}{\partial x}=\frac{2x^2-8y^2-8xy}{(x^2+4y^2)^2}$，所以在不包含点 $O(0,0)$ 在其内的单连通曲面区域 D 内，该曲线积分与路径无关，取椭圆 l_1：$x^2+4y^2=(\frac{\pi}{2})^2$，$y\geqslant 0$，或写成参数方程：$x=\frac{\pi}{2}\cos t$，$y=\frac{\pi}{4}\sin t$，从 $t=\pi$ 到 $t=0$，于是，有：

$$\int_l \frac{(x+2y)\mathrm{d}x+(4y-2x)\mathrm{d}y}{x^2+4y^2}$$

$$=\frac{4}{\pi^2}\int_\pi^0((\frac{\pi}{2}\cos t+\frac{\pi}{2}\sin t)(-\frac{\pi}{2}\sin t)+(\pi\sin t-\pi\cos t)\frac{\pi}{4}\cos t)\mathrm{d}t=\int_\pi^0(-1)\mathrm{d}t=\pi$$

30. 解：添加直线段$\overline{BA}$，$AB\cup\overline{BA}$构成正向封闭曲线，记为l_1，l_1围成的半圆区域记为D，则有

$$\int_l=\int_{l\cup\overline{BA}}-\int_{\overline{BA}}=\iint_D(\pi\varphi'(y)\cos\pi x-\pi\varphi'(y)\cos\pi x-\pi)\mathrm{d}\sigma-$$

$$\int_3^1(\pi\varphi(y)\cos\pi x-\pi x+\pi\varphi'(y)\sin\pi x-\pi)\mathrm{d}x$$

$$=-\pi\cdot\frac{\pi}{2}(\sqrt{2})^2+\int_1^3(\pi\varphi(x)\cos\pi x+\varphi'(x)\sin\pi x)\mathrm{d}x-\int_1^3(\pi x+\pi)\mathrm{d}x$$

$$=-\pi^2+(\varphi(x)\sin\pi x)\Big|_1^3-(\frac{\pi}{2}x^2+\pi x)\Big|_1^3$$

$$=-\pi^2-(\frac{9}{2}\pi+3\pi-\frac{\pi}{2}-\pi)=-\pi^2-6\pi.$$

31. 解：（1）由与路径无关定理可知：

$$\frac{\partial}{\partial y}(xy(x+y))-f(x))\equiv\frac{\partial}{\partial x}(f'(x)+x^2y)$$

$$f''(x)=x^2,\quad f(x)=\frac{1}{12}x^4+c_1x+c_2$$

再由$f(0)=0$，$f'(0)=1$，有$f(x)=\dfrac{x^4}{12}+x$。

（2）取$(0,0)\to(x,0)\to(x,y)$的折线，则有

$$\int_{(0,0)}^{(x,y)}=-\int_0^x(\frac{x^4}{12}+x)\mathrm{d}x+\int_0^y(\frac{1}{3}x^3+1+x^2y)\mathrm{d}y$$

$$=-\frac{1}{60}x^5-\frac{1}{2}x^2+\frac{1}{3}x^3y+y+\frac{1}{2}x^2y^2$$

32. 解：方法 1：用参数式计算：

L：$x=\cos t$，$y=\sin t$，$z=2-x+y=2-\cos t+\sin t$，则有

$$\oint_L=\int_0^{2\pi}((2-\cos t+\sin t-\sin t)(-\sin t)+(\cos t-2+\cos t-\sin t)\cos t+$$

$$(\cos t-\sin t)(\sin t+\cos t))\mathrm{d}t$$

$$=\int_0^{2\pi}(-2\sin t+\cos t\sin t+2\cos^2 t-2\cos t-\sin t\cos t-\sin^2 t+\cos^2 t)\mathrm{d}t$$

$$=0+0+2\cdot4\cdot\frac{1}{2}\cdot\frac{\pi}{2}-0-0-4\cdot\frac{1}{2}\cdot\frac{\pi}{2}+4\cdot\frac{1}{2}\cdot\frac{\pi}{2}=2\pi$$

方法 2：用斯托克斯公式，取在L上的曲面为S：$x-y+z=2$，$x^2+y^2\leqslant1$，向上，则有

$$\oint_L (z-y)\mathrm{d}x+(x-z)\mathrm{d}y+(x-y)\mathrm{d}z=\iint_S \begin{vmatrix} \mathrm{d}y\mathrm{d}z & \mathrm{d}z\mathrm{d}x & \mathrm{d}x\mathrm{d}y \\ \dfrac{\partial}{\partial x} & \dfrac{\partial}{\partial y} & \dfrac{\partial}{\partial z} \\ z-x & x-z & x-y \end{vmatrix}$$

$$=\iint_S 2\mathrm{d}x\mathrm{d}y=2\iint_{x^2+y^2\le 1}\mathrm{d}x\mathrm{d}y=2\pi$$

$$\frac{\partial}{\partial x}\left(\frac{x+y}{x^2+y^2}\right)=\frac{x^2+y^2-2x(x+y)}{(x^2+y^2)^2}=\frac{-x^2+y^2-2xy}{(x^2+y^2)^2}$$

33. $\dfrac{\partial}{\partial x}\left(\dfrac{x+y}{x^2+y^2}\right)=\dfrac{-(x^2+y^2)-2y(x-y)}{(x^2+y^2)^2}=\dfrac{-x^2+y^2-2xy}{(x^2+y^2)^2}$

$\dfrac{\partial}{\partial x}\left(\dfrac{x+y}{x^2+y^2}\right)=\dfrac{\partial}{\partial y}\left(\dfrac{x-y}{x^2+y^2}\right)$，当 $(x,y)\neq(0,0)$ 时，所以在不包含原点 $O(0,0)$ 的单连通曲面区域 D 内该曲线积分与路径无关，下面有三种方法：

方法 1：取圆圈：

l_1：$x=\sqrt{2}\pi\cos t$，$y=\sqrt{2}\pi\sin t$，t 从 $-\dfrac{\pi}{4}$ 到 $\dfrac{5\pi}{4}$，则有

$$\oint_L \frac{(x-y)\mathrm{d}x+(x+y)\mathrm{d}y}{x^2+y^2}=\oint_{L_1}\frac{(x-y)\mathrm{d}x+(x+y)\mathrm{d}y}{x^2+y^2}=\int_{-\frac{\pi}{4}}^{\frac{5\pi}{4}}1\mathrm{d}t=\frac{3}{2}\pi$$

方法 2：取折线：

当 $x=\pi$ 时，y 从 $y=-\pi$ 到 $y=\pi$；当 $y=\pi$，x 从 $x=\pi$ 到 $x=-\pi$；当 $x=-\pi$，y 从 $y=\pi$ 到 $y=-\pi$，于是有

$$\oint_L \frac{(x-y)\mathrm{d}x+(x+y)\mathrm{d}y}{x^2+y^2}=\int_{-\pi}^{\pi}\frac{(\pi+y)\mathrm{d}y}{\pi^2+y^2}+\int_{-\pi}^{\pi}\frac{(x-\pi)\mathrm{d}y}{\pi^2+x^2}+\int_{-\pi}^{\pi}\frac{(-\pi+y)\mathrm{d}y}{\pi^2+y^2}$$

$$=6\pi\int_0^{\pi}\frac{\mathrm{d}x}{\pi^2+x^2}=\frac{3}{2}\pi$$

方法 3：取 l_2：$x=\sqrt{2}\pi\cos t$，$y=\sqrt{2}\pi\sin t$，t 从 $\dfrac{5\pi}{4}$ 到 $-\dfrac{\pi}{4}$，l_3：$x=\cos t$，$y=\sin t$，t 从 0 到 2π，由定理可知：$\int_l=\int_{l_3}-\int_{l_2}$，则有

$$\int_{l_3}=\int_0^{2\pi}\big((\cos t-\sin t)(-\sin t)+(\cos t+\sin t)\cos t\big)\mathrm{d}t=2\pi$$

$$\int_{l_2}=\int_{\frac{5\pi}{4}}^{\frac{7\pi}{4}}\mathrm{d}t=\frac{\pi}{2}，\int_l=\frac{3\pi}{2}$$

34. 解：方法 1：$\displaystyle\int_l(\mathrm{e}^x\cos y+2(x+y))\mathrm{d}x+(-\mathrm{e}^x\sin y+\frac{3}{2}x)\mathrm{d}y$

$$=\int_l \mathrm{e}^x\cos y\mathrm{d}x-\mathrm{e}^x\sin y\mathrm{d}y+\int_l 2x\mathrm{d}x+\int_l 2y\mathrm{d}x+2x\mathrm{d}y-\frac{1}{2}\int_l x\mathrm{d}y$$

$$=\int_l \mathrm{d}(\mathrm{e}^x\cos y)+\int_l \mathrm{d}x^2+2\int_l \mathrm{d}(xy)-\frac{1}{2}\int_l x\mathrm{d}y$$

$$=\mathrm{e}^x\cos y\Big|_{(0,0)}^{(\pi,0)}+x^2\Big|_{(0,0)}^{(\pi,0)}+2xy\Big|_{(0,0)}^{(\pi,0)}-\frac{1}{2}\int_l x\mathrm{d}y$$

$$=\mathrm{e}^{\pi}-1+\pi^2+0-\frac{1}{2}\int_l x\mathrm{d}y$$

其中$\frac{1}{2}\int_l x\mathrm{d}y$有两种计算方法如下：

（1）补一水平面线段$\overline{BA}$，即$y=0$从$x=\pi$到$x=0$，再利用格林公式：

$$\frac{1}{2}\int_l x\mathrm{d}y=\frac{1}{2}\int_l x\mathrm{d}y+\frac{1}{2}\int_{\overline{BA}}x\mathrm{d}y-\frac{1}{2}\int_{\overline{BA}}x\mathrm{d}y=-\frac{1}{2}\iint_D 1\mathrm{d}\sigma-0=-\frac{1}{2}\int_0^{\pi}\mathrm{d}x\int_0^{\sin x}\mathrm{d}y=-1$$

所以原积分$=\mathrm{e}^{\pi}+\pi^2$。

（2）由分部积分：则有

$$\frac{1}{2}\int_l x\mathrm{d}y=\frac{1}{2}\int_0^{\pi}x\mathrm{d}\sin x=\frac{1}{2}(x\sin x\Big|_0^{\pi}-\int_0^{\pi}\sin x\mathrm{d}x)=\frac{1}{2}(0+\cos x\Big|_0^{\pi})=-1$$

所以原积分$=\mathrm{e}^{\pi}+\pi^2$。

方法2：补一水平面线段$\overline{BA}$，即$y=0$从$x=\pi$到$x=0$，再利用格林公式：

$$\int_l(\mathrm{e}^x\cos y+2(x+y))\mathrm{d}x+(-\mathrm{e}^x\sin y+\frac{3}{2}x)\mathrm{d}y=\int_l=\int_{\overline{BA}}-\int_{\overline{BA}}$$

$$=-\iint_D(-\mathrm{e}^x\sin y+\frac{3}{2}+\mathrm{e}^x\sin y-z)\mathrm{d}\sigma-\int_{\pi}^{0}(\mathrm{e}^x+2x)\mathrm{d}x$$

$$=\frac{1}{2}\iint_D\mathrm{d}\sigma+\int_0^{\pi}(\mathrm{e}^x+2x)\mathrm{d}x=1+(\mathrm{e}^x+x^2)\Big|_0^{\pi}=\mathrm{e}^{\pi}+\pi^2$$

35. 解：设闭曲线L所围区域为D，在闭曲线L上，$|x|+|y|=1$，则有

$$\oint_L\frac{(x-y)\mathrm{d}x+(x+y)\mathrm{d}y}{|x|+|y|}=\oint_L(x-y)\mathrm{d}x+(x+y)\mathrm{d}y=\iint_D 2\mathrm{d}x\mathrm{d}y=2\times2=4$$

36. 解：$P=\frac{-y}{4x^2+y^2}$，$Q=\frac{x}{4x^2+y^2}$，$\frac{\partial P}{\partial y}=\frac{y^2-4x^2}{(4x^2+y^2)^2}$，$\frac{\partial Q}{\partial x}=\frac{y^2-4x^2}{(4x^2+y^2)^2}$，

$\frac{\partial P}{\partial y}=\frac{\partial Q}{\partial x}$，积分与路径无关。

方法1：添加直线$\overline{CA}$： $x=-1$，y：$2\to0$则$L\cup\overline{CA}$为闭曲线，逆时针方向，记：L $4x^2+y^2=\varepsilon^2(\varepsilon>0)$，$L$所围区域为$D_0$，$D_0=\{(x,y)|4x^2+y^2\leqslant\varepsilon^2\}$，则有

$$\int_L\frac{x\mathrm{d}y-y\mathrm{d}x}{4x^2+y^2}=\oint_{L+\overline{CA}}\frac{x\mathrm{d}y-y\mathrm{d}x}{4x^2+y^2}-\oint_{\overline{CA}}\frac{x\mathrm{d}y-y\mathrm{d}x}{4x^2+y^2}=\oint_L\frac{x\mathrm{d}y-y\mathrm{d}x}{4x^2+y^2}-\int_2^0\frac{-\mathrm{d}y}{4+y^2}$$

$$=\oint_L\frac{x\mathrm{d}y-y\mathrm{d}x}{\varepsilon^2}-\int_0^2\frac{\mathrm{d}y}{4+y^2}=\frac{1}{\varepsilon^2}\iint_D 2\mathrm{d}x\mathrm{d}y-\frac{1}{2}\arctan\frac{y}{2}\Big|_0^2$$

$$=\frac{2}{\varepsilon^2}\pi\frac{1}{2}\cdot\varepsilon^2-\frac{1}{2}\arctan1=\frac{7}{8}\pi$$

方法2：$\overline{AE}$：$x=-1$，y：$0\to-1$，$\overline{EF}$：$y=-1$，x：$-1\to1$，$\overline{FD}$：$x=1$，y：$-1\to2$，

$\overline{AE}$：$y=2$，x：$1\to -1$。

$$\int_L \frac{x\mathrm{d}y-y\mathrm{d}x}{4x^2+y^2}=\oint_{\overline{AE}}\frac{x\mathrm{d}y-y\mathrm{d}x}{4x^2+y^2}+\oint_{\overline{EF}}\frac{x\mathrm{d}y-y\mathrm{d}x}{4x^2+y^2}+\oint_{\overline{FD}}\frac{x\mathrm{d}y-y\mathrm{d}x}{4x^2+y^2}+\oint_{\overline{DC}}\frac{x\mathrm{d}y-y\mathrm{d}x}{4x^2+y^2}$$

$$=\int_0^{-1}\frac{-\mathrm{d}y}{4+y^2}+\int_{-1}^{1}\frac{-\mathrm{d}x}{4x^2+1}+\int_{-1}^{2}\frac{\mathrm{d}y}{4+y^2}+\int_1^{-1}\frac{-2\mathrm{d}x}{4+4x^2}$$

$$=\frac{1}{2}\arctan\frac{1}{2}+\arctan 2+(\frac{\pi}{8}+\frac{1}{2}\arctan\frac{1}{2})+\frac{\pi}{4}$$

$$=\arctan\frac{1}{2}+\arctan 2+\frac{3\pi}{8}=\frac{7\pi}{8}$$

37. 解：曲面 $x^2+y^2=3z$ 与 $z=6-\sqrt{x^2+y^2}$ 的交线为 $\begin{cases}x^2+y^2=0\\ z=3\end{cases}$，所以上半部分（锥面）的表面积为：

$$S_1=\iint\limits_{x^2+y^2\leqslant 9}\sqrt{1+(\frac{-x}{\sqrt{x^2+y^2}})^2+(\frac{-y}{\sqrt{x^2+y^2}})^2}\mathrm{d}x\mathrm{d}y=\sqrt{2}\iint\limits_{x^2+y^2\leqslant 9}\mathrm{d}x\mathrm{d}y=9\sqrt{2}\pi$$

下半部分（抛物面）的表面积为：

$$S_2=\iint\limits_{x^2+y^2\leqslant 9}\sqrt{1+(\frac{2}{3}x)^2+(\frac{2}{3}y)^2}\mathrm{d}x\mathrm{d}y=\int_0^{2\pi}\mathrm{d}\theta\int_0^3\sqrt{1+\frac{4}{9}r^2}\cdot r\mathrm{d}r=\frac{3\pi}{2}(5\sqrt{5}-1)$$

所以，所求全表面积为：$S_1+S_2=\dfrac{3\pi}{2}(6\sqrt{2}+5\sqrt{5}-1)$。

38. 解：添加曲面片：S_1：$z=1$，$x^2+y^2\leqslant 1$，则有：

$$\iint\limits_S x\mathrm{d}y\mathrm{d}z+2y\mathrm{d}z\mathrm{d}x+3z\mathrm{d}x\mathrm{d}y=\iint\limits_{S\cup S_1}-\iint\limits_{S_1}=-\iiint\limits_{\Omega}6\mathrm{d}V+\iint\limits_D 3\mathrm{d}x\mathrm{d}y$$

其中 Ω 是由锥面 $z=\sqrt{x^2+y^2}$ 与 $z=1$ 围成的有界闭区域，其中 $D=\{(x,y)\big|x^2+y^2\leqslant 1\}$。

$$\iiint\limits_{\Omega}6\mathrm{d}V=6\int_0^{2\pi}\mathrm{d}\theta\int_0^{\frac{\pi}{4}}\mathrm{d}\varphi\int_0^{\frac{1}{\cos\varphi}}\rho^2\sin\varphi\mathrm{d}\rho$$

$$=4\pi\int_0^{\frac{\pi}{4}}\frac{\sin\varphi}{\cos^3\varphi}\mathrm{d}\varphi=2\pi\frac{1}{\cos^2\varphi}\Big|_0^{\frac{\pi}{4}}=2\pi$$

另外 $\iint\limits_D 3\mathrm{d}x\mathrm{d}y=3\pi$，$\iint\limits_S x\mathrm{d}y\mathrm{d}z+2y\mathrm{d}z\mathrm{d}x+3z\mathrm{d}x\mathrm{d}y=-2\pi+3\pi=\pi$。（注：$\iiint\limits_{\Omega}6\mathrm{d}V$ 可由立体几何得到）。

39. 解：$\iint\limits_S(|x|+|y|+|z|)\mathrm{d}S=3\iint\limits_S|z|\mathrm{d}S=6\iint\limits_{S_z\geq 0}z\mathrm{d}S=6\iint\limits_{\sigma_{xy}}z\cdot\dfrac{z}{a}\mathrm{d}\sigma=6a\cdot\pi\cdot a^2=6\pi a^3$，

其中 σ_{xy}：$x^2+y^2\leqslant a^2$。

40. 解：$P=\dfrac{x-1}{r^3}$，$Q=\dfrac{y-1}{r^3}$，$R=\dfrac{z-3}{r^3}$，$\vec{A}=\{P,Q,R\}$，$\dfrac{\partial P}{\partial x}=\dfrac{1}{r^3}-\dfrac{3(x-1)^2}{r^5}$，

$\dfrac{\partial Q}{\partial y}=\dfrac{1}{r^3}-\dfrac{3(y-1)^2}{r^3}$，$\dfrac{\partial R}{\partial z}=\dfrac{1}{r^3}-\dfrac{3(z-3)^2}{r^5}$，$\text{div}\vec{A}=0$。

（1）$I=\iiint\limits_{V_1}\text{div}\vec{A}\text{d}V=0$；

（2）取 S_1，S：$(x-1)^2+(y-1)^2+(z-1)^2=1$，则

$$I=\iint\limits_{S}\vec{A}\cdot\text{d}\vec{S}=\oiint\limits_{S}(x-1)\text{d}y\text{d}z+(y-1)\text{d}z\text{d}x+(z-3)\text{d}x\text{d}y$$

$$=\iiint\limits_{V}(1+1+1)\text{d}V=3\cdot\frac{4\pi}{3}=4\pi$$

41. 解：方法 1：化成第一类曲面积分计算：

$$I=\iint\limits_{S}(z\cos\alpha+y\cos\beta+z\cos\gamma)\text{d}S=\iint\limits_{S}\frac{1}{\sqrt{3}}(z-y+x)\text{d}S=\frac{1}{\sqrt{3}}\iint\limits_{S}\text{d}S$$

其中 $\iint\limits_{S}\text{d}S$ 为 S 的面积，可由几何算得 $\triangle ABC$ 为等边三角形，边长为 $\sqrt{2}$，其面积为 $\dfrac{\sqrt{3}}{2}$，所以 $I=\dfrac{1}{2}$。

方法 2：如方法 1：用公式 $\iint\limits_{S}\text{d}S=\iint\limits_{D}\sqrt{1+(\dfrac{\partial z}{\partial x})^2+(\dfrac{\partial z}{\partial y})^2}\text{d}\theta$，计算 S 的面积：

$$\iint\limits_{S}\text{d}S=\iint\limits_{D}\sqrt{3}\text{d}\sigma=\sqrt{3}\times\frac{1}{2}=\frac{\sqrt{3}}{2},\quad I=\frac{1}{2}$$

方法 3：逐个投影计算：

$$\iint\limits_{S}z\text{d}y\text{d}z=\int_{-1}^{0}\text{d}y\int_{0}^{y+1}z\text{d}z=\frac{1}{6}$$

$$\iint\limits_{S}y\text{d}z\text{d}x=-\int_{0}^{1}\text{d}y\int_{0}^{1-x}(x+z-1)\text{d}z=\int_{0}^{1}\frac{1}{2}(x-1)^2\text{d}x=\frac{1}{6}$$

$$\iint\limits_{S}x\text{d}x\text{d}y=-\int_{-1}^{0}\text{d}y\int_{0}^{y+1}x\text{d}x=\int_{-1}^{0}\frac{1}{2}(y+1)^2\text{d}y=\frac{1}{6}$$

所以 $I=\dfrac{1}{2}$。

方法 4：添加 3 个平面（如图）$\triangle OAB$（法向量指向 z 轴负方向），$\triangle OAC$（法向量指向 y 轴正方向），$\triangle OBC$（法向量指向 x 轴负方向），由高斯公式：

$$I=\iint\limits_{S}z\text{d}y\text{d}z+y\text{d}z\text{d}x+x\text{d}x\text{d}y$$

$$=\iiint\limits_{\Omega}1\text{d}V-\iint\limits_{\triangle OAB}-\iint\limits_{\triangle OAC}-\iint\limits_{\triangle OBC}$$

$$=\frac{1}{6}+\iint\limits_{\triangle OAB}x\text{d}\sigma_{xy}-0+\iint\limits_{\triangle OBC}z\text{d}\sigma_{yz}$$

其中 $\iint\limits_{\triangle OAB} x\mathrm{d}\sigma_{xy}$ 和 $\iint\limits_{\triangle OBC} z\mathrm{d}\sigma_{yz}$ 分别为平面 xOy 与平面 yOz 上的二重积分，则

$$\iint\limits_{\triangle OAB} x\mathrm{d}\sigma_{xy}=\int_{-1}^{0}\mathrm{d}y\int_{0}^{y+1}x\mathrm{d}x=\frac{1}{6},\quad \iint\limits_{\triangle OBC} z\mathrm{d}\sigma_{yz}=\frac{1}{6},\quad I=\frac{1}{2}$$

42. 解：$P=\dfrac{x}{(x^2+y^2+z^2)^{2/3}}$，$Q=\dfrac{y}{(x^2+y^2+z^2)^{2/3}}$，$R=\dfrac{z}{(x^2+y^2+z^2)^{2/3}}$，可知：$\dfrac{\partial P}{\partial x}+\dfrac{\partial Q}{\partial y}+\dfrac{\partial R}{\partial z}\equiv 0$，当 $(x,y,z)\neq(0,0,0)$ 时，利用挖洞法，作曲面 S_1，$x^2+y^2+z^2=S^2$ 法向量指向球心，原式 $=\iint\limits_{S}+\iint\limits_{S_1}-\iint\limits_{S_1}=0-\iint\limits_{S_1}\dfrac{x\mathrm{d}y\mathrm{d}z+y\mathrm{d}z\mathrm{d}x+z\mathrm{d}x\mathrm{d}y}{(x^2+y^2+z^2)^{2/3}}$

$$=-\frac{1}{S^3}\iint\limits_{S_1}x\mathrm{d}y\mathrm{d}z+y\mathrm{d}z\mathrm{d}x+z\mathrm{d}x\mathrm{d}y$$

$$=\frac{1}{S^3}\iiint\limits_{\Omega_1}3\mathrm{d}V=\frac{1}{S^3}\cdot 3\cdot\frac{4\pi}{3}\cdot S^3=4\pi$$

其中 Ω_1 为 S_1 所围成的有限空间。

43. 解：将 S 分成前后两块：

S_1：$x=\sqrt{4-y^2}$，$0\leqslant z\leqslant 2-y$，$-2\leqslant y\leqslant 2$，法向量指向后；

S_2：$x=-\sqrt{4-y^2}$，$0\leqslant z\leqslant 2-y$，$-2\leqslant y\leqslant 2$，法向量指向前。

$$\iint\limits_{S}x\mathrm{d}y\mathrm{d}z=-2\iint\limits_{D}\sqrt{4-y^2}\mathrm{d}y\mathrm{d}z=-2\int_{-2}^{2}\mathrm{d}y\int_{0}^{2-y}\mathrm{d}y\sqrt{4-y^2}\mathrm{d}z=2\int_{-2}^{2}(2-y)\sqrt{4-y^2}\mathrm{d}y$$

$$=4\int_{-2}^{2}\sqrt{4-y^2}\mathrm{d}y=-4\times\frac{1}{2}\pi\times 2^2=-8\pi$$

其中 $D=\{(y,z)\,|\,0\leqslant z\leqslant 2-y,-2\leqslant y\leqslant 2\}$。

44. 解：添加曲面 S_1：$z=0$，$x^2+y^2\leqslant a^2$，法向量向下，则有

$$\text{原式}=\frac{1}{a}\iint\limits_{S}x^2\mathrm{d}y\mathrm{d}z+y^2\mathrm{d}y\mathrm{d}z+(z^2+a^2)\mathrm{d}x\mathrm{d}y$$

$$=\frac{1}{a}\Big(\iint\limits_{S}x^2\mathrm{d}y\mathrm{d}z+y^2\mathrm{d}y\mathrm{d}z+(z^2+a^2)\mathrm{d}x\mathrm{d}y+\iint\limits_{S_1}-\iint\limits_{S_1}\Big)$$

$$=\frac{1}{a}\Big(\iiint\limits_{\Omega}2(x+y+z)\mathrm{d}V+\iint\limits_{D}a^2\mathrm{d}x\mathrm{d}y\Big)$$

其中，$\Omega=\{(x,y,z)\,|\,\sqrt{a^2-x^2-y^2}\geqslant 0\}$，$D=\{(x,y)\,|\,x^2+y^2\leqslant a^2\}$，则有

$$\text{原式}=\frac{2}{a}\iiint\limits_{\Omega}z\mathrm{d}V+a\cdot\pi\cdot a^2=\frac{2}{a}\int_{0}^{2\pi}\mathrm{d}\theta\int_{0}^{\frac{\pi}{2}}\cos\varphi\sin\varphi\mathrm{d}\varphi\int_{0}^{a}\rho^3\mathrm{d}\rho+\pi a^3$$

$$=\frac{1}{2}\pi a^3+\pi a^3=\frac{3}{2}\pi a^3$$

45. 解：（1）记：$F(x,y,z)=z-\frac{1}{2}(x^2+y^2)$，则有

$$\vec{n}=\{-x,-y,1\}，\ \vec{n}^0=\frac{1}{\sqrt{1+x^2+y^2}}\{-x,-y,1\}$$

$$\iint_S (yf(x,y,z)+x)\mathrm{d}y\mathrm{d}z+(xf(x,y,z)+y)\mathrm{d}z\mathrm{d}x)+(2xyf(x,y,z)+z)\mathrm{d}x\mathrm{d}y$$

$$=\iint_S (\frac{-x(yf+x)}{\sqrt{1+x^2+y^2}}+\frac{-y(2f+y)}{\sqrt{1+x^2+y^2}}+\frac{2xy+z}{\sqrt{1+x^2+y^2}})\mathrm{d}S$$

$$=\iint_S (\frac{-x^2-y^2+z}{\sqrt{1+x^2+y^2}})\mathrm{d}S \text{或}=-\frac{1}{2}\iint_S (\frac{x^2+y^2}{\sqrt{1+x^2+y^2}})\mathrm{d}S$$

（2）$\iint_S (yf(x,y,z)+x)\mathrm{d}y\mathrm{d}z+(xf(x,y,z)+y)\mathrm{d}z\mathrm{d}x)+(2xyf(x,y,z)+z)\mathrm{d}x\mathrm{d}y$

$$=-\frac{1}{2}\iint_S \frac{x^2+y^2}{\sqrt{1+x^2+y^2}}\mathrm{d}S=-\frac{1}{2}\iint_D x^2+y^2\mathrm{d}\sigma=-\frac{1}{2}\int_0^{2\pi}\mathrm{d}\theta\int_2^4 r^3\mathrm{d}r=-\pi\cdot\frac{1}{4}(4^4-2^4)=-60\pi$$

46. 方法 1：加减曲面片，添加 S_1： $z=1$， $x^2+y^2\leqslant 1$，法向量向下，由高斯公式：

$$\iint_S (2x+z)\mathrm{d}y\mathrm{d}z+z\mathrm{d}x\mathrm{d}y=\iint_{S_1\cup S_2}-\iint_{S_1}=-\iiint_\Omega (2+1)\mathrm{d}V-(-1)\iint_D \mathrm{d}x\mathrm{d}y$$

$$=-3\int_0^{2\pi}\mathrm{d}\theta\int_0^1 r\mathrm{d}r\int_{r^2}^1 \mathrm{d}z+\pi=-\frac{1}{2}\pi$$

其中 $\Omega=\{(x,y,z)\big|x^2+y^2\leqslant z\leqslant 1\}$， $D=\{(x,y)\big|x^2+y^2\leqslant 1\}$。

方法 2：逐个投影法：

对于，$\iint_S (2x+z)\mathrm{d}y\mathrm{d}z$，投影到 yOz 平面上，为此应将 S 分成前后两部分：

S_1（前）： $x=\sqrt{z-y^2}$， $y^2\leqslant z\leqslant 1$， $-1\leqslant y\leqslant 1$；

S_2（后）： $x=-\sqrt{z-y^2}$， $y^2\leqslant z\leqslant 1$， $-1\leqslant y\leqslant 1$。

$$\iint_S (2x+z)\mathrm{d}y\mathrm{d}z=\iint_{S_1}(2x+z)\mathrm{d}y\mathrm{d}z+\iint_{S_2}(2x+z)\mathrm{d}y\mathrm{d}z$$

$$=-\iint_D (2\sqrt{z-y^2}+z)\mathrm{d}y\mathrm{d}z+\iint_D (-2\sqrt{z-y^2}+z)\mathrm{d}y\mathrm{d}z$$

$$=-4\int_{-1}^1 \mathrm{d}y\int_{y^2}^1 \sqrt{z-y^2}\mathrm{d}z=-\frac{16}{3}\int_0^1 (1-y^2)^{\frac{3}{2}}\mathrm{d}y$$

令 $y=\sin t$，则 $-\frac{16}{3}\int_0^{\frac{\pi}{2}}\cos^4 t\mathrm{d}t=-\pi$。其中 $D=\{(y,z)\big|y^2\leqslant z\leqslant 1,-1\leqslant y\leqslant 1\}$。

对于 $\iint_S z\mathrm{d}x\mathrm{d}y$，将 S 投影到 xOy 平面上，投影域为 $x^2+y^2\leq 1$，则有：

$$\iint_S z\mathrm{d}x\mathrm{d}y=\iint_D (x^2+y^2)\mathrm{d}x\mathrm{d}y=\int_0^{2\pi}\mathrm{d}\theta\int_0^1 r^3\mathrm{d}r=\frac{\pi}{2}$$

其中$D=\{(x,y)\big|x^2+y^2\leqslant 1\}$。

所以，$\iint\limits_S(2x+z)\mathrm{d}y\mathrm{d}z+z\mathrm{d}x\mathrm{d}y=-\pi+\dfrac{\pi}{2}=-\dfrac{\pi}{2}$。

47. 解：$\displaystyle\oiint\limits_S(\frac{\partial u}{\partial x}\cos\alpha+\frac{\partial u}{\partial y}\cos\beta+\frac{\partial u}{\partial z}\cos\gamma)\mathrm{d}S$

$$=\iiint\limits_\Omega(\frac{\partial^2 u}{\partial x^2}+\frac{\partial^2 u}{\partial y^2}+\frac{\partial^2 u}{\partial z^2})\mathrm{d}V=\iiint\limits_\Omega z^2\mathrm{d}V$$

$$=\int_0^{2\pi}\mathrm{d}\theta\int_0^{\frac{\pi}{2}}\mathrm{d}\varphi\int_0^{2\cos\varphi}\rho^4\cos^2\varphi\sin\varphi\mathrm{d}\rho$$

$$=2\pi\int_0^{\frac{\pi}{2}}\frac{32}{5}\cos^7\varphi\sin\varphi\mathrm{d}\varphi=\frac{8}{5}\pi$$

48. 解：添加面S_1： $z=0$， $x^2+y^2\leqslant 1$，法向量向下。

$$I=\iint\limits_S yz\mathrm{d}z\mathrm{d}x+y^2\mathrm{d}x\mathrm{d}y+\iint\limits_{S_1}yz\mathrm{d}z\mathrm{d}x+y^2\mathrm{d}x\mathrm{d}y-\iint\limits_{S_1}yz\mathrm{d}z\mathrm{d}x+y^2\mathrm{d}x\mathrm{d}y$$

$$=\iiint\limits_\Omega z\mathrm{d}V+\iint\limits_D y^2\mathrm{d}x\mathrm{d}y$$

其中，$\Omega=\{(x,y,z)\big|0\leqslant z\leqslant 1-x^2-y^2\}$， $D=\{(x,y)\big|x^2+y^2\leqslant 1\}$。

$$I=\iint\limits_D\mathrm{d}\sigma\int_0^{1-x^2-y^2}z\mathrm{d}z+\iint\limits_D y^2\mathrm{d}\sigma=\iint\limits_D(\frac{1}{2}(1-x^2-y^2)^2+y^2)\mathrm{d}\sigma$$

$$=\int_0^{2\pi}\mathrm{d}\theta(\frac{1}{2}(1-r^2)^2+r^2\sin^2\theta)r\mathrm{d}r$$

$$=\int_0^{2\pi}(\frac{1}{12}+\frac{1}{4}\sin^2\theta)\mathrm{d}\theta=\frac{\pi}{6}+\frac{1}{2}\cdot\frac{\pi}{2}=\frac{5\pi}{12}$$

49. 解：设$P=\dfrac{x-y-z}{(x^2+y^2+z^2)^{3/2}}$， $Q=\dfrac{y-z+x}{(x^2+y^2+z^2)^{3/2}}$， $R=\dfrac{z-x+y}{(x^2+y^2+z^2)^{3/2}}$，

$\dfrac{\partial P}{\partial x}+\dfrac{\partial Q}{\partial y}+\dfrac{\partial R}{\partial z}\equiv 0$（当$(x,y,z)\neq(0,0,0)$），取$S_1$： $x^2+y^2+z^2=1$的外侧，则

$$I=\iint\limits_S\frac{(x-y-z)\mathrm{d}y\mathrm{d}z+(y-z+x)\mathrm{d}z\mathrm{d}x+(z-x+y)\mathrm{d}x\mathrm{d}y}{(x^2+y^2+z^2)^{3/2}}$$

$$=\iint\limits_{S_1}(x-y-z)\mathrm{d}y\mathrm{d}z+(y-z+x)\mathrm{d}z\mathrm{d}x+(z-x+y)\mathrm{d}x\mathrm{d}y$$

$$=\iiint\limits_\Omega 3\mathrm{d}V=3\times\frac{4}{3}\pi=4\pi$$

其中$\Omega=\{(x,y,z)\big|x^2+y^2+z^2\leqslant 1\}$。

50. 解：由高斯公式：

$$\oiint_S x^2\mathrm{d}y\mathrm{d}z + y^2\mathrm{d}z\mathrm{d}x + z^2\mathrm{d}x\mathrm{d}y = \iiint_\Omega (2x+2y+2z)\mathrm{d}V$$

$$= 2\iiint_\Omega ((x-a)+(y-b)+(z-c))\mathrm{d}V + 2\iiint_\Omega (a+b+c)\mathrm{d}V$$

$$2\iiint_\Omega ((x-a)+(y-b)+(z-c))\mathrm{d}V = 2\iiint_\Omega (x-a)\mathrm{d}V + 2\iiint_\Omega (y-b)\mathrm{d}V + 2\iiint_\Omega (z-c)\mathrm{d}V$$

以计算 $\iiint_\Omega (z-c)\mathrm{d}V$ 为例：

记：$z_1 = c-\sqrt{R^2-(x-a)^2+(y-b)^2}$，$z_2 = c+\sqrt{R^2-(x-a)^2+(y-b)^2}$，

$D_{xy} = \{(x,y) \big| (x-a)^2+(y-b)^2 \leqslant R^2\}$，$\iiint_\Omega (z-c)\mathrm{d}V = \iint_{D_{xy}} \mathrm{d}\sigma \int_{z_1}^{z_2} (z-c)\mathrm{d}z = \iint_{D_{xy}} 0\mathrm{d}\sigma = 0$，同理 $\iiint_\Omega (x-a)\mathrm{d}V = 0$，$\iiint_\Omega (y-b)\mathrm{d}V = 0$，且 $2\iiint_\Omega (a+b+c)\mathrm{d}V = 2(a+b+c)\dfrac{4}{3}\pi R^3$，所以，

$\oiint_S x^2\mathrm{d}y\mathrm{d}z + y^2\mathrm{d}z\mathrm{d}x + z^2\mathrm{d}x\mathrm{d}y = \dfrac{8}{3}(a+b+c)\pi R^3$。

第 13 章　同步练习解答

1. 略。
2. （1）不是；（2）不是。
3. （1）$y' = x^2$；（2）$yy' + 2x = 0$。
4. $y = Ce^{x^2}$。
5. （1）$y = e^{Cx}$；（2）$\arcsin(x-\sqrt{1-y^2}) = C$ 及 $(y=\pm 1)$；（3）$10^{-y}+10^x = C$；
   （4）$(x-4)y^4 = Cx$。
6. $\ln|y| = \dfrac{y}{x} + Cy$。
7. （1）$y = xe^{Cx}$；（2）$y^2 = 2x^2(\ln x + 2)$；（3）$\dfrac{x+y}{x^2+y^2} = 1$；（4）$x^2 - y^2 = Cy$（及 $y=0$）。
8. （1）$y = (x+1)^2(\dfrac{2}{3}(x+1)^{\frac{3}{2}} + C)$；（2）$y = \dfrac{-\cos x + C}{x}$；（3）$y\sin x + 5e^{\cos x} = 1$；
   （4）$y = (1-\dfrac{4}{x^2})\sin x + \dfrac{4}{x}\cos x + \dfrac{4\pi}{x^2}$。
9. （1）$y^2 = Cx - x\ln|x|$；（2）$\dfrac{3}{2}x^2 + \ln\left|1+\dfrac{3}{y}\right| = C$；（3）$\dfrac{1}{y} = -\sin x + Ce^x$。
10. $x^5 + \dfrac{3}{2}x^2y^2 - xy^3 + \dfrac{1}{3}y^3 = C$。

11. $\frac{x}{y}+\frac{x^2}{2}=C$。

12. $-\frac{1}{y}+\frac{x^2}{y^3}=C$ 。

13. $x\sin y+y\cos x=C$。

14. $ye^x+xe^y=C$。

15. （1） $y=\frac{1}{6}x^3-\sin x+C_1x+C_2$；（2） $y=1-\cos 2x$；

（3） $y=x\arctan x-\frac{1}{2}\ln(1+x^2)+C_1x+C_2$；（4） $y=-\ln|\cos(x+C_1)|+C_2$；

（5）$y=C_1x\ln x-C_1x+C_2$；（6）$y=x^3+3x+1$；（7）$y=C_1(x+\frac{1}{3}x^3)+C_2$；（8）$y=\sec x$。

16. $y=\frac{x^3}{6}+\frac{x}{2}+1$。

17. 略。

18. 略。

19. $S=(4+2t)e^{-t}$ 。

20. （1）$y=C_1e^x+C_2e^{3x}$ ；（2）$y=e^{-3x}(C_1\cos 2x+C_2\sin 2x)$；（3）$y=(C_1+C_2x)e^x$；

（4） $y=4e^x+e^{4x}$。

21. （1）$y=C_1\cos x+C_2\sin x+\frac{1}{2}(x+1)e^{-x}$；（2） $y=C_1e^{-x}+C_2e^{-2x}+(\frac{3}{2}x^2-3x)e^{-x}$；

（3） $y=(C_1+C_2x)e^{-x}+x^2e^{-x}$；（4） $y=(1+\frac{1}{4}x)\sin 2x$；（5） $y=\frac{1}{2}(e^{9x}+e^x)-\frac{1}{7}e^{2x}$；

（6） $y=C_1\cos 2x+C_2\sin 2x+\frac{1}{3}x\cos x+\frac{2}{9}\sin x$。

22. （1）$y=C_1+C_2e^{-3x}-\frac{7}{10}\cos x+\frac{1}{10}\sin x$；（2）$y=C_1\cos x+C_2\sin x+\frac{e^x}{2}+\frac{x}{2}\sin x$。

第 13 章　提高题解答

1. 解：改写为：$y\frac{dy}{dx}=\frac{y^2}{2x}+\frac{x^2}{2}$，令$z=y^2$，化为$\frac{dz}{dx}=\frac{z}{x}+x^2$，由通解公式得：

$$z=e^{\int\frac{1}{x}dx}(\int x^2e^{-\int\frac{1}{x}dx}dx+C)=|x|(\int\frac{x^2}{|x|}dx+C)$$

当$x>0$时，$z=x(\int x dx+C)=\frac{x^3}{2}+Cx$；

当 $x<0$ 时，$z=-x(-\int x\mathrm{d}x+C)=x(\int x\mathrm{d}x-C)=\dfrac{x^3}{2}-Cx$，所以，通解为 $y^2=\dfrac{1}{2}x^3+Cx$。

2. 解：令 $y'=P$，$y''=\dfrac{\mathrm{d}P}{\mathrm{d}x}=\dfrac{\mathrm{d}P}{\mathrm{d}y}\cdot\dfrac{\mathrm{d}y}{\mathrm{d}x}=P\dfrac{\mathrm{d}P}{\mathrm{d}y}$，原方程化为：$P\dfrac{\mathrm{d}P}{\mathrm{d}y}=2yP$，分解为 $P=0$ 及 $\dfrac{\mathrm{d}P}{\mathrm{d}y}=2y$，由 $P=0$ 及 $y=C_1$，不满足初始条件 $y(0)=1$，$y'(0)=2$，舍去，所以 $P=y^2+C_1$，以初始条件 $y(0)=1$，$y'(0)=2$ 代入，$2=1+C_1$，$C_1=1$，所以 $\dfrac{\mathrm{d}y}{\mathrm{d}x}=y^2+1$，$\arctan y=x+C_2$，再以 $y(0)=1$ 代入得 $C_2=\dfrac{\pi}{4}$，得 $y=\tan(x+\dfrac{\pi}{4})$。

3. 解：$\dfrac{\mathrm{d}x}{\mathrm{d}y}=\dfrac{x+\sqrt{x^2+y^2}}{y}=\dfrac{x}{y}+\sqrt{(\dfrac{x}{y})^2+1}$，令 $\dfrac{x}{y}=u$，则 $x=yu$，有 $\dfrac{\mathrm{d}x}{\mathrm{d}y}=u+y\cdot\dfrac{\mathrm{d}u}{\mathrm{d}y}$，原方程为：$y\cdot\dfrac{\mathrm{d}u}{\mathrm{d}y}=\sqrt{u^2+1}$，$\therefore \ln\left|u+\sqrt{u^2+1}\right|=\ln|y|+\ln|C_1|$，$u+\sqrt{u^2+1}=Cy$，$y=\dfrac{1}{C}\sqrt{1+2Cx}$，$C>0$。

4. 解：$\dfrac{\mathrm{d}x}{\mathrm{d}y}-\dfrac{2x}{y}=-5x^2y^2$，$\dfrac{\mathrm{d}x^{-1}}{\mathrm{d}y}+\dfrac{2}{y}x^{-1}=5y^2$，

$\therefore x^{-1}=\mathrm{e}^{-\int\frac{2}{y}\mathrm{d}y}(\int 5y^2\mathrm{e}^{\int\frac{2}{y}\mathrm{d}y}\mathrm{d}y+C)=\dfrac{1}{y^2}(\int 5y^4\mathrm{d}y+C)=y^3+\dfrac{C}{y^2}$，$\therefore x=\dfrac{y^2}{y^5+C}$。

5. 解：$\dfrac{\partial}{\partial x}(\varphi(x)+2xy)=\dfrac{\partial}{\partial y}(y^2+xy+\varphi(x)\cdot y)$，$\therefore \varphi'(x)-\varphi(x)=x$，

$\therefore \varphi(x)=\mathrm{e}^x(\int x\mathrm{e}^{-x}\mathrm{d}x+C)=-x-1+C\mathrm{e}^x$，再由 $\varphi(0)=1$ 可得 $C=2$，从而

$$\varphi(x)=-x-1+2\mathrm{e}^x$$

于是所给全微分方程为：

$$(y^2-y+2y\mathrm{e}^x)\mathrm{d}x+(2xy-x-1+2\mathrm{e}^x)\mathrm{d}y=0$$

所以

$$\begin{aligned}&(y^2-y+2y\mathrm{e}^x)\mathrm{d}x+(2xy-x-1+2\mathrm{e}^x)\mathrm{d}y\\&=(y^2\mathrm{d}x+2xy\mathrm{d}y)-(y\mathrm{d}x+x\mathrm{d}y)+2(y\mathrm{e}^x\mathrm{d}x+\mathrm{e}^x\mathrm{d}y)-\mathrm{d}y\\&=\mathrm{d}(xy^2-xy+2y\mathrm{e}^x-y)=0,\end{aligned}$$

所以，通解为 $xy^2-xy+2y\mathrm{e}^x-y=C$。

6. 解：$y''+4y=\dfrac{1}{2}+\dfrac{1}{2}\cos 2x$，对应齐次方程的通解为：$Y(x)=C_1\cos 2x+C_2\sin 2x$，分别考虑 $y''+4y=\dfrac{1}{2}$ 及 $y''+4y=\dfrac{1}{2}\cos 2x$，易见前者的一个特解为：$y_1^*=\dfrac{1}{8}$，对于第二个方程，因为对应齐次方程的特征方程的单重根，故命 $y_2^*=x(A\cos 2x+B\sin 2x)$，$\therefore y_2^*=\dfrac{1}{8}x\sin 2x$，$\therefore$ 通解为 $y=C_1\cos 2x+C_2\sin 2x+\dfrac{1}{8}+\dfrac{1}{8}x\sin 2x$。

7. 解：由通解 $y=e^x(C_1\cos x+C_2\sin x)$ 可知，$e^x\cos x$ 与 $e^x\sin x$ 为两个特解，由此可知 $r_{1,2}=1\pm i$ 为两个特征根，于是可知：$(r-(1+i))(r-(1-i))=r^2-2r+2=0$ 为特征方程。

8. 解：曲线 $y=y(x)$ 上点 $P(x,y)$ 处的切线为：$Y-y=y'(z-x)$，命 $Y=0$，得它与 x 轴的交点坐标为 $(x-\dfrac{y}{y'},0)$，由于 $y'>0$，$y\big|_{x=0}=1$，从而 $y(x)>0$，于是面积

$$S_1=\frac{1}{2}y\left|x-(x-\frac{y}{y'})\right|=\frac{y^2}{2y'}$$

曲面梯形面积 $S_2=\int_0^x y(t)\mathrm{d}t$，由条件 $2S_1-S_2=1$ 可知：$\dfrac{y^2}{y'}-\int_0^x y(t)\mathrm{d}t=1$。两边对 x 求导并化简，得微分方程 $yy''=(y')^2$，命 $y'=P$，有：$y''=\dfrac{\mathrm{d}P}{\mathrm{d}x}=\dfrac{\mathrm{d}P}{\mathrm{d}y}\cdot\dfrac{\mathrm{d}y}{\mathrm{d}x}=P\cdot\dfrac{\mathrm{d}P}{\mathrm{d}y}$，上述方程为：$y\cdot P\cdot\dfrac{\mathrm{d}P}{\mathrm{d}y}=P^2$。因为 $P=0$ 即 $\dfrac{\mathrm{d}y}{\mathrm{d}x}=0$ 不满足初始条件，舍弃，因为 $y\cdot\dfrac{\mathrm{d}P}{\mathrm{d}y}=P$，所以 $P=C_1y$，由 $y\big|_{x=0}=1$ 及方程 $\dfrac{y^2}{y'}-\int_0^x y(t)\mathrm{d}t=1$，得 $y'\big|_{x=0}=1$，$\therefore C_1=1$，再由 $\dfrac{\mathrm{d}y}{\mathrm{d}x}=P=y$，得 $y=C_2e^x$，由 $y(0)=1$，得 $C_2=1$，$\therefore$ 曲线方程为 $y=e^x$。

9. 解：由旋转体体积公式，有：$\pi\int_1^t\left(f(x)\right)^2\mathrm{d}x=\dfrac{\pi}{3}(t^2f(t)-f(1))$，$t>1$，两边对 t 求导，并记 $f(t)=y$，化为齐次微分方程 $t^2\dfrac{\mathrm{d}y}{\mathrm{d}t}+2ty=3y^2$，解得：$y=\dfrac{t}{1-Ct^3}$，所以 $f(x)=\dfrac{x}{1-Cx^3}$，又因为 $f(2)=\dfrac{2}{9}$，所以 $C=-1$，则有 $f(x)=\dfrac{x}{1+x^3}$，$x>1$。

10. 解：右端为 $A\cos x$，但解中含有 $x\sin x$，所以 $\pm i$ 是它的特征根，所以特征方程为：$r^2+1=0$，方程为：$y''+y=A\cos x$，以 $y^*=\cos x+x\sin x$ 代入可得 $A=2$，从而方程为：$y''+y=2\cos x$，通解为：$y=C_1\cos x+C_2\sin x+x\sin x$。

11. 解：由通解形式可知：该方程有特征根 $r_{1,2}=1\pm i$，所以特征方程为：$r^2+2r+2=0$，对应得齐次微分方程为：$y''+2y'+2y=0$。

12. 解：
$$f(x)=e^{2x}+x\int_0^x t\cdot f(x-t)\mathrm{d}t=\int_x^0(x-u)\cdot f(u)(-\mathrm{d}u)+e^{2x}$$
$$=e^{2x}+x\int_0^x f(u)\mathrm{d}u-\int_0^x u\cdot f(u)$$

两边对 x 求导，得：$f'(x)=2e^{2x}+\int_0^x f(u)\mathrm{d}u+x\cdot f(x)-x\cdot f(x)=2e^{2x}+\int_0^x f(u)\mathrm{d}u$

再求导：$f''(x)=4e^{2x}+f(x)$，得：$f''(x)-f(x)=4e^{2x}$，求得通解

$$f(x)=C_1e^x+C_2e^{-x}+\frac{4}{3}e^{2x}$$

又因为 $f(0)=1$，再由 $f'(x)$ 得表达式可知：$f'(0)=2$ 代入得解

$$f(x)=-\frac{1}{2}e^x+\frac{1}{6}e^{-x}+\frac{4}{3}e^{4x}$$

13. 解：$y''+2y'+2y=\mathrm{e}^{-x}+\mathrm{e}^{-x}\cos x$，分别求：

$$y''+2y'+2y=\mathrm{e}^{-x} \qquad (1)$$

$$y''+2y'+2y=\mathrm{e}^{-x}\cos x \qquad (2)$$

的解，对应的齐次方程的特征方程是：$r^2+2r+2=0$，解得特征根为：$r_{1,2}=-1+i$，对应的齐次方程的通解是：$Y(x)=\mathrm{e}^{-x}(C_1\cos x+C_2\sin x)$，式（1）对应的特解：$y_1{}^*=A\mathrm{e}^{-x}$，用待定系数法可得 $y_1{}^*=\mathrm{e}^{-x}$；式（2）对应的特解可设为：$y_2{}^*=x\mathrm{e}^{-x}(B\cos x+C\sin x)$，由待定系数法可得：$y_2{}^*=\dfrac{1}{2}x\mathrm{e}^{-x}\sin x$，所以原方程的通解为

$$y=Y(x)+y_1{}^*+y_2{}^*=\mathrm{e}^{-x}(C_1\cos x+C_2\sin x)+\mathrm{e}^{-x}+\frac{1}{2}x\mathrm{e}^{-x}\sin x$$

14. 解：由 $f'(x)=\pi-x$，有 $f''(x)=-f'(\pi-x)=-f(x)$，所以得微分方程：$f''(x)+f(x)=0$，解得：$f(x)=C_1\cos x+C_2\sin x$，但注意，它还应满足条件 $f'(x)=f(\pi-x)$，代入，有：$-C_1\sin x+C_2\cos x=-C_1\cos x+C_2\sin x$，所以 $C_1=-C_2$，从而得解：$f(x)=C_1(\cos x-\sin x)$。

15. 解：设 t 时刻的半径为 r，t 时刻半球体积为：$V=\dfrac{2}{3}\pi r^3$，半球面面积为：$S=2\pi r^2$，由条件 $\dfrac{\mathrm{d}V}{\mathrm{d}t}=-kS$，于是有 $2\pi r^2\cdot\dfrac{\mathrm{d}r}{\mathrm{d}t}=-k\cdot 2\pi r^2$，即 $\dfrac{\mathrm{d}r}{\mathrm{d}t}=-k$，初始条件为：$r\big|_{t=0}=r_0$，解上述微分方程，并利用初始条件得解：$r=-kt+r_0$，又当 $t=3$（小时）时，则：

$$\frac{2}{3}\pi(-3k+r_0)^3=(1-\frac{7}{8})\cdot\frac{2}{3}\pi r_0{}^3$$

即 $-3k+r_0=\dfrac{1}{2}r_0$，求得：$k=\dfrac{1}{6}r_0$，从而 $r=(-\dfrac{1}{6}t+1)r_0$，故当 $t=6$（小时）时，$r=0$，即融化完毕。

16. 解：分别求 $x\geqslant 1$ 时，$y''-y=\mathrm{e}^{x-1}$ 的解与 $x<1$ 时，$y''-y=\mathrm{e}^{1-x}$ 的解，并使在 $x=1$ 处连续，得通解：

$$y=\begin{cases}(C_1-\dfrac{1}{2})\mathrm{e}^{x-1}+(C_2+\dfrac{1}{2})\mathrm{e}^{1-x}+\dfrac{1}{2}(x-1)\mathrm{e}^{x-1}, & x\geqslant 1\\ C_1\mathrm{e}^{x-1}+C_2\mathrm{e}^{1-x}-\dfrac{1}{2}(x-1)\mathrm{e}^{1-x}, & x<1\end{cases}$$

也可写成：

$$y=\begin{cases}A_1\mathrm{e}^{x}+A_2\mathrm{e}^{-x}+\dfrac{1}{2}x\mathrm{e}^{x-1}, & x\geqslant 1\\ (A_1+\mathrm{e}^{-1})\mathrm{e}^{x}+A_2\mathrm{e}^{-x}-\dfrac{1}{2}x\mathrm{e}^{1-x}, & x<1\end{cases}$$

,其中 A_1 与 A_2 为任意常数。

17. 解:；两边对 x 求导，得：$\dfrac{f(x)}{f^2(x)+x}=f'(x)$，令 $f(x)=y$，得：$y=(y^2+x)\dfrac{\mathrm{d}y}{\mathrm{d}x}$，将 x 作为未知函数，解得：$x=y^2+Cy$，由原积分方程有：$f(1)=1$，给出 $C=0$，得：$x=y^2$，所以 $y=f(x)=\sqrt{x}$（因为 $f(1)=1$，取正号）。

18. 解：两边对 x 求导，$g(f(x))f'(x)+f(x)=(x^2+2x)\mathrm{e}^x$，由 $g(f(x))=x$ 得：

$$xf'(x)+f(x)=(x^2+2x)\mathrm{e}^x \qquad (1)$$

当 $x\neq 0$ 时，由一阶线性方程通解公式得：$f(x)=x\mathrm{e}^x+\dfrac{C}{x}$，又由式（1）有 $f(0)=0$，可见 $C=0$，$0=f(0)=\lim\limits_{x\to 0}f(x)=\infty$ 矛盾，从而得：$f(x)=x\mathrm{e}^x$。

19. 解：（1）由反函数得导数公式，有：

$$\frac{\mathrm{d}y}{\mathrm{d}x}=\frac{1}{y'_x}，\ \frac{\mathrm{d}^2x}{\mathrm{d}y^2}=\frac{\mathrm{d}}{\mathrm{d}y}(\frac{\mathrm{d}x}{\mathrm{d}y})=\frac{\mathrm{d}}{\mathrm{d}y}(\frac{1}{y'_x})=\frac{\mathrm{d}}{\mathrm{d}x}(\frac{1}{y'_x})\cdot\frac{\mathrm{d}x}{\mathrm{d}y}=-\frac{y''_{xx}}{(y'_x)^2}\cdot\frac{1}{y'_x}=\frac{y''_{xx}}{(y'_x)^3}$$

于是原方程化为：$-\dfrac{y''_{xx}}{(y'_x)^3}+(y+\sin y)\cdot(\dfrac{1}{y'_x})^3=0$，$y''_{xx}-y=\sin x$。

（2）上述方程为关于 x 的二阶常系数线性非齐次方程，按常规办法解该方程，得通解为：$y=C_1\mathrm{e}^x+C_2\mathrm{e}^{-x}-\dfrac{1}{2}\sin x$，又由初始条件 $y(0)=0$，$y'(0)=\dfrac{3}{2}$，代入有：$C_1+C_2=0$，$C_1-C_2-\dfrac{1}{2}=\dfrac{3}{2}$，所以 $C_1=1$，$C_2=-1$，取得解为：$y=\mathrm{e}^x-\mathrm{e}^{-x}-\dfrac{1}{2}\sin x$，此 y 满足 $y'\neq 0$ 的条件。

20. 解：将 $y_2(x)=u(x)\mathrm{e}^x$ 代入原方程并整理得：$(2x-1)u''+(2x-3)u'=0$，令 $u'(x)=z$，则 $(2x-1)z'+(2x-3)z=0$，解得：$z=\tilde{C}_1(2x-1)\mathrm{e}^{-x}$，从而

$$u(x)=\int\tilde{C}_1(2x-1)\mathrm{e}^{-x}\mathrm{d}x=-\tilde{C}_1((2x-1)\mathrm{e}^{-x}+2\mathrm{e}^{-x})+\tilde{C}_2$$

由 $u(-1)=\mathrm{e}$，$u(0)=-1$，得 $\tilde{C}_1=1$，$\tilde{C}_2=0$，所以 $u(x)=-(2x+1)\mathrm{e}^{-x}$，所以原微分方程得通解为：$y=C_1\mathrm{e}^x-C_2(2x+1)$。

21. 解：$y'-y=2x-x^2$。

22. 解：方法 1：

由公式解得：$y=\mathrm{e}^{-\int\mathrm{d}x}(\int\mathrm{e}^{-x}\cos x\,\mathrm{e}^{\int\mathrm{d}x}+C)=\mathrm{e}^{-x}(\int\cos x\mathrm{d}x+C)=\mathrm{e}^{-x}(\sin x+C)$，由于 $y(0)=0$，故 $C=0$，所以 $y=\mathrm{e}^{-x}\sin x$。

方法 2：微分方程两边同乘 e^x 得 $(y\mathrm{e}^x)'=\cos x$，两边积分 $\int_0^x(y\mathrm{e}^t)'\mathrm{d}t=\int_0^x\cos t\mathrm{d}t$，得 $y\mathrm{e}^x=\sin x$，即 $y=\mathrm{e}^{-x}\sin x$。

姓名:__________ 学号:__________ 所在院系:__________ 所在班级:__________

微积分 II（B） 期中考之一

一. 向量代数与空间解析几何（每小题 8 分，共 40 分）

1. 设向量$\vec{a}$、$\vec{b}$、$\vec{c}$，满足：$|\vec{a}|=1$，$|\vec{b}|=2$，$|\vec{c}|=\sqrt{3}$，且$\vec{a}+\vec{b}+\vec{c}=\vec{0}$。求：（1）$\vec{b}\cdot\vec{c}$；（2）向量$\vec{b}\cdot\vec{c}$之间的夹角。

2. 过点$M(1,2,3)$与平面$2x+2y+z=0$垂直的直线为l。求：（1）直线l的方程；（2）点M关于平面π的对称点N的坐标。

3. 将直线$\begin{cases}x+y-2z-2=0\\2x+3y-z+2=0\end{cases}$化为对称式方程。

4. 求过点$M(1,1,2)$与直线$\begin{cases}x+y+z+2=0\\2x+y-z+2=0\end{cases}$的平面方程。

5. 化简曲线C：$\begin{cases}z=\sqrt{x^2+y^2}\\x^2+y^2+(z-1)^2=5\end{cases}$的表达式，并用参数方程表示曲线$C$。

姓名:__________　　学号:__________　　所在院系:__________　　所在班级:__________

二. 多元函数微分学（第 1、2 小题，每题 6 分；第 3~8 小题，每题 8 分，共 60 分）

1. 求 $\lim\limits_{(x,y)\to(0,3)} \dfrac{\ln(1+xy^2)}{\sin 3x}$。

2. 设 $f(x,y)=(x-1)^2\arctan(1+y^2)+(x-2)\dfrac{x^2-y^2}{x^2+y^2}$，求 $f'_x(2,0)$ 和 $f'_y(2,0)$。

3. 求函数 $z=\ln(1+x^2+y^2)$ 在点 $P(1,1)$ 处的全微分 $\mathrm{d}z\big|_{(1,1)}$。

4. 由方程 $x^3z+xy^2+\mathrm{e}^z=1$ 确定 $z=z(x,y)$，计算 $\dfrac{\partial z}{\partial x}$ 和 $\dfrac{\partial^2 z}{\partial x\partial y}$。

5. 求曲面 S： $x^2+2y^2+3z^2=20$ 在点 $(3,2,1)$ 处的切平面。

6. 设 $f(x,y,z)=\sqrt{x^2+y^2+z^2}$，求 f 在点 $M(1,-2,2)$ 处沿方向向量 $\vec{l}=\{1,-2,2\}$ 的方向导数。

7. 设 $f(x,y)=\begin{cases}\dfrac{x^2+y^2}{|x|+|y|}, & x^2+y^2\neq 0\\ 0, & 其他\end{cases}$，证明 $f(x,y)$ 在点 $(0,0)$ 处连续但偏导数不存在。

8. 求函数 $z=x^2-2xy+2y^2-6x+4y+9$ 的极小值。

附加题：（5 分）证明：光滑曲线 $F(\frac{y}{x},\frac{x}{z})=0$ 上任何一点处的切平面过定点。

姓名:__________ 学号:__________ 所在院系:__________ 所在班级:__________

微积分 II（B） 期中考之一解答

一

1. （1）$\vec{b}\cdot\vec{c}=-3$； （2）$\alpha=\dfrac{5\pi}{6}$。

2. （1）l：$\dfrac{x-1}{2}=\dfrac{y-2}{2}=\dfrac{z-3}{1}$；（2）$N(-3,-2,1)$。

3. l：$\dfrac{x-2}{5}=\dfrac{y}{-3}=\dfrac{z}{1}$。

4. $3(x-1)+(y-1)-3(z-2)=0$，即$3x+y-3z+2=0$。

5. $\begin{cases}x=2\sin\theta\\ y=2\cos\theta\\ z=2\end{cases}$ 。

二

1. 3。

2. $f'_x(2,0)=1+\dfrac{\pi}{2}$； $f'_y(2,0)=\dfrac{2}{13}$。

3. $dz\big|_{(1,1)}=dx+dy$。

4. $\dfrac{\partial z}{\partial x}=-\dfrac{3zx^2+y^2}{x^3+e^z}$， $\dfrac{\partial^2 z}{\partial x\partial y}=\dfrac{3x^2-2y(x^3+e^z)}{(x^3+e^z)^3}$。

5. 切平面方程为：$x+4y+z-12=0$；法线方程为：$\dfrac{x-3}{-1}=\dfrac{y-2}{-\frac{4}{3}}=\dfrac{z-1}{-1}$。

6. 方向导数为$\dfrac{1}{3}$。

7. 证略。

8. 极小值-1。

附加题，证略。

姓名:________ 学号:________ 所在院系:________ 所在班级:________

微积分 II（B） 期中考之二

一. 填空题（每空 2 分，共 22 分）

1. 已知两个非零向量 $\vec{a}$ 与 $\vec{b}$ 平行，$\vec{c}$ 是另一个非零向量，则 $(\vec{c}\times\vec{a})\cdot\vec{b}=$________。

2. 向量 $\vec{a}=2\vec{i}+\vec{j}+3\vec{k}$，$\vec{b}=4\vec{i}+c\vec{j}+6\vec{k}$，则当 $c=$________时，有 $\vec{a}\,//\,\vec{b}$，当 $c=$________时，有 $\vec{a}\perp\vec{b}$。

3. 二元函数 $f(x,y)=\sin x+\cos y$ 的梯度 $\mathrm{grad}f(x,y)=$________，函数 $f(x,y)$ 在点 (x,y) 处沿梯度方向的方向导数为________。

4. 假定函数 f，g 均可导，且 $u=f(g(\sin x\cos y,\cos x\sin y))$，则 $\dfrac{\partial u}{\partial x}=$________。

5. 已知 $D=\{(x,y)\,|\,x^2+y^2\leqslant 1\}$，则 $\iint\limits_D \mathrm{e}^{x^2+y^2}\sin x\,\mathrm{d}x\mathrm{d}y=$________。

6. 圆 $(x-1)^2+y^2=1$ 的极坐标方程为________。

7. 经过点 $(1,1,1)$ 且与 x 轴平行的直线方程为________。

8. 经过点 $(1,1,1)$ 且与直线 $\begin{cases}x+y+z=1\\2x+y-z=3\end{cases}$ 垂直的平面方程为________。

9. 曲线 $\begin{cases}x=\cos\theta\\y=\sin\theta\\z=2\theta\end{cases}$，$0\leqslant\theta\leqslant+\infty$ 在 xOy 平面上的投影方程为________。

二. 偏导数计算题（每题 6 分，共 24 分）

1. 已知 $z=x^y$，求 $\dfrac{\partial z}{\partial x}$ 与 $\dfrac{\partial z}{\partial y}$。

2. 已知方程 $\mathrm{e}^z+z\sin x+xy=1$ 确定隐函数 $z=f(x,y)$，求全微分 $\mathrm{d}z$。

3. 已知函数 $z=f(x+y,x-y)$ 的二阶偏导数存在，求 $\dfrac{\partial^2 z}{\partial x\partial y}$。

4. 已知 $f(\sin x,\sin(xy))=\sin^2 x+\mathrm{e}^{\sin(xy)}\cdot\sin x$，试写出 f_1' 与 f_2' 的表达式。

三. 积分计算题（每题 6 分，共 24 分）

1. 交换累计积分 $I=\int_{-1}^{0}\mathrm{d}x\int_{-\sqrt{1-x^2}}^{0}f(x,y)\mathrm{d}y+\int_{0}^{1}\mathrm{d}x\int_{x-1}^{0}f(x,y)\mathrm{d}y$ 的积分次序。

2. 计算 $\iint\limits_{D}(x\sin y+\cos x)\mathrm{d}x\mathrm{d}y$，其中 D 是由直线 $y=x+1$，$x+y=1$ 及 x 轴所围的闭区域。

3. 计算 $\iint\limits_{D}\mathrm{e}^{x^2+y^2}\mathrm{d}x\mathrm{d}y$ ，其中 $D=\{(x,y)\,|\,x^2+y^2\leqslant 1\}$。

4. 计算 $\iint\limits_{D}\arctan\dfrac{y}{x}\mathrm{d}\sigma$，其中 D 是由直线 $y=x$，圆 $x^2+y^2=1$ 及 x 轴所围的位于第一象限的闭区域。

四. 综合题（每题 6 分，共 30 分）

1. 证明二重极根 $\lim\limits_{(x,y)\to(0,0)}\dfrac{x^2y^2}{x^6+y^3}$ 不存在。

2. 求函数 $u=\sin x\sin y\sin z$ 满足 $x+y+z=\dfrac{\pi}{2}$（$x>0$，$y>0$，$z>0$）的条件极值。

3. 求曲面 $xyz=1$ 的切平面与三个坐标平面所围成的四面体的体积。

4. 求由抛物线 $y=x^2$ 与直线 $y=1$ 所围的封闭区域的面积。

5. 求经过直线 $\begin{cases}x+2y+z=1\\x+y-z=2\end{cases}$ 且平行于另一直线 $\dfrac{x-1}{1}=\dfrac{y}{2}=\dfrac{z+1}{1}$ 的平面方程。

姓名:____________　　学号:____________　　所在院系:____________　　所在班级:____________

微积分 II（B） 期中考之二解答

一. 填空题

1. 0 。
2. 2 ； -24 。
3. $\{\cos x, -\sin y\}$ ； $\sqrt{\cos^2 x + \sin^2 y}$ 。
4. $\dfrac{\partial u}{\partial x} = f' \cdot (g_1'(\cos x \cos y - g_2' \sin x \sin y))$ 。
5. 0 ，
6. $r = 2\cos\theta$ 。
7. $\dfrac{x-1}{1} = \dfrac{y-1}{0} = \dfrac{z-1}{0}$ 。
8. $2x - 3y + z = 0$ 。
9. $\begin{cases} x^2 + y^2 = 1 \\ z = 0 \end{cases}$ 。

二. 偏导数计算题

1. $\dfrac{\partial z}{\partial x} = yx^{y-1}$ ； $\dfrac{\partial z}{\partial y} = x^y \ln x$ 。
2. $\mathrm{d}z = -\dfrac{z\cos x + y}{\sin x + \mathrm{e}^z}\mathrm{d}x - \dfrac{x}{\sin x + \mathrm{e}^z}\mathrm{d}y$ 。
3. $\dfrac{\partial z}{\partial x} = f_1' + f_2'$ ； $\dfrac{\partial^2 z}{\partial x \partial y} = f_{11}'' - f_{12}'' + f_{21}'' - f_{22}'' = f_{11}'' - f_{22}''$ 。
4. $\begin{cases} f_2' = \sin x \mathrm{e}^{\sin(xy)} \\ f_1' = 2\sin x + \mathrm{e}^{\sin(xy)} \end{cases}$ 。

三. 积分计算题

1. $I = \int_{-1}^{0} \mathrm{d}y \int_{-\sqrt{1-y^2}}^{y+2} f(x,y) \mathrm{d}x$ 。
2. $\iint\limits_D (x\sin y + \cos x) \mathrm{d}x\mathrm{d}y = 2(1 - \cos 1)$ 。
3. $\iint\limits_D \mathrm{e}^{x^2+y^2} \mathrm{d}\sigma = \pi(\mathrm{e} - 1)$ 。
4. $\dfrac{\pi}{64}$ 。

四. 综合题

1. 证略。
2. 当 $x = \dfrac{\pi}{6}$， $y = \dfrac{\pi}{6}$， $z = \dfrac{\pi}{6}$， $u = \dfrac{1}{8}$ 。
3. $V = \dfrac{1}{6}$ 。

4. $S=\dfrac{4}{3}$。

5. π 平面：$2(x-3)+(y+1)-4z=0$，即 $2x+y+z-5=0$。

姓名：__________　　学号：__________　　所在院系：__________　　所在班级：__________

微积分 II（B） 期中考之三

一．填空题（每空 2 分，共 12 分）

1. 设 $z = x^y$，则 $\mathrm{d}z =$ ________。

2. 已知向量 $\vec{a}$ 的坐标为 $\{2,3,1\}$，向量 $\vec{b}$ 的坐标为 $\{1,-2,1\}$，$\vec{a}$ 与 $\vec{b}$ 的点积为________。

3. 已知 $f(x,y) = 9x^2 + \sqrt{(y-2)^5 \ln\sin x}$，求：$f'_x(1,2) =$ ________。

4. $f(x,y)$ 在点 (x_0,y_0) 可微是 $f_x{}'(x_0,y_0)$，$f_y{}'(x_0,y_0)$ 存在的________条件。

5. 已知 $D = \{(x,y) \mid x^2 + y^2 \leqslant 1\}$，则 $\iint\limits_D (x + y^3)\mathrm{d}\sigma =$ ________。

6. 过点 $(1,2,1)$ 与点 $(2,1,5)$ 的直线方程为________。

二．计算题（每小题 6 分，共 36 分）

1. 求过点 $(1,2,1)$ 且和平面 $x + 3y + z = 1$ 平行的平面方程。

2. 已知三角形 ABC 三个顶点坐标分别为：$A(1,0,1)$，$B(0,1,2)$，$C(1,1,1)$，求：三角形 ABC 的面积。

3. 已知 $u = z^2 + \arctan\dfrac{y}{x}$，求 $\mathrm{grad}u\big|_{(1,1,1)}$。

4. 求曲面 $z = \dfrac{x^2}{2} + y^2$ 在点 $(2,1,3)$ 处的切平面方程。

5. 当 $(x,y) \to (0,0)$ 时，$f(x,y) = \dfrac{x+y}{|x|+|y|}$ 是否存在极限？若存在，求出极限值。

6. 求 $f(x,y)=x^2+3y^2-2x-6y+7$ 的极值。

三. 计算题（每小题 8 分，共 32 分）

1. 已知 $z=f(x+y,xy)$，且 f 具有连续二阶偏导数，求 $\dfrac{\partial^2 z}{\partial x\partial y}$。

2. 已知 $z=(x^2+y)^x$，求 $\dfrac{\partial z}{\partial x}$，$\dfrac{\partial z}{\partial y}$。

3. 求 $\iint\limits_D x\mathrm{d}\sigma$，其中 D 是由抛物线 $x=y^2$ 和直线 $y=x-2$ 所围成的区域。

4. 求内接于椭球面 $\dfrac{x^2}{4}+\dfrac{y^2}{9}+\dfrac{z^2}{16}=1$ 的最大长方体体积 V。

四. 计算题（每小题 10 分，共 20 分）

1. 计算累次积分 $\int_0^1\mathrm{d}x\int_x^1 x^2\mathrm{e}^{-y^2}\mathrm{d}y$。

2. 由 $\mathrm{e}^z-xy-z=1$ 确定了 $z=z(x,y)$，求 $\dfrac{\partial z}{\partial x}$，$\dfrac{\partial^2 z}{\partial x\partial y}$。

姓名:__________ 学号:__________ 所在院系:__________ 所在班级:__________

微积分 II（B） 期中考之三解答

一. 填空题

1. $z = x^y$； $\mathrm{d}z = yx^{y-1}\mathrm{d}x + x^y \ln x\mathrm{d}y$ 。
2. -3 。
3. 18 。
4. 充分（非必要）。
5. 0 。
6. $\dfrac{x-1}{1} = \dfrac{y-2}{-1} = \dfrac{z-1}{4}$ 或 $\dfrac{x-2}{1} = \dfrac{y-1}{-1} = \dfrac{z-5}{4}$ 。

二. 计算题

1. $x+3y+z-8=0$ 。
2. $\dfrac{\sqrt{2}}{2}$ 。
3. $\mathrm{grad}u\Big|_{(1,1,1)} = \{-\dfrac{1}{2}, \dfrac{1}{2}, 2\}$ 。
4. $2x+2y-z-3=0$ 。
5. 不存在。
6. $f(1,1)=3$ 为极小值。

三. 计算题

1. $\dfrac{\partial z}{\partial x} = yf_1' + f_2'$； $\dfrac{\partial^2 z}{\partial x \partial y} = f_1' + y(f_{11}'' \cdot x + f_{12}'' \cdot 1) + f_{21}'' \cdot x + f_{22}''$ 。
2. $\dfrac{\partial z}{\partial x} = \mathrm{e}^{x\ln(x^2+y)}(\ln(x^2+y) + x \cdot \dfrac{2x}{x^2+y})$； $\dfrac{\partial z}{\partial y} = x(x^2+y)^{x-1} \cdot 1$ 。
3. $\dfrac{72}{5}$ 。
4. $V = \dfrac{64\sqrt{3}}{3}$ 。

四. 计算题

1. 65π 。
2. $\dfrac{\partial^2 z}{\partial x \partial y} = \dfrac{(\mathrm{e}^z-1)^2 - xy\mathrm{e}^z}{(\mathrm{e}^z-1)^3}$ 。

姓名:__________ 学号:__________ 所在院系:__________ 所在班级:__________

微积分 II（B） 期末考之一

应写出必要的解题步骤，(共 17 大题，第 1~16 题，每题 6 分，第 17 题 4 分，共 100 分)

1. 设向量 $\vec{a}=\{1,x,1\}$ 与向量 $\vec{b}=\{1,2,-1\}$ 的夹角 $(\vec{a},\vec{b})=\dfrac{\pi}{3}$，求 x。

2. 设 $M_0(2,-1,3)$ 是空间的一点，直线 L 的方程为 $\dfrac{x-1}{2}=\dfrac{y}{1}=\dfrac{z+2}{1}$，求：(1) 过点 M_0 且与直线 L 垂直的平面方程；(2) 点 M_0 到直线 L 的距离。

3. 求过点 $A(-2,1,4)$，且与直线 $\begin{cases}x+4y-2=0\\2x-y+3z-1=0\end{cases}$ 平行的直线方程。

4. 设函数 $z=y^{\frac{1}{x+1}}$，求 $\dfrac{\partial z}{\partial x}$，$\dfrac{\partial z}{\partial y}$，dz 。

5. 设函数 $f(u,v)$ 具有二阶连续偏导数，$z=f(x^2y,x)$，求 $\dfrac{\partial z}{\partial x}$，$\dfrac{\partial^2 z}{\partial x\partial y}$。

6. 设函数 $z=z(x,y)$ 由方程 $z+\ln z=2y+\ln x$ 所确定，证明 $2x\cdot\dfrac{\partial z}{\partial x}=\dfrac{\partial z}{\partial y}$。

7. 求函数 $f(x,y)=-x^2+2xy-4y^2+3$ 的极值（要判断是极大值还是极小值）。

8. 设函数 $f(x,y,z)$ 在点 M_0 处可微，且在点 M_0 处的梯度 $\text{grad}f(M_0)=\{3,4,2\}$，求：（1）函数 $f(x,y,z)$ 在点 M_0 处沿方向向量 $\vec{l}=\{2,1,-2\}$ 的方向导数 $\left.\frac{\partial f}{\partial \vec{l}}\right|_{M_0}$；（2）函数 $f(x,y,z)$ 在点 M_0 处方向导数的最小值。

9. 计算二重积分 $\iint\limits_D \frac{y}{x^2}\mathrm{d}\sigma$，其中 D 是由直线 $y=2$，$y=x$ 及双曲线 $xy=1$ 所围成的平面有界闭区域。

10. 计算二重积分 $\iint\limits_D (y-x)\mathrm{d}\sigma$，其中区域 $D=\{(x,y)\big|x^2+y^2\leqslant 4, x\leqslant 0, y\geqslant 0\}$。

11. 计算三重积分 $\iiint\limits_{\Omega} \sqrt{x^2+y^2}\mathrm{d}V$，其中 Ω 是由圆锥面 $z=\sqrt{x^2+y^2}$ 与平面 $z=1$ 所围成的空间有界闭区域。

12. 计算第一类曲线积分 $\int_L (x^2+xy)\mathrm{d}S$，其中 L 是直线 $y=3x$ 上点 $O(0,0)$ 与点 $B(1,3)$ 之间的一段。

13. 利用曲线的参数方程，计算第二类曲线积分 $I=\int_L(-y)\mathrm{d}x+x\mathrm{d}y$，其中 L 是沿上半椭圆周 $x^2+\frac{y^2}{4}=1$， $y\geqslant 0$，从点 $A(0,2)$ 到点 $B(1,0)$ 的一段弧。

14. 利用格林公式，计算：第二类曲线积分 $I=\oint_L(\sin x^2-y)\mathrm{d}x+(x-\mathrm{e}^{\cos y})\mathrm{d}y$，其中 L 是圆周 $(x-2)^2+y^2=4$ 取逆时针方向。

15. 求微分方程 $y''-2y'-3y=0$，满足初始条件 $y\big|_{x=0}=3$， $y'\big|_{x=0}=1$ 的特解。

16. 求微分方程 $\frac{\mathrm{d}y}{\mathrm{d}x}-\frac{y}{x}=x\mathrm{e}^{-x}$ 的通解。

17. 讨论函数 $f(x,y)=\begin{cases}\frac{x^2(x^2+y)}{x^4+y^2}, & x^2+y^2\neq 0\\ 0, & x^2+y^2=0\end{cases}$，在点 $(0,0)$ 处的连续性。

微积分 II（B） 期末考之一解答

1. $x=\sqrt{\dfrac{6}{5}}$。

2. （1）$2x+y+z-6=0$；（2）$d=\sqrt{21}$。

3. $\dfrac{x+2}{4}=\dfrac{y-1}{5}=\dfrac{z-4}{-1}$。

4. $\dfrac{\partial z}{\partial x}=-\dfrac{\ln y}{(x+1)^2}\cdot y^{\frac{1}{x+1}}$；$\dfrac{\partial z}{\partial y}=\dfrac{1}{x+1}\cdot y^{(-\frac{x}{x+1})}$；$\mathrm{d}z=-\dfrac{\ln y}{(x+1)^2}\cdot y^{\frac{1}{x+1}}\mathrm{d}x+\dfrac{1}{x+1}\cdot y^{(-\frac{x}{x+1})}\mathrm{d}y$。

5. $\dfrac{\partial z}{\partial x}=2xyf_1'+f_2'$，$\dfrac{\partial^2 z}{\partial x\partial y}=2xf_1'+2x^3yf_{11}''+x^2f_{21}''$。

6. 证略。

7. $f(0,0)=3$ 极大值。

8. （1）$\dfrac{\partial f}{\partial \vec{l}}\Big|_{M_0}=2$；（2）$\min(\dfrac{\partial f}{\partial \vec{l}}\Big|_{M_0})=-|\mathrm{grad}f(M_0)|=-\sqrt{29}$。

9. $\dfrac{4}{3}$。

10. $\dfrac{16}{3}$。

11. $\dfrac{\pi}{6}$。

12. $\dfrac{4\sqrt{10}}{3}$。

13. $-\pi$。

14. 8π。

15. $y=2\mathrm{e}^{-x}+\mathrm{e}^{3x}$。

16. $y=x(-\mathrm{e}^{-x}+C)$。

17. 不连续。

姓名:____________　　学号:____________　　所在院系:____________　　所在班级:____________

微积分 II（B） 期末考之二

应写出必要的解题步骤（共 16 大题，共 100 分）

1.（6 分）沿向量 $\vec{a}=\{4,0,3\}$，方向取一向量 $\overrightarrow{AB}$，且 $\left|\overrightarrow{AB}\right|=10$，又有点 B 的坐标为 $(6,4,5)$，求：点 A 的坐标。

2.（6 分）求过点 $M_0(-1,0,3)$，且与两条直线 $\dfrac{x}{-2}=\dfrac{y-1}{3}=\dfrac{z-3}{0}$ 和 $\dfrac{x-1}{2}=\dfrac{y-4}{-1}=\dfrac{z}{2}$ 都平行的平面方程。

3.（6 分）设空间曲线 Γ 的方程为 $\begin{cases} z-x^2+y^2=0 \\ z+2y=1 \end{cases}$，求：（1）曲线 Γ 在 xOy 面上投影曲线 L 的方程；（2）曲线 L 绕 y 轴旋转一周而成的旋转曲面 Σ 的方程。

4.（6 分）设函数 $f(x,y)$ 具有一阶连续偏导数，且 $f_x'(3,2)=3$，$f_y'(3,2)=2$，又有 $z=f(2x-y,xy^2)$，求 $\left.\dfrac{\partial z}{\partial x}\right|_{(2,1)}$，$\left.\dfrac{\partial z}{\partial y}\right|_{(2,1)}$。

5.（6 分）设函数 $z=z(x,y)$ 由方程 $xz^3-y^2z=1$ 所确定，求 $\dfrac{\partial z}{\partial x}$，$\dfrac{\partial z}{\partial y}$。

6.（6 分）求函数 $f(x,y)=x^2(2+y^2)+y(\ln y-1)$ 的极值（要判别是极大值还是极小值）。

7.（6 分）设椭球面 Σ 的方程为 $x^2+2y^2+z^2-4=0$，$M_0(1,1,1)$ 是曲面 Σ 上一点，求：（1）曲面 Σ 上点 M_0 处指向内侧的单位法向量 $\vec{n}$；（2）函数 $f(x,y,z)=x^2+y^2+z^2$ 在点 M_0 处沿 $\vec{n}$ 方向的方向导数 $\left.\dfrac{\partial f}{\partial \vec{n}}\right|_{M_0}$；（3）函数 $f(x,y,z)$ 在点 M_0 处方向导数的最小值。

8.（6 分）计算二重积分 $\iint\limits_D \dfrac{x}{y}\mathrm{d}\sigma$，其中 D 是由 $y=2$，$y=x$ 及双曲线 $xy=1$ 所围成的平面有界闭区域。

9.（6 分）计算三重积分 $\iiint\limits_{\Omega} x^2 z\mathrm{d}V$，其中 Ω 是由平面 $x=1$，$y=0$，$y=x$，$z=0$，$z=2$ 所围成的空间有界闭区域。

10.（6 分）设第二类曲线积分为 $I=\int\limits_L \mathrm{e}^x\cos y\mathrm{d}x+(y^2-\mathrm{e}^x\sin y)\mathrm{d}y$，其中 L 为沿上半圆周 $(x-1)^2+y^2=1$，$y\geqslant 0$，从点 $O(0,0)$ 到点 $B(2,0)$ 的一段弧，（1）验证该曲线积分与路径无关；（2）计算该曲线积分。

姓名:__________ 学号:__________ 所在院系:__________ 所在班级:__________

11.（6 分）求微分方程 $y''+4y=4x^2+6$ 的通解。

12.（6 分）求微分方程 $\frac{\mathrm{d}y}{\mathrm{d}x}=\frac{xy}{x^2+xy}$ 的通解。

13.（6 分）求微分方程 $(x^2+1)y''=2xy'$，满足初始条件 $y\big|_{x=0}=1$，$y'\big|_{x=0}=3$ 的特解。

14.（6 分）证明函数 $f(x,y)=\begin{cases}\frac{x^3y}{x^6+y^2}, & x^2+y^2\neq 0\\ 0, & x^2+y^2=0\end{cases}$，在点 $(0,0)$ 处不可微。

15.（8 分）计算 $\oint_L e^{\sqrt{x^2+y^2}}\mathrm{d}S$，其中 L 为圆周 $x^2+y^2=1$，直线 $y=x$ 及 x 轴的第一象限内所围区域的边界。

16.（8 分）求内接于椭球面 $\frac{x^2}{a^2}+\frac{y^2}{b^2}+\frac{z^2}{c^2}=1$ 的最大长方体的体积 V。

姓名:____________ 学号:____________ 所在院系:____________ 所在班级:____________

微积分 II（B） 期末考之二解答

1. $A(-2,4,-1)$。
2. $6x+4y-4z+18=0$。
3. （1）L：$\begin{cases} x^2-y^2+2y=1 \\ z=0 \end{cases}$；（2）$\Sigma$：$x^2+z^2-y^2+2y=1$。
4. $\left.\frac{\partial z}{\partial x}\right|_{(2,1)}=8$，$\left.\frac{\partial z}{\partial y}\right|_{(2,1)}=5$。
5. $\frac{\partial z}{\partial x}=\frac{z^3}{y^2-3xz^2}$，$\frac{\partial z}{\partial y}=\frac{-2yz}{y^2-3xz^2}$。
6. $f(0,1)=-1$，极小值.
7. （1）$\vec{n}=\{-\frac{1}{\sqrt{6}},\frac{-2}{\sqrt{6}},-\frac{1}{\sqrt{6}}\}$；（2）$\left.\frac{\partial f}{\partial \vec{n}}\right|_{M_0}=-\frac{8}{\sqrt{6}}$；（3）$\min(\left.\frac{\partial f}{\partial \vec{n}}\right|_{M_0})=-2\sqrt{3}$。
8. $\frac{9}{16}$。
9. $\frac{1}{2}$。
10. （1）证略；（2）$I=\mathrm{e}^2-1$。
11. $Y=C_1\cos 2x+C_2\sin 2x+(x^2+1)$。
12. $y=C\mathrm{e}^{\frac{x^2}{2y^2}}$。
13. $y=x^3+3x+1$。
14. 证略。
15. $\mathrm{e}(2+\frac{\pi}{4}-2)$。
16. $\frac{8\sqrt{3}}{9}abc$。

姓名:__________ 学号:__________ 所在院系:__________ 所在班级:__________

微积分 II（B） 期末考之三

一．填空题（每空 2 分，共 12 分）

1. 已知向量 $\vec{a}$ 的坐标为 $\{1,2,3\}$，它的模为__________，方向余弦为__________。

2. 已知向量 $\vec{a}$ 的坐标为 $\{1,1,-4\}$，向量 $\vec{b}$ 的坐标为 $\{1,-2,2\}$，$\vec{a}$ 与 $\vec{b}$ 的点积为_______，两向量之间的夹角为__________。

3. 过点 $(1,2,0)$ 与点 $(2,3,1)$ 的直线方程为__________。

4. L 为单位圆上 $x^2+y^2=1$，则 $\oint_L (x^2+y^2)\mathrm{d}S=$__________。

5. 已知 $f(x,y)=3x^2+\sqrt{x^9(y-2)^3}$，$f_x'(3,2)=$__________

6. 方程 $\dfrac{\mathrm{d}y}{\mathrm{d}x}=2xy$ 的通解为__________。

二. 计算题（每题 6 分，共 48 分）

1. 已知三角形 ABC，三顶点的坐标分别为 $A(1,2,3)$，$B(2,0,4)$，$C(0,1,3)$，求三角形 ABC 的面积。

2. 求过点 $(1,0,-2)$ 且与平面 $x-4y+2z-3=0$ 平行的平面方程。

3. 已知 $\mathrm{e}^z-3xy+z=0$ 确定了 $z=z(x,y)$，且 $z=z(x,y)$ 可微，求全微分 $\mathrm{d}z$。

4. 计算 $\iint\limits_D y\mathrm{d}x\mathrm{d}y$，其中 D 是由抛物线 $y^2=x$ 及直线 $y=x-2$ 所围成的区域。

5. 改变累次积分的次序，然后计算：积分 $\int_0^1\mathrm{d}x\int_x^1 x^2\mathrm{e}^{-y^2}\mathrm{d}y$。

6. 解方程 $xy' - y = x^3 e^{-x}$。

7. 已知 $z = (x^2 + y^2)^{xy}$，求 $\frac{\partial z}{\partial x}$，$\frac{\partial z}{\partial y}$。

8. 求 $\oint_L \frac{y\mathrm{d}x - x\mathrm{d}y}{x^2 + y^2}$，其中 L 为圆 $x^2 + y^2 = 1$，且取逆时针方向。

三. 计算题（每题 8 分，共 40 分）

1. 已知 $z = f(x - y, xy)$ 且 $f(u,v)$ 具有二阶的连续偏导数，求 $\frac{\partial^2 z}{\partial x \partial y}$。

2. 计算三重积分 $\iiint\limits_{\Omega} (x^2 + y^2)\mathrm{d}x\mathrm{d}y\mathrm{d}z$，其中 Ω 为 $x^2 + y^2 + z^2 \leqslant 1$，$z \geqslant 0$。

3. 计算 $\int\limits_L (x^2 - y)\mathrm{d}x - (x + \sin^2 y)\mathrm{d}y$，其中 L 是在圆周 $y = \sqrt{2x - x^2}$ 上由点 $(0,0)$ 到 $(1,1)$ 的一段弧。

4. 求由曲面 $z=x^2+2y^2$ 及 $z=6-2x^2-y^2$ 所围立体的体积。

5. 已知 $y''+2y'+y=2\mathrm{e}^{-x}$，求通解 y。

姓名:__________ 学号:__________ 所在院系:__________ 所在班级:__________

微积分 II（B） 期末卷之三解答

一. 填空题

1. $\sqrt{14}$；$\{\frac{1}{\sqrt{14}},\frac{2}{\sqrt{14}},\frac{3}{\sqrt{14}}\}$。

2. -9；$\frac{3}{4}\pi$。

3. $\frac{x-1}{1}=\frac{y-2}{1}=\frac{z-0}{1}$。

4. 2π。

5. 18。

6. $y=Ce^{x^2}$。

二. 计算题

1. $\frac{\sqrt{11}}{2}$。

2. $1\cdot(x-1)+(-4)\cdot(y-0)+2\cdot(z+2)=0$，即 $x-4y+2z+3=0$。

3. $dz=\frac{3y}{e^z+1}dx+\frac{3x}{e^z+1}dy$。

4. $\frac{333}{20}$。

5. $\frac{1}{6}-\frac{1}{3e}$。

6. $y=x(C-xe^{-x}-e^{-x})$。

7. $\frac{\partial z}{\partial x}=e^{xy\ln(x^2+y^2)}\cdot(y\cdot\ln(x^2+y^2)+xy\cdot\frac{2x}{x^2+y^2})$；

$\frac{\partial z}{\partial y}=e^{xy\ln(x^2+y^2)}\cdot(x\cdot\ln(x^2+y^2)+xy\cdot\frac{2y}{x^2+y^2})$。

8. -2π。

三. 计算题

1. $\frac{\partial z}{\partial x}=f_1'\cdot 1+f_2'\cdot y$；$\frac{\partial^2 z}{\partial x\partial y}=f_{11}''\cdot(-1)+f_{12}''\cdot x+f_2'+y(f_{21}''\cdot(-1)+f_{22}''\cdot x)$。

2. $\frac{3\pi^2}{40}$。

3. $\frac{\sin 2}{4}-\frac{7}{6}$。

4. 6π。

5. $y=(C_1+C_2x)e^{-x}+x^2e^{-x}$。